Martina Nohl, Anna Egger – Micro-Inputs Veränderungscoaching

Martina Nohl, Anna Egger

Micro-Inputs Veränderungscoaching

Die wichtigsten Modelle, Erklärungshilfen und Visualisierungen für das Coaching von Veränderungsprozessen

managerSeminare Verlags GmbH – Edition Training aktuell

Martina Nohl, Anna Egger
Micro-Inputs Veränderungscoaching
Die wichtigsten Modelle, Erklärungshilfen und Visualisierungen
für das Coaching von Veränderungsprozessen

4. Aufl. 2025
Endenicher Str. 41, D-53115 Bonn
Tel.: 0228-977910
info@managerseminare.de
www.managerseminare.de/shop

Printed in Germany

ISBN: 978-3-95891-017-1

Herausgeber der Edition Training aktuell:
Ralf Muskatewitz, Jürgen Graf, Nicole Bußmann

Lektorat: Ralf Muskatewitz
Cover: Anna Egger, Sonja Buske
Druck: Beltz Grafische Betriebe, Bad Langensalza

Das Buch wurde gedruckt auf enviro®polar und CircleOffset White. Die Papiere erfüllen die Auflagen der Umweltzeichen „Blauer Engel (RAL-UZ 72)“ und „EU-Umweltzeichen (ECO-Label)“. Die mit dem Druck verbundenen CO_2-Emissionen werden vom Verlag kompensiert und fließen in unterschiedliche Aufforstungsprojekte zum Klimaschutz. Nähere Informationen finden Sie unter: www.managerseminare.de/verlag/umwelt

Inhalt

Vorwort 9
Einleitung 12

I – Die Veränderungslandschaft erkunden

Veränderung diagnostizieren 22
Veränderung von allen Seiten betrachten 28
Veränderungsprozesse begreifen 33
Emotionen im Prozess 42
Den eigenen Veränderungstyp erkennen 47
Veränderungsstress minimieren 52
Abschied nehmen 59

II – Den Rucksack für den Veränderungsweg packen

Leuchttürme und Inseln sehen 66
Reiseproviant packen 71
Schätze aus der Vergangenheit bergen 77
Gute Geister als Begleiter erkennen 81
Unterstützung von nah und fern 86
Das innere Veränderungsteam mobilisieren 91

III – Der Kampf mit Drachen und Dämonen

Die Überlebensprinzipien verstehen 100
Veränderungsbotschaften erinnern 105
Das Veränderungs-Ich unterstützen 111
Wege aus der Burg 118
Den inneren Hebel umlegen 124
Blinde Flecken entdecken 130
Die Komfortzone weiten 136

IV – Im Niemandsland orientieren

Die Position auf dem Weg bestimmen 146
Die Übergangsbrücke bauen 152
Veränderungsebenen verstehen 158
Die Zeit abschreiten 164
Innere Leitplanken finden 170
In Kontakt mit der Veränderung gehen 176

V – Neue Landschaften erkunden

Den Möglichkeitsraum erweitern 184
Die Wegweiser sichten 189
Belastungspentagramm erstellen 196
Eine Runde auf dem Erwartungskarussell fahren 200
Die gangbare Mitte definieren 205
Das Horror- und das Wunsch-Ich erfinden 210
Dem Ruf aus der Zukunft lauschen 218

VI – Sich für die kommende Route entscheiden

Trittsteine setzen 228
Entscheidungsdilemmata lösen 234
Die Entscheidungskräfte aus dem Bauch nutzen 238
Das Reisemotto entwickeln 244
Auf Spurensuche im Jetzt für Zukunftswunder 250
Näher zum Ziel reisen 255

VII – Kraftvoll und mutig reisen

Aufräumen im Veränderungshaus 264
Hindernislauf üben 270
Die Rastplätze festlegen 275
Die Vorräte im Blick behalten 280
Kreativ mit Gefahren umgehen 285
Den Pokal heimbringen 290
Improvisieren, aber richtig 294

Anhang

Stichwortverzeichnis 300
Übersichtsindex Micro-Inputs 303

Vorwort

Mögen Sie Veränderung? Und wie sieht es bei Ihren Klienten aus? Nach meiner Beobachtung mögen wir es vor allem gar nicht, verändert zu werden. Je mehr Veränderungen wir zwangsweise im Unternehmenskontext ausgesetzt werden, desto veränderungsresistenter und konservativer werden wir im Privatleben, scheint mir. Aber warum ist das so, wo doch Veränderung ein grundlegender Bestandteil unseres Lebens ist? Wehrt sich ein Baum oder ein Tier derart gegen Veränderung, wie wir das tun?

In den letzten Jahren habe ich mich in Theorie und Praxis damit beschäftigt, was Menschen in Veränderung brauchen, damit sie leichter, bewusster und erfolgreicher durch ihre Veränderungsprozesse gehen. Ich arbeite mit einem kompetenzorientierten Ansatz. Der Umgang mit Veränderung ist in unseren bewegten Zeiten und zunehmend komplexeren Lebens- und Arbeitsstrukturen eine Schlüsselkompetenz, die wiederum aus vielen Einzelkompetenzen besteht. Diesen Kompetenzen bin ich auf den Grund gegangen. Besonders interessieren mich auch Menschen, die spielerisch und mit Leichtigkeit an Veränderungsprozesse gehen; welche Haltungen und Fähigkeiten, aber auch welches Wissen bringen sie mit, dass sie so wenig Angst vor Veränderungen haben? Viele der folgenden Interventionen sind entstanden, um die dort entdeckten Veränderungshaltungen und -fähigkeiten mit Klienten proaktiv zu erweitern.

Meine Coachingpraxis ist enorm bereichert und vertieft worden, als ich darüber hinaus Veränderungs- bzw. Übergangsprozessmodelle als Leitmotiv für den Coachingprozess eingesetzt habe. Auch aus dieser Praxis sind viele Interventionen entstanden oder ich habe gängige Coaching-Tools modifiziert, damit der Veränderungsbeitrag deutlicher und expliziter gezeigt werden kann. Der praktische Nutzen und die Kompetenzerweiterung für Klienten werden hier deutlicher sichtbar als in klassischen Coachingprozessen, bei denen natürlich auch an Veränderungen gearbeitet wird.

Da ich aus der Berufspädagogik stamme, fiel es mir leicht, pädagogische Inputs mit Coachingaufgaben zu verbinden. In dem Zusammenhang war es für mich nicht nur ein Schritt, sondern ein großer Sprung, als ich entdeckte, dass Visualisierungen im Coaching das verbindende Element zwischen diesen Vermittlungsanteilen und der Coachingarbeit darstellen können. Als Coachs sind wir allerdings keine Veränderungstrainer, wir übernehmen aber die Rolle des Veränderungsmentors, wie ich später im Zusammenhang mit der Heldenreise darstellen werde. Mentoren haben schon immer Geschichten erzählt oder kleine Impulse beispielsweise auf dem Veränderungsweg in den Sand gezeichnet, um bei ihren Schützlingen oder Klienten eigenständigen Erkenntisgewinn zu fördern und zu ermöglichen.

Damit Sie direkt auf einen fundierten und einsatzfertigen Vorrat an Micro-Inputs zurückgreifen können, hat meine Kollegin Anna Egger alle Visualisierungen für Sie so kompetent angerichtet, dass Sie die Ideen direkt übernehmen oder höchstens für sich leicht anpassen müssen. So können Sie Ihre Energie in die Durchführung stecken und brauchen die Visualisierungen nicht neu erfinden.

Bitte sehen Sie es mir nach, dass ich mich in Absprache mit dem Verlag für die männliche Schreibweise entschieden habe. Die Texte werden sonst einfach zu stark verkompliziert. Auch von einer abwechselnden Verwendung der männlichen und weiblichen Form je Intervention habe ich abgesehen, da es mir zu verwirrend erschien, dafür bitte ich meine Geschlechts- und Coach-Genossinnen um Verzeihung.

Dieses Buch ist für Sie geschrieben, wenn Sie sich als Coach und Berater auf den Weg machen möchten, um noch besser zu verstehen, wie Sie Ihren Klienten Veränderung erleichtern und Veränderungsprozesse mit ihnen möglicherweise noch effektiver gestalten können. Die Veränderungszyklen werden kürzer und wir benötigen veränderungskompetente Menschen, die sich diesen Herausforderungen stellen. Natürlich können Sie mit den vorliegenden Angeboten auch Ihre eigene Veränderungskompetenz weiterentwickeln.

Herzlichen Dank an meine Klientinnen und Klienten, an Seminarteilnehmerinnen und zahlreiche Kollegen, die durch ihre Rückmeldung zur Weiterentwicklung der hier dargestellten Modelle und Interventionen beigetragen haben. Und einen dicken Dank an Anna Egger, die mit ihrer lebendigen und leichten Art der Visualisierung der Thematik viel von ihrer Schwere genommen hat. Auch wenn wir die Visualisierungen nicht genau so an unsere Klienten weiterreichen können, bleibt hoffentlich dieser Charakter erhalten.

Martina Nohl

... Weil's drauf ankommt, wie's ankommt!

Mein Motto beim Visualisieren. Es ist nicht notwendig, ein Meisterwerk aufs Papier zu bringen. Es geht in Beratungsprozessen nicht um Kunst, sondern um Kommunikation bzw. darum, in einen inneren und äußeren Dialog zu treten und in diesem Fall die Schritte hin zur Veränderung bildhaft darzustellen. Eine Visualisierung und die damit verbundene Metapher ist wie eine Tür in einen neuen Erkenntnisraum, wie ein Anker auf hoher See, wie ein Leuchtturm in der Nacht und wie eine Landkarte auf einer abenteuerlichen Reise. Haben Sie jetzt auch jede Menge Bilder im Kopf? Das ist schon die halbe Miete. Nur Mut, nehmen Sie ein Blatt Papier und einen Stift in die Hand und legen Sie los.

An dieser Stelle bleibt mir nur mehr der Dank an Martina Nohl für die kreative, lustvolle und unkomplizierte Zusammenarbeit bei der Umsetzung des Buches sowie an die Menschen, die mich in dieser Zeit unterstützt, begleitet und motiviert haben ... weil's drauf ankommt, wie's ankommt!

Anna Egger

Unser beider Dank geht an Ralf Muskatewitz von managerSeminare für seine geduldige und kompetente Unterstützung beim Veränderungs- und Reifungsprozess des Buches.

Wir wünschen unseren Leserinnen und Lesern, dass sie die Lust an der Veränderung und an ihrer Kreativität wieder bzw. für sich neu entdecken und wie ein Surfer die Wellen des Wandels mit Freude reiten lernen.

Einleitung

Das Buchkonzept ist ein Experiment. Deswegen möchten wir Ihnen hier noch einige Anregungen zur Anwendung mit auf den Weg geben, damit Sie den größten Nutzen für sich und Ihre Klienten aus dem vorliegenden Angebot ziehen. Die Materialsammlung, die Sie als Fundgrube für Ihre Arbeit verwenden können, ist nur so gut, wie Sie sie in Ihre Arbeit klienten- und lösungszentriert einbauen werden. Sie als Coach sind also Mittler und Katalysator im Bezug auf die Wirksamkeit der Interventionen bei Ihren Klienten. Das ist eigentlich bei jeder Coachingmethode so, aber bei anwendungsfertig aufbereitetem Material muss dieser Aspekt meines Erachtens besonders betont werden. Es erfordert viel Intuition und Coachingerfahrung, die passende Intervention, die stimmige Visualisierung oder das adäquate Modell im richtigen Moment in Ihren Arbeitsprozess zu integrieren. Deswegen dürfen wir Sie ermutigen, viele der Übungen erst einmal selbst auszuprobieren. So erweitern Sie Ihre eigene Veränderungskompetenz, die auch dazu beiträgt, im sich ständig verändernden Coachingprozess das passende Angebot zur richtigen Zeit zu machen.

Visualisierung im Coaching

Unsere Klienten sind meist kognitiv verwirrt und mit ihrem eigenen Latein am Ende, wenn sie ins Coaching kommen. Sie sind zudem zutiefst emotional verunsichert und fühlen sich defizitär, weil sie mit ihrer Veränderung nicht klarkommen, wo doch alle anderen das vermeintlich tun. Sie sind überfordert von der Vielzahl an Aspekten, die in das Geschehen mit hineinspielen. Ihre Ressourcen sind ihnen bei dem Stress, den sie gerade haben, nicht mehr in vollem Umfang zugänglich. Ihre Lösungsenergien sind durch Ansätze von Panik und einen zunehmenden Tunnelblick durch die Problemfokussierung blockiert. Oft haben sie auch keinen Zugang mehr zu ihrer Intuition bzw. vertrauen ihr nicht mehr.

Was kann nun Visualisierung im Veränderungscoaching dazu beitragen, damit Klienten zu ihren Stärken zurückfinden und sich ihre Lösungskompetenzen wieder neu erobern können?

Visualisierung ...

- Visualisierung dient hier als Schlüssel zur Aktivierung der Intuition. Der visuelle Kanal ist unser größter Sinneskanal, hier können viele Informationen wahrgenommen werden, die an noch mehr abgespeicherte Informationen unseres emotionalen Erfahrungsgedächtnisses anknüpfen können. Das heißt, die Menge der aktiv zur Verfügung stehenden Informationen und damit das Material für die Lösungsfindung wird über Visualisierung deutlich erhöht. *aktiviert die Intuition*
- Visualisierungen und die Arbeit mit Metaphern lassen Interpretationen zu. Die Klienten sind nicht auf eine Sichtweise festgelegt, sondern können Stellung beziehen, Einzelaspekte herausgreifen und in ihrem Sinne weiterverarbeiten. Sie interagieren mit einem Visualisierungsangebot, bis sie es für ihre Person und ihre Situation passfähig gemacht haben. Deswegen sollten wir als Coach hier auch immer nur von Angeboten sprechen und niemals auf bestimmten Bildern und Metaphern beharren. Legen Sie Visualisierungen ohne Bedauern zur Seite, wenn Sie feststellen, dass Klienten dazu keinen Zugang finden. *lässt Interpretationen zu*
- Visualisierung fördern die Merkleistung und damit auch die nachhaltige Verankerung der Beratungsergebnisse. Die meisten Klienten möchten die erarbeiteten Ergebnisse mitsamt Visualisierung mitnehmen. Die bildhaften Darstellungen werden meiner Erfahrung nach deutlich höher geschätzt als ein vollgeschriebenes Flipchart-Blatt. *fördert die Merkleistung*
- Anhand einer Visualisierung wird eine differenzierte Verständigung im Coaching oft erst möglich. Gerade abstrakte Begriffe wie Veränderungsprozess, Resilienz, Energiehaushalt etc. sind auf der Bedeutungsebene so unterschiedlich belegt, dass es gerne zu Missverständnissen oder Aneinandervorbeireden im Coaching kommt. *ermöglicht eine differenzierte Verständigung*
- Visualisierungen regen unsere Klienten zur kreativen Weiterarbeit an. Andere und vielfältigere Gehirnregionen werden aktiviert als bei der rein sprachlichen Arbeit im klassischen Coachinggespräch. Klienten kommen so oft auf eigene Metaphern, gerade in Abgrenzung zum Visualisierungsangebot: „So ist es bei mir nicht, aber mir kommt da das Bild von einem ..." Diese Metaphern enthalten meist schon die besten Lösungsansätze. *regt Kreativität an*
- Ein nicht zu unterschätzender Vorteil von Visualisierungen ist, dass durch das Bildhafte und oft Spielerische auch schwierige Themen, ja sogar Tabuisiertes im Coaching greifbar und damit der eigentlichen Arbeit erst zugänglich gemacht wird. Man spricht nicht mehr *macht Tabus zugänglich*

über den problematischen Klienten, sondern das Problem ist das Problem. Das Reden über das „Dritte", das in den Fokus genommen wird, ist leichter möglich. Der Klient kommt dadurch automatisch mit Ihrer Unterstützung in die Lösungsverantwortung.

fördert systemimmanente Lösungen

- Durch den Metablick auf die Visualisierung wird auch das Allparteiliche, das ja sonst Aufgabe des Coachs ist, in der Wahrnehmung des Klienten gefördert. Systemimmanente Lösungen tun sich auf, indem zum Beispiel der Kern einer Sache plötzlich ganz deutlich zutage tritt oder eine bisher vergessene Perspektive plötzlich den Durchbruch im Verständnis bringt. Gerade die subjektiven Bewertungen und Sichtweisen des Klienten treten so vor der Realität der Situation in den Hintergrund. Zugunsten einer guten Lösung für das gesamte System begibt sich Ihr Klient in eine erwachsene Lösungshaltung.

entlastet Klienten

- Gleichzeitig haben Visualisierungen etwas Magisches. Sie erleichtern und entlasten Klienten allein dadurch, dass die bösen Geister in Materie bzw. auf Papier gebannt sind. Das wertvolle Problem gerät nicht in Vergessenheit, es ist in der Visualisierung gut aufgehoben, sodass es dann mental auch eher losgelassen werden kann.

lädt zum Experimentieren ein

- Gerade das Spielerische und oft Unvollkommene einer Visualisierung lädt dann zum Experimentieren ein. Wenn wir als Coach mit vielleicht eher schlicht anmutenden Visualisierungen zeigen, dass auch wir nicht so perfekt sind, lädt das unsere Klienten ein, sich ebenfalls in ihrer Unvollkommenheit zu zeigen, Fehler zu machen und etwas zu wagen. So wird Probehandeln im geschützten Coachingraum wahrscheinlicher und aktiv gefördert.

Sie sehen schon, vor so viel Visualisierungs-Power können Ihre Klienten gar nicht untätig im Problem verharren. Visualisierung ist also im Coaching generell und gerade, wenn es um das Ausloten neuer und stimmiger Verhaltensweisen geht, schlichtweg Gold wert.

Einige Visualisierungstipps für Sie

Tatsächlich müssen Sie keine Visualisierungskompetenz haben, wenn Sie mit den Visualisierungen in diesem Buch arbeiten. Frau Egger hat sich in diesem Buch schon zurückgehalten und beispielsweise keine 3-D-Effekte eingebaut, damit die Visualisierungen leichter nachzuarbeiten sind.

Hier ein dreistufiges Beispiel: Oben die Original-Visualisierung eines Visualisierungsprofis, in der Mitte die Visualisierung eines Coachs, der einige Visualisierungserfahrung mitbringt und unten die rudimentäre

Visualisierung eines Coachs ohne künstlerischen Anspruch, die einfach nur mit wenigen Strichen erklärt, worum es geht. Und diese Visualisierungsqualität genügt. Eine der Urmütter der modernen Visualisierungsanwendung ist die inzwischen leider verstorbene Vera Birkenbihl. Die Qualität ihrer Visualisierungen gehört – bei allem Respekt – in die untere Kategorie. Und das bekommen Sie definitiv auch hin.

Dies möchten wir Ihnen mit auf den Weg geben:

Visualisierungstipps:

Senken Sie Ihre grafischen Ansprüche

- Grundvoraussetzung: Senken Sie Ihre Ansprüche und legen Sie einfach drauflos. Alte Glaubenssätze wie „Ich kann nicht zeichnen" oder „Ich habe kein schönes Schriftbild" blockieren uns. Öffnen Sie der Kreativität die Tür!

- Wenn Sie schon im Vorhinein wissen, dass Sie mit einer bestimmten Visualisierung arbeiten, dann können Sie sie beispielsweise auf dem Flipchart oder auf einem Blatt, das Sie zwischen sich und den Klienten legen, vorbereiten. Verstärken Sie dann nur die Linien mit einem Marker.

Materialien

- Der Spaßfaktor beim Visualisieren steigt, wenn Sie unterschiedliche Visualisierungsmaterialen zur Hand haben. Legen Sie sich Wachsmalkreiden oder Farbstifte und gut funktionierende Marker bereit. Arbeiten Sie auch mit Farbimpulsen. Farben ordnen Informationen und lenken das Auge. Aber Achtung, fallen Sie dabei nicht in den Farbtopf.

Bildaufbau von vorne nach hinten

- Bauen Sie die Visualisierung von vorne nach hinten auf, da die vorderen Elemente die hinteren verdecken, und Sie somit leichter Überlappungen visualisieren können. Wenn Sie mögen, zeichnen Sie einen Rahmen rund um die Informationseinheiten, so steht die Visualisierung später besser auf einem Foto da, weil sie sich deutlicher vom Hintergrund abgrenzt.
- Es kann auch sein, dass Sie zwei bis drei Skizzen machen müssen, bis die Visualisierung einigermaßen gelingt. Aber genau dadurch üben Sie Ihre Visualisierungskompetenz und Ihre Kreativität, ohne explizit dazu Seminare besuchen zu müssen. Das ist sozusagen ein Zweitnutzen unseres Buches.

Lesbares Schriftbild

- Achten Sie auf ein gut lesbares Schriftbild, Ihr Klient sollte sich mit der Visualisierung auseinandersetzen und nicht Zeit damit verbringen zu erahnen, was auf dem Flipchart geschrieben steht.

Ihre Haltung

- Lachen Sie gemeinsam über nicht ganz geglückte Darstellungen, ich habe bisher keinen Klienten kennengelernt, der mir da etwas übel genommen hat. Wenn Klienten besser als Sie visualisieren können – umso besser. Dann werden sie nämlich von alleine ungeduldig und nehmen Ihnen den Stift aus der Hand, herzlichen Glückwunsch!

Freiwilligkeit

- Zwingen Sie auf der anderen Seite Klienten nicht dazu, selbst zu visualisieren, viele mögen das überhaupt nicht. Fragen Sie stattdessen immer wieder zurück, wenn Sie Vorstellungen oder Metaphern von Klienten visualisieren, ob das so o.k. ist, oder lassen Sie ganz beiläufig den Marker zu Ihrem Klienten weiterwandern, damit er die Zeichnung korrigiert oder vervollständigt.
- Und wenn Sie Feuer fangen und sich mehr Visualisierungskompetenz aneignen möchten, finden Sie jede Menge Bücher, mit denen Sie sich autodidaktisch viel zum Thema Visualisierung beibringen können. Auch Visualisierungsseminare (z.B. von Anna Egger) sind hier sehr zu empfehlen, weil Sie sich da nicht um das Üben und Ausprobieren drücken können …

Zu den Fallvignetten

Die in dem Buch dargestellten Fälle von Klienten sind Versatzstücke aus unterschiedlichen Fällen aus meiner Beratungpraxis oder von mir bekannten Fällen von Kollegen. Alle Angaben sind anonymisiert, sodass die jeweiligen Klientinnen und Klienten geschützt bleiben. Manche der Interventionsanwendungen haben so stattgefunden, andere sind imaginiert. Sie dienen dem besseren Verständnis der Modell- und Visualisierungsanwendungen. Sie sind keine Darstellungen von lehrbuchmäßigen Vorzeigecoachings! Sie können das gerne alles ganz anders und viel besser machen.

Die meisten Fallbeschreibungen stammen aus dem Business Coaching oder dem beruflichen Orientierungscoaching, da das meinen Arbeitsschwerpunkt darstellt. Sie können die Interventionen natürlich ebensogut auf Ihre Arbeit im Life-Coaching übertragen. Die Prinzipien des Veränderungscoachings sind in allen Lebensbereichen die gleichen und die Inhalte austauschbar.

Zur Arbeit mit dem Buch

Der Aufbau des Buches folgt einem Veränderungscoaching-Prozess. Das heißt, Sie werden im Verlauf des Coachings Angebote aus verschiedenen Kapiteln einsetzen können. Wie viele das in welcher Reihenfolge sein werden, bleibt Ihrer Beratungskompetenz überlassen. Manche Klienten benötigen vielleicht drei Angebote im Bereich Ressourcenkompetenz, andere Klienten kommen sehr spät zu Ihnen ins Coaching und benötigen nur ein oder zwei Übungen aus dem Bereich Entscheidung und Umsetzung. Nach meiner Erfahrung benötigt ein umfängliches Veränderungscoaching fünf bis zehn Sitzungen à 60-90 Minuten. Erst dann gelingt es, den Prozess auch wirklich gewinnbringend mit dem Klienten durchzuarbeiten und ihn zu einem Prozessverständnis und gewissen Kompetenzaufbau anzuleiten, ohne dass es zu explizit wird.

Sicher werden Sie die Angebote aus dem Buch mit Ihrem bestehenden Repertoire mischen. Hier appelliere ich an Ihre Coachingkompetenz und Ihr Coachingethos, dass Sie nicht mit einer vorgefertigten Interventionsauswahl inklusive Visualisierungen in das Coaching gehen und den Coachee damit in einen bestimmten Prozess zwingen. Nur weil die Visualisierungen in einer bestimmten Qualität und Reihenfolge aufbereitet sind, entfällt nicht Ihre Pflicht als Coach, anliegens- und klientenbezogen zu arbeiten. Die Gefahr besteht aufgrund des „fertigen" Materials, das ist uns bewusst, deswegen weisen wir Sie an dieser Stelle noch einmal explizit darauf hin, dass dann unsere Intention, den Coachingprozess zu bereichern und zu vertiefen, tatsächlich ad absurdum geführt wäre!

Hier seien als Anregung zwei Prozesse beispielhaft dargestellt. Die Fallbeschreibungen entstammen dem Buch. Der Prozess wurde nicht von vornherein so festgelegt, sondern im Nachhinein so dokumentiert.

Beispielfälle	
Klaus F. ist langjähriger Verkäufer in einem Einrichtungshaus. Er soll sein angestammtes Team verlassen und Teil eines jüngeren Verkaufsteams werden, das deutlich mehr Mobilität von ihm verlangt, weil es viel auf Messen unterwegs ist. In den letzten zwei Monaten hat er sich stark im Widerstand verschanzt, deswegen wurde er „geschickt". Sein Vorgesetzter sagt, dass er ihn schätzt und ungerne entlassen würde. Klaus F. empfindet es als mangelnde Wertschätzung seiner guten Leistung gegenüber nun „strafversetzt" zu werden. Er weiß aber auch, dass es sehr schwierig wird, in seinem Alter eine gleichermaßen gut bezahlte Stelle bei einem anderen Arbeitgeber zu finden.	Vera I. ist seit einigen Jahren freiberuflicher Coach und Trainerin und befindet sich gerade im Profilfokussierungsprozess, weil ihr Business nur mäßig läuft. Sie hat das Gefühl, hier seit geraumer Zeit auf der Stelle zu treten. Sie möchte für sich klären, welche Rolle ihre Werte tatsächlich in ihrem Berufsleben bisher spielten und welche Möglichkeiten es für sie gibt, noch wertorientierter zu arbeiten und daraus Angebote zu entwickeln. Auch für die Umsetzung dieser Angebote wünscht sie sich mehr Mut und Selbstbewusstsein.
Micro-Inputs	
1. Veränderungsstress minimieren (Kap. 1)	1. Reiseproviant packen (Kap. 2)
2. Das innere Veränderungsteam mobilisieren (Kap. 2)	2. Das Veränderungs-Ich unterstützen (Kap. 3)
3. Wege aus der Burg (Kap. 3)	3. Innere Leitplanken finden (Kap. 4)
4. Das Horror-Ich und das Wunsch-Ich erfinden (Kap. 5)	4. Den inneren Hebel umlegen (Kap. 3)
5. Die Rastplätze festlegen (Kap. 7)	5. Die Komfortzone weiten (Kap. 3)
	6. Dem Ruf aus der Zukunft lauschen (Kap. 5)
	7. Das Reisemotto entwickeln (Kap. 6)
	8. Kreativ mit Gefahren umgehen (Kap. 7)

In diesem Sinne wünschen wir Ihnen viel Erfolg im Veränderungscoaching. Und Sie wissen ja: „Menschen wehren sich nicht gegen Veränderung, sondern dagegen, verändert zu werden." (Peter Senge)

I

Die Veränderungslandschaft erkunden

Die Veränderungslandschaft erkunden

Im ersten Kapitel geht es um Standortbestimmung. Ihre Klienten schauen sich mit Ihnen zunehmend furchtloser in ihrer Veränderungslandschaft um. Nur wenn sie diese kennenlernen, finden sie ureigene Wege, die sie überhaupt beschreiten wollen. Und sie bekommen Sicherheit darin, was ihre spezifische Veränderung und den voraussichtlich anstehenden Prozess ausmacht.

Veränderung diagnostizieren – S. 22

Hier lernen Sie ein Modell für die Erstanamnese kennen, mit dem Sie den anstehenden Übergang Ihres Klienten gezielt untersuchen können. Gleichzeitig erkennt Ihr Klient damit, wo wirklich Handlungsbedarf besteht. So entsteht für Sie beide ein erster Leitfaden für das Veränderungscoaching.

Veränderung von allen Seiten betrachten – S. 28

Mit diesem einfachen Würfelmodell können Sie sich einen ersten Überblick über den Stand der Veränderung im Bewusstsein Ihres Klienten verschaffen. Der spielerische Zugang funktioniert gerade auch mit einer jüngeren Klientel.

Veränderungsprozesse begreifen – S. 33

Diese grundlegende Prozessdarstellung der Veränderung ist nicht nur im Kontext der Organisationsentwicklung, sondern gerade auch im Einzelcoaching fruchtbar. Mithilfe dieses Prozesses haben Sie zu jeder Zeit im Veränderungscoaching die Möglichkeit einer Standortbestimmung. Und Sie übereignen Ihrem Klienten Prozesswissen, das seine Veränderungskompetenzen stärkt.

Emotionen im Prozess – S. 42

Die Gefühle im Angesicht der anstehenden Veränderung werden in dieser Intervention sichtbar gemacht. Hilfreiche Gefühle für den anstehenden Veränderungsprozess werden in den Blick genommen und deren Verstärkung thematisiert.

Den eigenen Veränderungstyp erkennen – S. 47

Alle Menschen reagieren unterschiedlich auf Veränderungen. Manche Veränderungstypen tun sich mit Veränderungen grundlegend leichter. Sich den eigenen Veränderungstypus bewusst zu machen und diesen behutsam mit Merkmalen anderer Typen zu erweitern, ist Sinn dieser Übung.

Veränderungsstress minimieren – S. 52

Mithilfe der beiden kleinen Modelle können sich Klienten einerseits bewusst werden, aus welchen äußeren und inneren Bestandteilen ihr Stress in der Veränderung zusammengesetzt ist. Darüber hinaus lernen sie Faktoren kennen, wie sie ihre Stressresistenz im Veränderungsprozess erhöhen.

Abschied nehmen – S. 59

Abschiedsprozesse gut zu gestalten, ist eine der ersten großen Aufgaben in der Bewältigung von Veränderungsprozessen. Mithilfe der Lagerfeuer-Visualisierung bekommen Ihre Klienten eine entspannte Metapher, um ihre ureigene Art der Abschiedsgestaltung reflektieren zu können.

Veränderung diagnostizieren

Input: Das Change-Rad

Beschreibung und Hintergrund

Wenn Klienten nach zahlreichen eigenen Bewältigungsversuchen ins Coaching kommen, hat sie meistens die Komplexität ihrer Situation überfordert. Dann ist es hilfreich, eine Strukturierungshilfe anzubieten, mit der die Veränderung ganz nüchtern analysiert werden kann. Oft werden hierüber Aspekte des Veränderungsgeschehens deutlich, die der Klient gut beeinflussen kann oder bereits schon „im Griff" hat, sodass die Veränderung als Ganzes deutlich weniger bedrohlich wirkt. Die innere Klärung bewirkt weiterhin die behutsame Integration, also das Verdauen der Herausforderung, sodass Klienten einen ersten Schritt in Richtung Akzeptanz der Veränderung gehen.

Das Rad, in das der Mensch eingebettet ist, erinnert an ein Rhönrad (Sportgerät aus zwei großen Metallreifen, die durch Sprossen verbunden sind) und kann damit als sportliche Herausforderung aufgefasst werden: Die Veränderung wirbelt den Menschen zwar durcheinander, aber die Bewegung dieses Rads kann gelenkt werden.

Die Darstellung hat auch Anklänge an den vitruvianischen, den wohlgeformten Menschen, dessen Darstellung von Leonardo da Vinci Sie sicher kennen. Da Vinci ist es gelungen, den Menschen so zu proportionieren, dass er sich sowohl in einen Kreis als auch in ein Quadrat einfügt. Diese Darstellung symbolisiert für mich, dass das Wesen des Menschen schon immer von Veränderung und Wandel geprägt wurde.

Der britische Veränderungspsychologe Nigel Nicholson leitet aus der Metapher eines sich drehenden Rads neun Faktoren ab, mit denen sich jeder Veränderungsprozess umfassend beschreiben lässt. Ich habe sie hier zu sieben Faktoren verdichtet. Wenn Sie mit Klienten im Gespräch die folgenden sieben Faktoren ausloten, gewinnen Sie einen guten Überblick über die tatsächliche Dramatik des Veränderungsgeschehens. Sie können sich an den Fragen orientieren und jeweils dort vertieft nachfragen, wo sich größere Unsicherheit bei Ihrem Klienten abzeichnet.

Kriterienliste im Download-Bereich

Geschwindigkeit	▶ Wie schnell wurden Sie gefühlsmäßig mit der (beruflichen) Veränderung konfrontiert? ▶ Wie oft waren Sie in den letzten Monaten und Jahren von beruflichen Übergängen betroffen und mussten auf sie reagieren?
Ausmaß	▶ Wie radikal ist die mit dem Übergang verbundene Veränderung für Sie? Wie groß wird der Unterschied zwischen Vorher und Nachher für Sie sein? ▶ Wie stark sind Sie (voraussichtlich) persönlich mit all Ihren Fähigkeiten und Ressourcen im Übergangsprozess gefordert? ▶ Wie kommen Sie (vermutlich) zeitlich mit den erforderlichen Anpassungsprozessen im Verlauf des Übergangs zurecht?
Freiheiten	▶ Wie stark können Sie (vermutlich) das Übergangsgeschehen kontrollieren? ▶ Wie hoch ist Ihr Entscheidungsspielraum bzgl. einzelner Aspekte des Übergangs?
Komplexität	▶ Wie komplex ist Ihr Veränderungsprozess, wie viele Lebensbereiche betrifft er? ▶ Wie stark wirkt er sich auf weitere Personen Ihres Umfelds aus? ▶ Wie hoch empfinden Sie die damit verbundene Stressbelastung?
Motivation	▶ Wer hat den Übergang ausgelöst? ▶ Wie hoch ist Ihr innerer Druck, Dinge zu verändern?
Ressourcen	▶ Wer hilft Ihnen durch den Übergang? ▶ Wie gut ist Ihre finanzielle und soziale Situation zurzeit? ▶ Welche energetischen und gesundheitlichen Reserven haben Sie?
Bedeutsamkeit	▶ Wie nahe geht Ihnen die Veränderung persönlich? ▶ Wie wichtig ist Ihnen der Lebensbereich normalerweise, in dem der Übergang stattfindet?

Vorgehensweise

Zeichnen Sie den Menschen im Rad an das Flipchart. Benennen Sie nach und nach die Segmente und kommen Sie mithilfe der Fragen ins Diagnosegespräch. Schreiben Sie stichwortartig die wichtigsten Aspekte bezogen auf die Veränderungskriterien an die Außenseite des Rades.

Die verschiedenen Segmente des Rads können anschließend im Ampelprinzip jeweils nach Beantwortung der Fragen intuitiv mit einer der drei Farben gekennzeichnet werden, alternativ können Sie natürlich auch je nach Ressourcenstand ein Plus- und Minussystem einsetzen.

- Grün: Kein Problem, alles im Griff oder betrifft mich nicht
- Gelb: Weiß noch nicht, was auf mich zukommt/vermutlich nicht die besten Ausgangsbedingungen
- Rot: Hilfe, akute Probleme in Sicht

Betrachten Sie dann gemeinsam in der Gesamtschau das Klientenmodell. Und fragen Sie nach, was Ihrem Coachee beim „Get together" mit seiner Veränderung aufgefallen ist. Was hat ihn beispielsweise überrascht, beruhigt oder auch verunsichert? Wo sieht er den größten Klärungs- oder Arbeitsbedarf?

Anwendungsbereiche

- Mit Klienten in der Diagnosephase
- Coachees, die sich im Abschied befinden
- Bei Veränderungen, die sich erst am Horizont abzeichnen
- Für geplante Jobwechsel, evtl. als Entscheidungshilfe für oder gegen eine spezifische Stelle: „Traue ich mir die Veränderung zu?"
- Vorbereitung auf die ersten 100 Tage im neuen Job

Anwendungsbeispiel

Valerie Z. (35) steht vor der Entscheidung, ihre Teilzeitstelle als Sozialpädagogin in einer Drogenberatungsstelle aufzugeben und gemeinsam mit ihrem Mann zwei Pflegekinder (später eventuell noch mal ein bis zwei weitere Kinder) aufzunehmen. Ihr Kinderwunsch ist sehr groß, sie und ihr Mann können aber keine leiblichen Kinder bekommen. Sie hat nun zwei Kinder im Alter von zwei und vier Jahren vom Jugendamt angeboten bekommen und muss sich in den nächsten Wochen festlegen.

Gemeinsam mit dem Coach erarbeitet Valerie ihr Change-Rad. Schließlich betrachtet Valerie Z. die erarbeiteten Kriterien und bewertet diese:

- Die Entscheidung ist eigentlich längst gefallen, das Modell bestätigt eher noch mal, dass sie da nicht mehr überlegen muss.
- Es beruhigt sie, dass es insgesamt ganz gut aussieht, dass sie und ihr Partner an (fast) alles gedacht haben.
- Ihr innerer Knackpunkt ist, dass für sie so viel Herzblut dranhängt, das ist ihr jetzt deutlicher bewusst. Hier will sie sich bei Bedarf Unterstützung holen und vor allem mit ihrem Mann im Gespräch bleiben.
- Bei den beiden Punkten Ausmaß und Komplexität ist ihr noch mal klar geworden, dass sie ansonsten für ganz viel Ruhe und Sicherheit in den anderen Lebensbereichen sorgen will, damit sie sich und die Kinder nicht von Anfang an überfordert. Sie will eher den Ball flach halten mit pädagogischen Ansprüchen und Aktivitäten, da alles sowieso schon sehr viel ist.

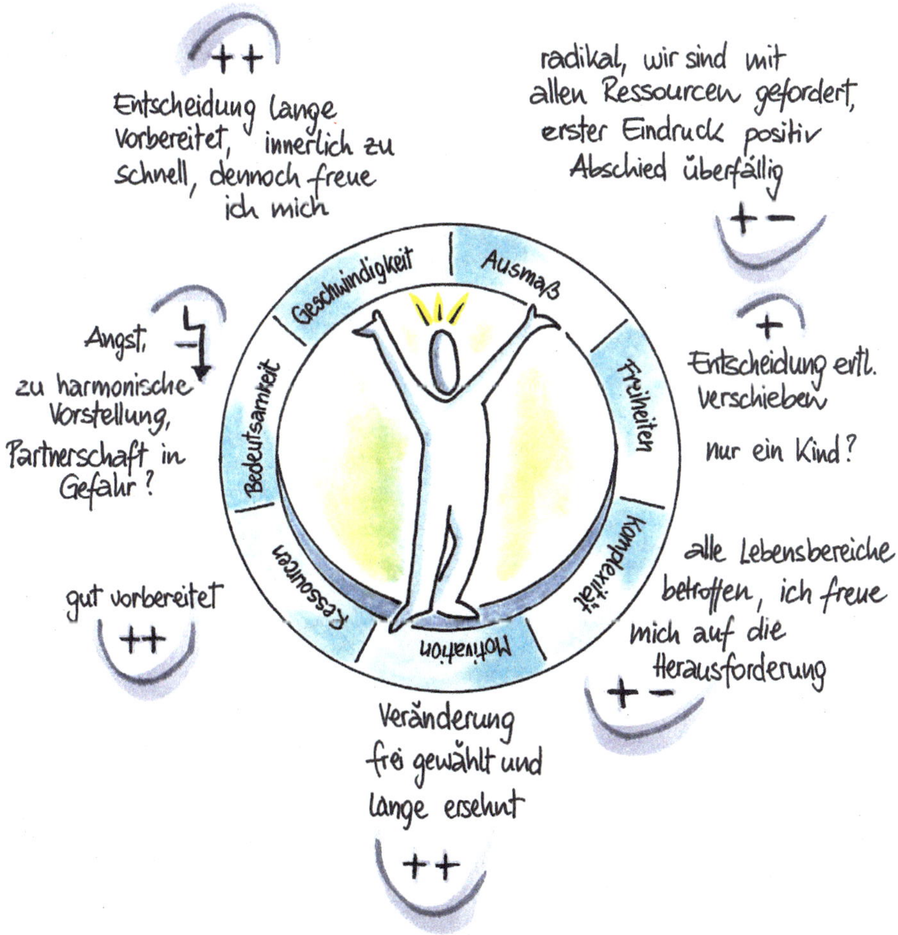

Die tabellarische Darstellung fällt wie folgt aus:

Geschwindigkeit (im grünen Bereich)	Die Entscheidung ist lange vorbereitet, nun wird es allerdings ernst. Sie müsste zum Quartalsende kündigen (in zwei Wochen). Innerlich geht es ihr zu schnell, gleichzeitig freut sie sich auch, dass sich etwas bewegt. Wenn die Entscheidung gefallen wäre, dann ist hier auch alles im grünen Bereich.
Ausmaß (eher gelb, da wenig absehbar)	Das Ausmaß der Veränderung ist radikal. Sie und ihr Mann werden mit allen Ressourcen gefordert sein. Es käme sehr darauf an, wie es mit den Kindern läuft. Der erste Eindruck von den Kindern sei für sie ganz positiv. Der Abschied von ihrer jetzigen Stelle wäre allerdings überfällig.
Freiheiten (eher grün)	Sie kann eventuell die Entscheidung noch eine Runde schieben, es gibt noch andere interessierte Pflegeeltern, sie kann möglicherweise auch nur ein Kind nehmen, es wäre aber besser, wenn die Geschwisterkinder zusammenbleiben.
Komplexität (eher gelb)	Die Komplexität ist sehr hoch, da alle Lebensbereiche betroffen sind. Allerdings freue sie sich auch auf die Herausforderung.
Motivation (grün)	Die Veränderung ist frei gewählt und eigentlich lange ersehnt.
Ressourcen (grün)	Durch ihre berufliche Tätigkeit sei sie auch mit dem Ämterkontakt und Kontakt mit den leiblichen Eltern ganz gut vorbereitet. Ihr Mann und sie hätten auch an Weiterbildungsmaßnahmen für Pflegeltern teilgenommen.
Bedeutsamkeit (rot)	Hier zögert sie. Die Veränderung ist so aufgeladen, dass hier die größte Angst liegt, dass das Zusammenleben nicht gelingt oder sie sich zu harmonische Vorstellungen gemacht haben und die Partnerschaft das nicht tragen kann. Hier sieht sie weiteren Begleitungsbedarf (wenn es ernst wird).

Weiterführende Ideen und Variationen

- In reduzierter Version kann ein Ring- oder Kreisdiagramm skizziert werden. Sie legen Ihrem Coachee die sieben Begriffe vor und er kann dann das Diagramm in Segmente einteilen. Je nach Wichtigkeit oder Herausforderungsgrad werden dann die Größen des jeweiligen Segments bestimmt. Hierüber wird sichtbar, wo voraussichtlich der größte Unterstützungsbedarf im Prozess des Veränderungscoachings liegen wird.
- Alternativ können Sie hierbei auch mit eigenen Begriffen des Coachees arbeiten. Die beschriebenen Faktoren haben Sie ja im Hinterkopf. So können Sie sie bei Bedarf abfragen, um gemeinsam ein umfassendes Bild der individuellen Einschätzung der akuten Veränderung des Coachees zu generieren.

Hinweise

- Verwenden Sie die Metapher, die den Klienten anspricht: Ist es die sportliche Herausforderung, der Mensch im Wandel der Zeit, die Wanderung mit Veränderungslandkarte oder eine eigene Metapher, die im Gespräch entsteht?
- Achten Sie sorgfältig darauf, dass die Verwirrung, Ohnmacht oder Verzweiflung der Klienten durch die Arbeit mit den Faktoren nicht größer wird. Sichern Sie immer wieder Gelände, das sich als unproblematisch oder nicht relevant erweist, sodass sich die Anzahl der wirklich heftigen Faktoren im Lauf des Coachings reduziert.

Quellen, Literatur

- Nicholson, N.: The transition cycle: causes, outcomes, processes and forms. In: Fisher, S.; Cooper, C.: On the move: the psychology of change and transition. Chichester 1990, S. 83-108, Modellumsetzung M. Nohl.

Veränderung von allen Seiten betrachten

Input: Der Change-Würfel

Beschreibung und Hintergrund

Wenn Veränderung am Anfang eines Veränderungsprozesses wie ein undurchsichtiges Spiel erscheint, dessen Spielregeln man nicht kennt, so ist es hilfreich, dieses Spiel näher kennenzulernen, um vorbereitet mitspielen zu können. Dies geschieht durch ein behutsames Anschauen von allen Seiten und durch spielerisches Durchdenken der unterschiedlichen Facetten der Veränderung. Der Würfel als schlichtes Spielesymbol mit seinen sechs Seiten wird dazu als Change-Würfel ins Spiel gebracht. Sie können zur Einleitung anführen, dass Veränderung einfach zum Spiel des Lebens dazugehört.

Der „Bastelwürfel" steht als Download-Ressource zur Verfügung

Vorgehensweise

Zeichnen Sie den Veränderungswürfel-Grundriss an ein Flipchart. Versehen Sie die Felder wie abgebildet mit den Buchstaben. Wenn Sie den Buchstaben in eine Ecke des Feldes schreiben und das Modell groß genug gezeichnet haben, können Sie jeweils in Stichworten die Antworten und Erkenntnisse des Coachees dazuschreiben.

Lassen Sie Ihren Klienten wählen oder mit einem selbst gebauten Würfel erwürfeln, mit welchem Buchstaben er anfangen möchte und stellen Sie die dazugehörige Frage. Im Lauf des Gesprächs können Sie sich natürlich von der Würfelsymbolik lösen. Das Bild des Spielens bringt ein wenig mehr Leichtigkeit hinein, so können Sie sich behutsam mit Ihrem Klienten an die Thematik herantasten.

Ratsam ist, am Ende alle Ressourcen, die sich in den Antworten zeigen, grün zu markieren. Finden Sie auch für die Aspekte, die Ihrem Klienten sehr schwerfallen, mindestens ein bis zwei Ressourcen oder Unterstützer, die dort weiterhelfen könnten. Die meisten Klienten möchten das Flipchart mitnehmen, deswegen sollte es einigermaßen vollständig sein. Oder Sie vergeben konkrete Aufgaben zur Weiterarbeit.

C **Chance:** Worin liegt Ihre größte Chance, wenn Sie die Veränderung für sich erfolgreich bewältigt hätten? (kognitive Ebene)

H **Hindernisse:** Mit welchen großen äußeren, systemischen Hindernissen rechnen Sie im Veränderungsprozess? (kognitive Ebene)

A **Angst:** Welche Sorgen machen Sie sich, welche Ängste haben Sie im Hinblick auf die Veränderung? (emotionale Ebene)

N **Notwendigkeit:** Welche Schritte sind vermutlich schlichtweg notwendig, damit Sie gut durch die Veränderung kommen? (kognitive Ebene)

G **Gewinn:** Was haben Sie für sich persönlich gewonnen, wenn die Veränderung vorbei ist? (emotionale Ebene)

E **Einsatz:** Was ist vermutlich der größte Einsatz, den Sie persönlich leisten müssen/dürfen/wollen, damit Ihre Veränderung gelingt? (emotionale Ebene)

Anwendungsbereiche

- In der Diagnosephase, um einen Überblick über den Klienten und sein internes und externes Veränderungssystem zu erhalten
- Für Klienten mit einfacherem Bildungsstand
- Bei Jugendlichen

- Für Coachees, die noch nicht viel über ihre Veränderung nachgedacht haben
- Im Kurzzeit-Veränderungscoaching

Anwendungsbeispiel

Kevin (19) kommt in eine sozialpsychologische Beratungsstelle und weiß nicht, ob er zu Hause ausziehen soll. Zusätzlich zu seiner Ausbildung als Mechatroniker müsste er noch einen Job (z.B. Samstag im Supermarkt) annehmen, damit er den Auszug finanzieren könnte.

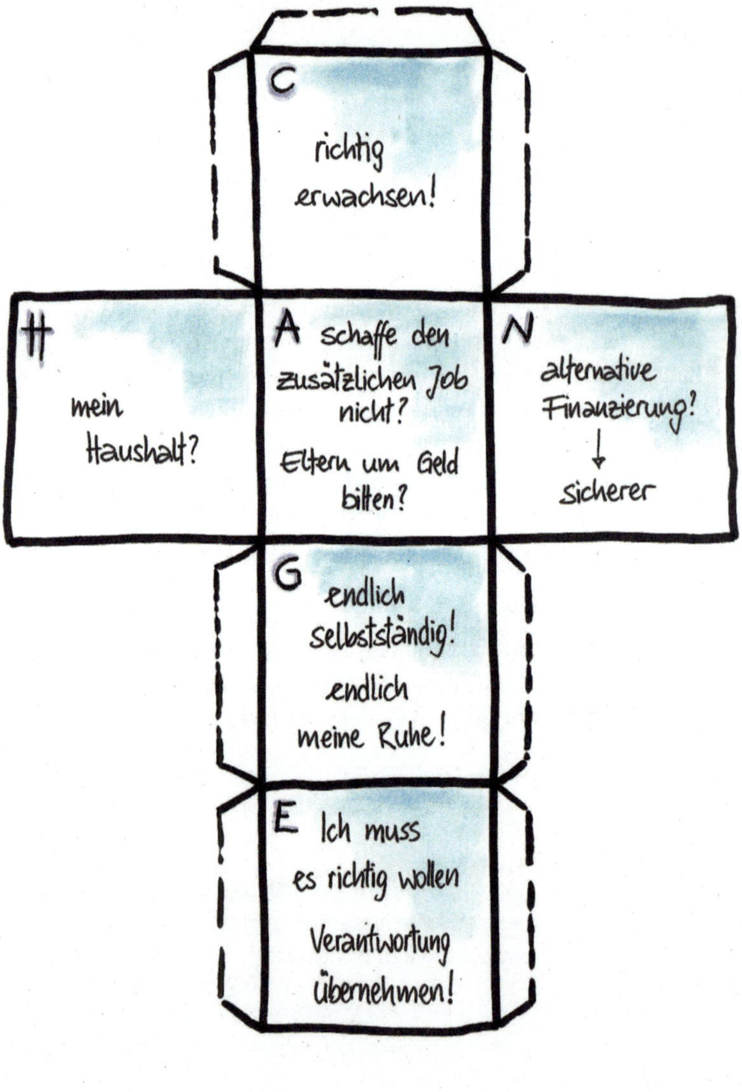

Kevin antwortet auf die Fragen des Change-Würfels:

C **Chance**: „Tja, ich wäre richtig erwachsen, oder?“
H **Hindernisse**: „Ich müsste meinen Haushalt alleine schmeißen, dabin bin ich nicht so toll. Würde ja aber auch keinen außer mir stören.“ (lacht)
A **Angst**: „Dass ich das mit dem zusätzlichen Job nicht schaffe und meine Eltern um Geld bitten muss, dazu bin ich zu stolz.“
N **Notwendigkeit**: „Ich müsste mich informieren, was es für alternative Finanzierungsmöglichkeiten gibt (z.B. Berufsausbildungsbeihilfe oder Wohngeld), bei meinen Eltern ist ja nicht viel zu holen. Schon mal vorher, dann fühle ich mich sicherer, falls ich das mit dem Job nicht durchhalte.“
G **Gewinn**: „Endlich raus, endlich selbstständig. Zurzeit gibt es nur Streit mit meinen Eltern. Ich hätte wirklich gerne meine Ruhe.“
E **Einsatz**: „Ich muss es richtig wollen und Verantwortung übernehmen, aber das ist es ja, worüber wir uns immer streiten. Meine Eltern meinen ja, ich kann das noch nicht. Und das kann ich dann zeigen.“

Sein Fazit: „Es fühlt sich gut an, sich wirklich zu kümmern und sein eigenes Leben aufzubauen. Man sieht ja, dass vieles schon im grünen Bereich ist. Dass das nicht ohne echten Einsatz geht und dass ich nicht bei jeder Schwierigkeit wieder umkehren kann, das ist mir jetzt noch mal klar geworden. Den Würfel nehme ich für mein neues Zimmer mit.“

Weiterführende Ideen und Variationen

- Sie können den Change-Würfel auch in Papierform bauen oder als Zwischenschritt zwischen Sitzungen zum Selbstcoaching mitgeben. Er ist so einfach, dass Sie ihn auch als Vorbereitung für die erste Veränderungscoaching-Sitzung zuschicken können. Dann haben Sie einen strukturierten Gesprächseinstieg.
- Wenn Ihnen die Würfelvariante zu spielerisch ist, können Sie das Akronym CHANGE mit den zugeordneten Begriffen an das Flipchart schreiben und mit Ihrem Klienten gemeinsam über die Schlüsselfragen die Faktoren erforschen.
- Sie können auch für jeden Buchstaben ein Symbol suchen lassen, das visualisiert, wo Ihr Coachee gerade steht. Über die metaphorische Ebene kommen Sie voraussichtlich an tiefer gehende Informationen. Beispiel: „Meine Angst ist wie ein Igel. Ich will nichts mehr von Veränderung hören. Sobald etwas kommt, rolle ich mich zusammen und stelle meine Stacheln auf.“ Hier geht es vermutlich

darum, schlechte Veränderungserfahrungen näher anzuschauen, die zu dem Igelverhalten geführt haben.

Hinweise

- Achten Sie jeweils auf die höchste emotionale Aufladung bei den einzelnen Veränderungsperspektiven. Machen Sie sich hier Notizen zu möglichen Vertiefungsthemen. Sie wissen ja, der Schlüssel zur Veränderung findet sich oft an der Stelle des größten Widerstands.
- Das Modell ist entweder als Überblicksmethode – manchen Klienten genügt das – oder für eine erste Begegnung mit dem Veränderungsspiel gedacht.

Quellen, Literatur

Modell: Martina Nohl.

Veränderungsprozesse begreifen

Input: Die Veränderungskurve

Beschreibung und Hintergrund

Das 6-Phasen-Modell der Veränderung ist Ihnen vielleicht aus dem Change Management bekannt. Die Phasen finden sich so aber auch in jedem individuellen Veränderungsprozess wieder. Selbst wenn es um für Ihre Klienten positive Veränderungen geht („Ich bin schwanger!", „Ich habe geerbt.") oder um kleinste Alltagsveränderungen („Hilfe, mein Auto springt nicht an."). Das Modell stammt ursprünglich von der Psychaterin Elisabeth Kübler-Ross aus der Arbeit mit Sterbenden. Diese Phasen durchläuft jeder Mensch in einem Abschieds- und Trauerprozess. Veränderungen sind demnach als alltäglicher Abschied von bewährten Routinen und lieben Gewohnheiten zu betrachten und fallen uns selbst dann schwer, wenn wir sie als positiv bewerten. Oft wird das Modell auch mit Kurt Lewins dreiphasigem Modell des Wandels kombiniert, in dem die drei Phasen „Auftauen", „Verändern" und „Stabilisieren" einen ähnlichen Prozess definieren. Da das differenziertere Modell

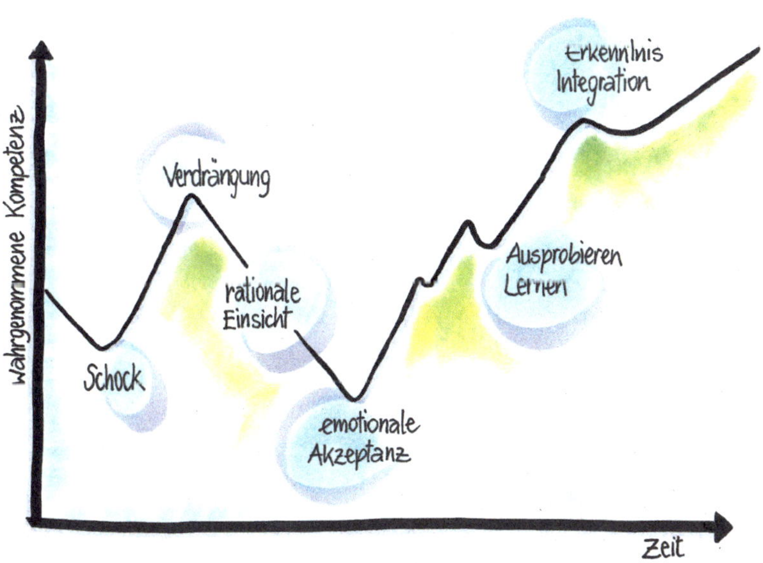

eine klarere Diagnose ermöglicht, verwende ich es an dieser Stelle als 6-Phasen-Modell. Gelegentlich begegnet es Ihnen auch als 8-Phasen-Modell, bei dem die erste und letzte Phase dann noch einmal aufgeteilt sind.

Vorgehensweise

Skizzieren Sie das Modell am Flipchart. Beschriften Sie unbedingt die Achsen mit den Begriffen „Zeit" und „wahrgenommene Kompetenz". Erklären Sie dabei, dass sich das Gefühl, das Veränderungsgeschehen kontrollieren zu können, im Laufe des Prozesses ändert. Informieren Sie weiter darüber, dass sich diese Kontrollüberzeugung immer im Laufe des Prozesses ins Positive verschiebt. Alternativ können Sie statt der Kompetenzachse einfach eine Gefühlsachse mit einem positiven und einem negativen Smiley aufspannen. Beschriften Sie die sechs Phasen und erklären Sie sie dabei kurz. Alleine das Aufzeichnen eines solchen Veränderungsprozesses löst Aha-Erlebnisse aus.

1. **Schock, Überraschung:** Der Mensch wird von der Veränderung überfallen. Trotz vermeintlicher Ankündigung des Geschehens trifft es uns doch oft erst, wenn die Veränderung oder Krise dann tatsächlich da ist.
2. **Verneinung, Verdrängung:** Die Person in der Veränderung verleugnet die Auswirkung, weil nicht sein kann, was nicht sein darf. Das ist die Haltung des Vogels Strauß, der den Kopf in den Sand steckt oder kleiner Kinder, die sich die Augen zuhalten und denken, die anderen sehen sie nun auch nicht.
3. **Rationale Einsicht:** So langsam wird klar, dass die Veränderung doch da ist, der Mensch sieht ein, dass sich etwas verändert hat, ist aber noch nicht veränderungsbereit. Manche Maßnahmen werden halbherzig angegangen, man müsste, man sollte ...
4. **Emotionale Akzeptanz:** In dieser Phase hat die Veränderung die Person nun ganz ergriffen und nicht selten „ausgeknockt". Hier wird klar, dass die Veränderung auch heißt, dass wir uns persönlich verändern müssen. Aber niemand weiß so richtig, wie das gehen soll.
5. **Ausprobieren, Probehandeln:** Am Ende der aufwühlenden Phase der emotionalen Akzeptanz finden erste Reorganisationsprozesse auf der Ebene der Identität statt. Die Hinwendung zum Neuen kann beginnen, erste Entwürfe entstehen.
6. **Erkenntnis und Integration:** Die Veränderung ist bewältigt, wenn der neue Zustand oder das neue Verhalten innerlich richtig angekommen ist.

Bitten Sie Ihren Klienten, sich ehrlich zu positionieren: Wo sieht er sich aktuell im Veränderungsprozess? Beschreiben Sie, was Menschen üblicherweise in diesen Phasen fühlen, mit welchen Herausforderungen sie zu kämpfen haben. Auch das bringt Erleichterung, weil viele Menschen ihre Gefühle und Schwierigkeiten in Veränderungen als persönliches Versagen interpretieren. Hier erkennen sie, dass sie nicht allein sind, sondern den Gesetzmäßigkeiten eines Veränderungsprozesses unterliegen.

Wenn Sie den Klienten in einer anderen Phase sehen, kommen Sie darüber ins Gespräch, bis Sie sich als Coach sicher sind, in welcher Phase oder an welchem Phasenübergang sich Ihr Klient befindet. Denn nur dann können Sie passend intervenieren.

Sie erhalten für die einzelnen Phasen in diesem Buch viele vertiefende Ideen zur Weiterarbeit. Hier bekommen Sie erste Impulse, worauf es in den einzelnen Phasen im Coaching ankommt und wie Sie Ihre Klienten kompetent in den einzelnen Phasen begleiten können.

Unterstützung in den einzelnen Phasen

1. Schock

Meist sind die Klienten noch ganz aufgewühlt und ihre Anwesenheit in der Beratung ist ein einziger Hilfeschrei. Leider können Sie in dieser Phase noch nicht wirklich mit Klienten an der Herausforderung der Veränderung arbeiten, denn ein Mensch in dieser Phase wird alle Impulse und Vorschläge aus den verschiedensten Gründen ablehnen.

- Hören Sie aktiv zu, geben Sie viel Empathie.
- Seien Sie schlichtweg beim Trauern dabei, bestätigen Sie, dass das Alte nicht mehr ist und das Neue Angst macht.
- Verschaffen Sie im Hier und Jetzt Erleichterung, einfach dadurch, dass Sie da sind. (Eine für Coachs nicht immer einfache Art der Intervention, schließlich wollen wir etwas leisten für unser Geld ...)

2. Verdrängung

Wenn Klienten in dieser Phase zu Ihnen kommen, möchten sie etwas von Ihnen, das Sie ihnen guten Gewissens nicht geben können: Sie wollen möglichst schmerzfrei den Status quo wiederherstellen und erhoffen sich von Ihnen die schnellsten und effektivsten Strategien.

Klienten erklären Ihnen dann ganz logisch, wieso ihre Sicht auf die Dinge die einzig wahre und richtige ist. Wenn Sie Klienten hier von anderen möglichen Perspektiven zu überzeugen versuchen, werden Sie massiven Widerstand erzeugen.

- Sie können mit Fingerspitzengefühl Klienten verführen, eine „Was-wäre-wenn-Perspektive" einzunehmen, so kann recht unverbindlich durchgespielt werden, was die Veränderung möglicherweise im System oder für die eigene Person oder Position bedeuten kann.
- Sie können generische Behauptungen („Die machen das immer so") lösungsorientiert nach Ausnahmen befragen und damit Klienten zu einer differenzierteren Sichtweise verhelfen.
- Manchmal kommen Sie gemeinsam mit Klienten an den Punkt, dass die Offensichtlichkeit der Tatsachen, die im Gespräch überdeutlich wird, dazu führt, dass sich Klienten an der Schwelle zur nächsten Phase entscheiden müssen, ob sie die Herausforderung der Veränderung annehmen. Hierzu können Sie ermutigen.

3. Rationale Einsicht

Klienten, die in dieser Phase zu Ihnen kommen, suchen Antwort auf die Frage, was sie denn jetzt nur tun sollen. Die meisten sind schlichtweg überfordert von der Komplexität. Oft haben sie bereits einiges versucht. Aber alte Strategien („mehr desselben") funktionieren in diesem Stadium nicht mehr. Viele Klienten sind regelrecht erschöpft von dem erhöhten Krafteinsatz, den sie bereits geleistet haben und wollen einfach nur, dass dieser unangenehme Zustand bald vorbei ist. Weisen Sie Klienten darauf hin, dass die Abkürzung in den blinden Aktionismus kein nachhaltiger Weg durch die Veränderung ist. Wer das emotionale Tief aus Phase 4 vermeiden möchte, springt gerne direkt ins Ausprobieren. Leider wird man aber immer wieder auf Phase 2 zurückgeworfen. Jeder kennt das aus Monopoly: „Zurück auf ‚Los', ziehe keine 400 Euro ein."

- Der größte Schritt, die emotionale Akzeptanz, liegt noch vor Ihren Klienten. Diesen können Sie metaphorisch vorbereiten, indem Sie nach einem Bild fragen, wie es Ihren Klienten gerade geht mit ihrer Situation, wie diese sich anfühlt. Verstärken Sie alle emotionalen Aussagen dabei. Auch wenn es zu Wut oder Tränen kommt, ist das eine Weiterentwicklung im Gegensatz zur emotionalen Erstarrung, die viele Menschen am Anfang eines Veränderungsprozesses befällt.
- Wenn Sie mit provokativen Interventionen vertraut sind, können Sie auch hierüber den Prozess katalysieren. Gehen Sie nur so weit, wie Sie den Prozess halten können.

- Sie können auch alle bisherigen Lösungsstrategien noch einmal zusammenfassen und mit Klienten gemeinsam davorstehen, um zur Erkenntnis zu gelangen: Das Bekannte führt hier nicht weiter. Wenn dann die Frage kommt „Und was dann?", sind Sie schon ganz nah am Durchbruch zur nächsten Phase. Ziehen oder schieben Sie hier nicht, sondern lassen Sie den Klienten in seinem eigenen Tempo kommen. Sie sind hier sichernder Wegbegleiter und kein voranpreschender Scout.

4. Emotionale Akzeptanz

Oft kommen Klienten erst zu diesem Zeitpunkt in das Veränderungscoaching, wenn sie wirklich das Gefühl haben, sie haben rundum versagt und wissen mit ihren Bordmitteln nicht weiter. In dieser Phase sind die meisten Menschen so richtig emotional aus der Bahn geworfen und sehen sich selbst als „schwere Fälle".

- Hier geht es um gemeinsames Aushalten von Abschiedsschmerz und Wut. Bringen Sie Klienten die frohe Botschaft, dass sie im „Tal der Tränen" am tiefsten Punkt des Veränderungsprozesses angekommen sind und die ungern gehörte Botschaft, dass es keine Abkürzung durch dieses Tal gibt.
- Gestalten Sie Abschiedsrituale mit Klienten, die diese mit Ihnen oder zu Hause durchführen können. Finden Sie die größten Schmerzpunkte und versuchen Sie hier Erleichterungsmaßnahmen zu entwickeln.
- Spielen Sie Katastrophenszenarien ungeschminkt durch, sodass sich Ängste, Ärger und die ganze Bandbreite der Gefühle zeigen können.
- Gewährleisten Sie, dass sich Klienten in dieser Phase erlauben, es sich gut gehen zu lassen, ihre Kräfte mit schönen Dingen und Erlebnissen zu stärken, auch wenn ihnen gar nicht danach ist. Machen Sie deutlich, dass die Reise nun erst richtig anfängt und Klienten dafür all ihre Kräfte benötigen. Wenn Klienten länger in dieser Phase sind, arbeiten Sie massiv am Ressourcenaufbau, da ansonsten größere Ressourcenverluste drohen.
- Ermutigen Sie, dass diese Phase tatsächlich ein Ende hat und lassen Sie Klienten Wünsche, Sehnsüchte und Ideen von ersten Lichtstrahlen am Ende des Tunnels formulieren.
- Bieten Sie auch hier Metaphern an, die das Verstehen erleichtern: Den Winter, dem der Frühling folgt, in dem ganz viel unterirdisch geschieht, was sich erst später zeigt; die Heldenreise, in der der

Held nun mal einige Prüfungen zu bestehen hat, bevor er den goldenen Gral findet oder die Prinzessin heimführen darf etc.

5. Ausprobieren

Sind Klienten erfolgreich durch die Inkubationszeit der Phase 4 gegangen, beginnen erste Inseln von neuen Ideen und Zukunftsentwürfen zu entstehen.

- Begleiten Sie Klienten dabei, Geduld zu haben, wenn sich noch nicht die eine Lösung zeigt. Freuen Sie sich mit ihnen über erste kleine Pflänzchen, die sich ans Tageslicht trauen. Gerade perfektionistische Menschen tun sich schwer damit, nun noch einmal Geduld haben zu müssen.
- Ermutigen Sie sie, spielerisch das ein oder andere auszuprobieren und zu beobachten, wie es sich anfühlt, ob es stimmig ist und eine weitere Investition wert ist, oder ob es sich fremd und aufgesetzt anfühlt. Begleiten Sie Klienten beim Betreten ihrer Möglichkeitsräume.
- Bringen Sie Vergleiche aus der Industrie vom Prototypenbau, bei dem eine Devise heißt: Scheitere oft und früh.
- Suchen Sie mit Kreativitätstechniken (z.B. Bisoziation) nach weiterführenden Ideen, um den Lösungshorizont zu öffnen.

6. Erkenntnis/Integration

Das Schwierigste ist geschafft. Nun stehen oft Zielfindungs- und Entscheidungsprozesse an, bei denen Sie mit bewährten Coaching-Interventionen unterstützen können.

- Bei Klienten, die sehr schnell wieder in den Alltag übergehen möchten – insofern es den noch gibt – können Sie auch hier wieder anregen, erst noch das Erreichte zu würdigen und zu feiern. Auch dazu lassen sich persönliche Rituale entwickeln.
- Blicken Sie auch gemeinsam auf den Veränderungsprozess zurück. Wenn sich Klienten ihre neuen Übergangs- und Veränderungskompetenzen bewusst machen, steigt die Wahrscheinlichkeit, dass sie sie beim nächsten Veränderungsprozess verfügbar haben und diesen zügiger und leichter durchlaufen.
- Werfen Sie mit Ihren Klienten auch noch einen Blick auf die Ängste vor dem konkreten Neuanfang und unterstützen Sie möglicherweise ganz praktisch, indem Sie mit Klienten Notfallpläne für die nächsten Schritte entwickeln.

Anwendungsbereiche

- Am Anfang eines Veränderungsprozesses bis zu Phase 4
- Als Begleit- und Diagnose-Instrument, auf das immer mal wieder im Prozess zurückgegriffen werden kann, das den roten Faden aufzeigt und verdeutlicht, wie viel im Veränderungsgeschehen systemisch ist
- Als Modell zur Interventionsabsicherung für Sie als Coach, mit dem Sie auf Nummer sicher gehen, dass sich Ihr Coachee auch in der Phase befindet, die Sie vermutet haben

Anwendungsbeispiel

Klaus G. (47) ist am Ende seiner Kräfte. Er hat sich als Teamleiter in den letzten fünf Monaten überfordert, die Arbeit einer kranken Kollegin mit übernommen und steht kurz vor dem Burnout. Er kommt mit dem Entscheidungsanliegen in die Beratung, ob er sich für eine Weile krankschreiben lassen soll oder ob die Strategie der inneren Kündigung ihm noch helfen könnte, die Einführungsphase der neuen Abteilungsstruktur und Abrechnungs-Software zu überleben. Geschätzt könne das noch ein halbes Jahr dauern.

Er positioniert sich nach kurzem Zögern in Phase 5 „Ausprobieren“ mit der Bemerkung, er habe jetzt schon genug gelitten und es wäre Zeit für eine saubere Lösung. Der Coach vermutet allerdings, dass sich Klaus G. eher zwischen Phase 2 und 3 befindet. Tja, was nun?

Der Coach greift auf seine Veränderungserfahrungen und Coping-Strategien zurück, indem er nach einem schwerwiegenden, aber erfolgreich bewältigten Übergang in G.s Leben fragen. Herr G. nennt einen komplizierten Beinbruch als Jugendlicher.

Die beiden erarbeiten entlang dieser Aussage die Phasen und versuchen, Querverbindungen zum jetzigen Übergang zu ziehen: „Damals haben Sie irgendwann gewusst, dass Sie da durchmüssen, dass es nichts hilft, sich dagegen zu wehren. Wie ist das jetzt, sind Sie an diesem Punkt bereits vorbeigekommen?“ Die Gedanken des Coachs sind: Sollte G. sich dagegen sperren, weil er sich überhaupt nicht mit seinem aktuellen Veränderungsprozess auseinandersetzen möchte (Verdrängungsphase), können die beiden G.s Ressourcen aus vergangenen Veränderungsprozessen ableiten und diese ebenfalls an die Kurve schreiben. Der Coach lässt das Gespräch und die Prozessdarstellung sacken, im Vertrauen darauf, dass sich etwas tun wird.

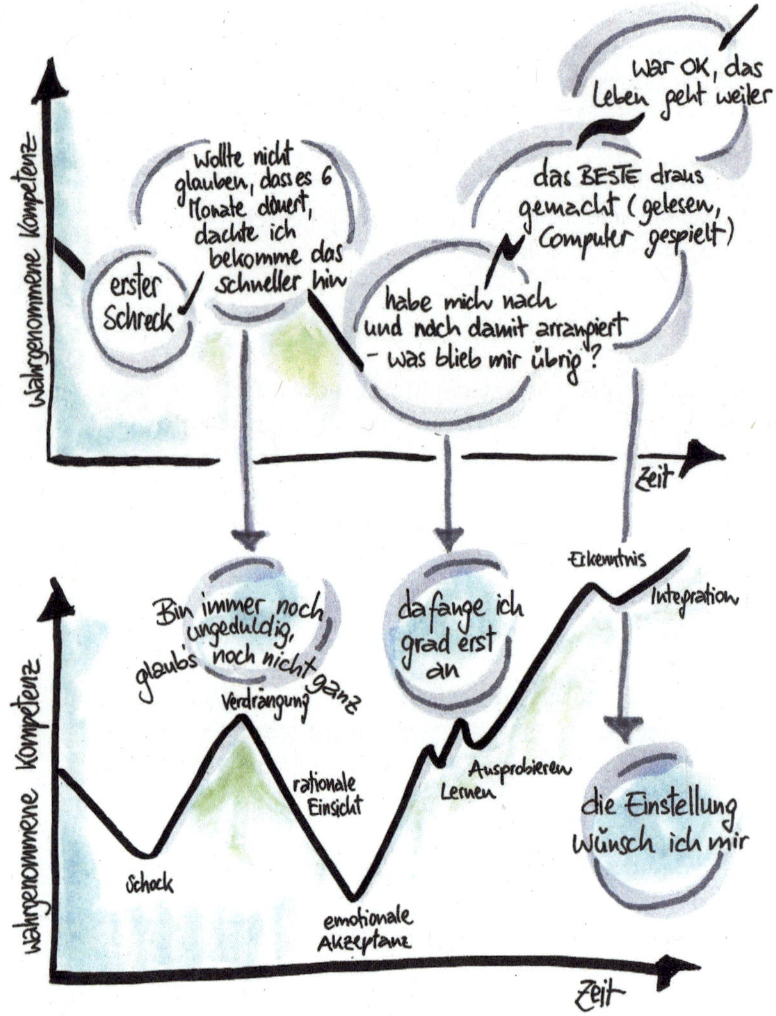

Auf die Rückfrage am Ende des Coachings, ob die Arbeit mit dem alten Veränderungsprozess für seine Entscheidungsfindung hilfreich war, sagt G. nach kurzem Zögern: „Mir ist bewusst geworden, dass die Veränderung so oder so stattfinden wird, egal, ob ich in die Klinik gehe oder (am Arbeitsplatz) bleibe." Schulterzuckend fasst er zusammen, dass er dann auch im Job bleiben und das Beste aus dem Ganzen machen könne. Schließlich sieht er ja, dass er das sogar als Jugendlicher schon mal geschafft habe, gut durch schwierige Zeiten zu kommen und es gäbe da ja noch mehr Beispiele in seinem Leben …

Weiterführende Ideen und Variationen

- Sie können das Modell mit Seilen legen oder mit Tesakrepp auf den Boden kleben. Das funktioniert auch sehr gut im Freien, wenn Sie an den Wendepunkten Pflöcke einschlagen, zum Beispiel bei einem Workshop, der mit Outdoor-Sequenzen arbeitet. Ihr Coachee kann dann die Phasen abschreiten und sein Empfinden dabei beschreiben.
- Besonders wirksam ist der vorweggenommene Rückblick. Vom abgeschlossenen Prozess in die Gegenwart zu schauen und sich aus dieser Position selbst Rat zu geben oder Empfehlungen vom zukünftigen an das heutige Ich aussprechen zu lassen, ist eine mächtige Intervention (s. auch Modell: Ruf aus der Zukunft, S. 218).
- Im Team- oder Gruppensetting können sich die einzelnen Teilnehmer auf dem Prozess positionieren und jeweils einen Satz sagen, wie es ihnen an dieser Stelle im Prozess geht. Eine Weiterarbeit mit den Veränderungstypen (S. 47) wäre hier möglich, um zu verdeutlichen, wie sinnvoll es ist, dass Menschen den Prozess in ihrem ureigenen Tempo durchlaufen.

Quellen, Literatur

- Schmidt-Tanger, M.: Change – Raum für Veränderung. Paderborn: Junfermann 2012.
- Leão, A. (Hrsg.): Trainer-Kit Reloaded. Bonn: managerSeminare 2014.

Emotionen im Prozess

Inputs: Veränderungsmatrix, Veränderungswordle

Beschreibung und Hintergrund

Veränderungen rufen in uns die unterschiedlichsten Gefühle hervor. Gerade für Personen wie Führungskräfte und Selbstständige, die es gewohnt sind, ihr berufliches Leben im Griff zu haben und aktiv zu steuern, ist die Heftigkeit der Gefühle beängstigend und schwer auszuhalten. Gefühle werden verdrängt und äußern sich nicht selten auf psychosomatischer Ebene.

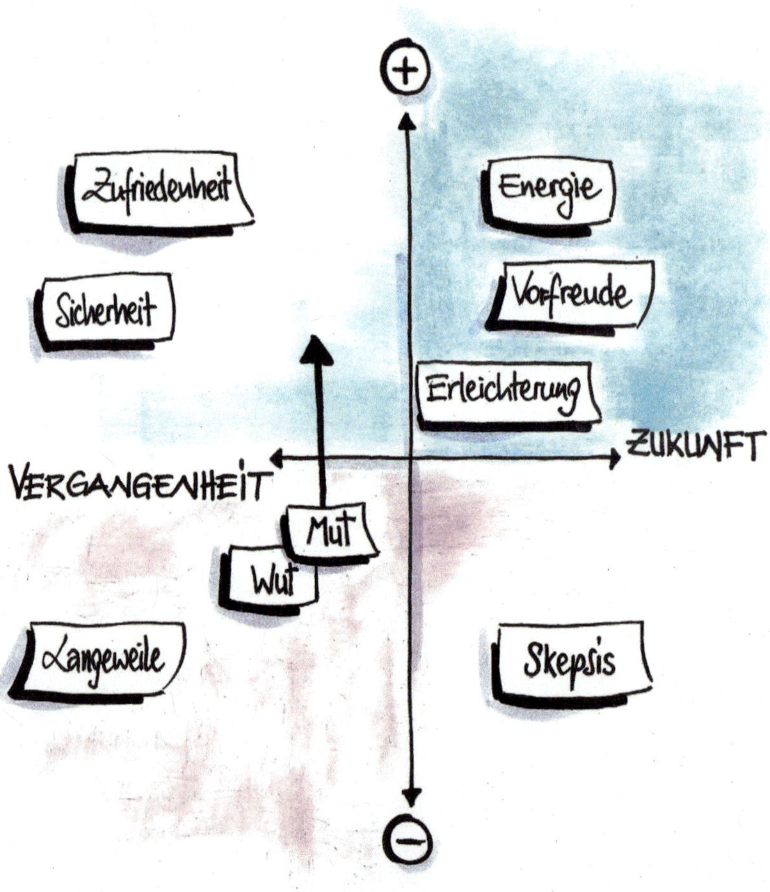

Wenn sich die Wut in Magenschmerzen niederschlägt oder der Stress sich in einer chronischen Blasenentzündung manifestiert, wird es Zeit, die Gefühle zu sichten und mit ihnen Frieden oder zumindest Waffenstillstand zu schließen. So müssen diese nicht noch mehr subversive und selten gewünschte Notfallmaßnahmen ergreifen, um Beachtung zu finden und das Gesamtsystem wachzurütteln.

Vorgehensweise

Erleichtern Sie den Einstieg in das Thema durch eine kurze Reise durch den Körper, in der Sie die somatischen Marker abfragen. Das Bild einer Taschenlampe, die den Körper nach und nach von innen ausleuchtet, finde ich hier sehr hilfreich. Wenn Ihr Coachee an seinen Veränderungsprozess denkt, was geschieht dann wo: Sacken die Schultern nach unten, bildet sich ein dunkler Klumpen in der Brust und welches Gefühl könnte dahinter stehen? Beginnen Sie ganz behutsam, den Sitz der Gefühle im Körper aufzuspüren. Häufig ist das Fühlen selbst und damit der Zugang zu den Gefühlen so zurückgedrängt, dass der Klient erst einmal nicht viel spürt. Bleiben Sie dabei, geben Sie Raum und Zeit für alles, was sich zeigen möchte. Machen Sie Vorschäge, die alle fünf Sinne ansprechen. „Gibt es da vielleicht eine lichte Empfindung, oder einen dumpfen Ton, fühlt es sich wund oder rau an, schmeckt es sauer, sehen Sie da etwas wie eine innere Sperre?"

Sammeln Sie die Gefühle und Ausdrücke in der Sprache des Klienten auf Moderationskarten.

Zeichnen Sie eine Matrix auf, in der aktuelle Gefühle im Veränderungsprozess ihren Platz finden können. Bitten Sie Ihren Klienten, die Karten in der Matrix zu positionieren. Sprechen Sie über die Kehrseite des Gefühls: Trauer kann zu Gelassenheit werden, Wut zu Mut, Unsicherheit zur Vorsicht. Würdigen Sie die darin enthaltene Funktion, die das vermeintlich negative Gefühl für Ihren Klienten hat. Geben Sie hier nur Vorschläge, damit der Klient seine individuelle Gefühlsfacette wählen kann. Schreiben Sie diese andere Seite der Gefühle, die Ihr Klient im negativen Bereich ansiedelt auf eine weitere Moderationskarte und lassen Sie sie neu positionieren, evtl. auch über das ursprüngliche Gefühl hängen.

Sprechen Sie darüber, welche Gefühle dem Klienten helfen würden, gut durch den Prozess zu gehen. Wenn hier Kompetenzbegriffe oder Werte auftauchen, korrigieren Sie diese nicht, schreiben Sie sie einfach dazu.

Sammeln Sie Ideen und Strategien, wie gewünschte Gefühle verstärkt und wenig zielführende Gefühle reduziert oder modifiziert werden können. Setzen Sie hierbei eher bei der Gestaltung der Rahmenbedingungen, der Glaubenssätze oder der Körperhaltung an, da es bekanntlich schwierig ist, Gefühle direkt zu beeinflussen.

Anwendungsbereiche

- In der Anfangsphase des Schocks
- In der mittleren Phase eines Veränderungsprozesses, in der die Verwirrung am größten ist
- Bei Klienten, die Ihnen sonderbar gefasst und distanziert zum Geschehen vorkommen
- Wenn der Prozess stagniert

Weiterführende Ideen und Variationen

- Sie können am Anfang Ihren Klienten in zwei getrennten Schritten skalieren lassen, wie viel positive und wie viele negative Gefühle er seiner aktuellen Veränderung gegenüber mitbringt (Affektbilanz von Maja Storch, siehe S. 238 ff.). Die gleiche Skalierung nehmen Sie dann noch mal nach der Arbeit mit den Gefühlen vor. Beispielsweise kommen dann Aussagen wie: „Es hat sich zwar auf der Skala nichts dramatisch verändert, aber ich weiß jetzt, dass meine negativen Gefühle mir auch helfen, mich im Prozess zu schützen oder mich antreiben, hier mit Power durchzugehen." – „Es fühlt sich etwas leichter/besser an, weil ich weiß, dass die Gefühle dazugehören und ich sie nicht mehr vor mir selbst verstecken muss."
- Sie können an den Gefühlen und Emotionsbegriffen auch mit dem Wertequadrat von Friedemann Schulz von Thun weiterarbeiten. Gerade wenn Sie feststellen, dass Ihre Klienten sich mit bestimmten Gefühlen selbst abwerten oder Angst vor dem Gegengefühl haben, wird ihnen hier die Sicherheit vermittelt, dass es immer einen ausführbaren und erwachsenen Weg im Umgang mit Gefühlen geben kann.
- Bei kreativen oder computeraffinen Klienten können Sie als Zwischenschritt zu Hause anregen, eigene Emotions-Wordles zu gestalten. Auf der Webseite http://www.wordle.net können die Klienten Begriffe eingeben, Farben und Anordnungsmuster wählen, um ihren individuellen Gefühlsteppich zu kreieren und das Ergebnis ausdrucken. Das kann ein Wordle mit widerstreitenden Gefühlen sein. Denkbar sind aber auch zwei getrennte Wordles, die die Gefühle im

Ist-Zustand und den angestrebten Zustand nach der erfolgreich bewältigten Veränderung visualisieren. Diese Übung bringt einerseits vertiefenden Zugang, da Klienten nach genaueren Bezeichnungen suchen, und es wird leicht, zu den Gefühlen zu stehen, weil das Gesamtbild, das Wordle, ansprechend und zeitgemäß wirkt.

- Im Team können Sie beispielsweise im supervisorischen Kontext diese Aufgabe auch als Gruppenübung durchführen lassen. Alle gestalten ein Wordle auf einem gemeinsamen, großen Pinnwandpapier: „Wie fühlt es sich an, in der aktuellen Phase unseres Veränderungsprozesses zu sein?" Diese Übung fördert das Gemeinschaftsgefühl („Wir sitzen alle im gleichen Boot.") und das gegenseitige Verständnis bei Konflikten.

Hinweise

Im klassischen Business Coaching ist es ungewohnt, eine ganze oder gar mehrere Sitzungen mit Gefühlen zu arbeiten, das überlassen wir gerne den „esoterischen Körperarbeitern" und wenden uns lieber den besser fassbaren Zielen und Handlungsplänen zu. Im Veränderungscoaching dienen Sie Ihrem Klienten und dem Prozess mehr, wenn Sie sich mit ihm auf unsicheres Terrain begeben – ohne die Grenze zum therapeutischen Arbeiten zu überschreiten. Die erkennen Sie daran, dass ein Gefühl in einer dem Anlass völlig unangemessenen Ausprägung auftritt und meist einen biografischen Bezug hat. Wenn dieses Gefühl mit großer Wahrscheinlichkeit viel mit dem aktuellen Veränderungsprozess und dessen Bewältigung zu tun hat, sollten Sie Ihren Klienten bitten, sich für dieses Thema therapeutische Unterstützung zu holen. Viele Klienten haben hier bereits Ansprechpartner. Lassen Sie sich von diesen eher selten auftretenden Gefühlsausbrüchen nicht abhalten, im Coachingrahmen in die Gefühlsarbeit einzusteigen, denn die Konfrontation mit den eigenen Gefühlen ist ein wichtiger Meilenstein, um in die Phase der emotionalen Akzeptanz zu kommen.

Quellen, Literatur

- Storch, M.: Das Geheimnis kluger Entscheidungen. Zürich: Pendo 2004.

Den eigenen Veränderungstyp erkennen

Input: Veränderungstypen

Beschreibung und Hintergrund

Im Change Management werden die verschiedensten Reaktionen von Menschen auf Veränderungen in Form von Veränderungstypen beschrieben. Da gibt es Visionäre, Opportunisten, Skeptiker, Untergrundkämpfer, Ermutiger, Informationssammler, Pioniere, Chancenergreifer, Emigranten, Missionare, aktiv Gläubige, Abwartende, Gleichgültige, offene Gegner, Dremser, Aufgeschlossene, Überzeugungstäter und Innovatoren. Die verschiedenen Veränderungsdimensionen sind in den Typenmodellen selten sauber getrennt. Ich schlage hier folgende Veränderungsdimensionen vor, die auch in sich bereits wieder differenziert sind.

Zeitpunkt

Der Zeitpunkt, zu dem ein Mensch in den Prozess einsteigt und die Aktivität, mit der er sich an der Veränderung beteiligt, diese Dimension kennen Sie möglicherweise vom Kaufverhalten eines Menschen. Folgende Typen werden hier unterschieden:

- **Innovator:** Hat die Veränderung herbeigewünscht, aktiv mitgeplant und gestaltet
- **Früheinsteiger:** Ist schnell vom Sinn und Nutzen der Veränderung überzeugt, arbeitet tatkräftig mit und leistet Überzeugungsarbeit
- **Frühe Mehrheit:** Prüft und entscheidet dann, dass sie mitmacht, wenn auch vielleicht nicht mit dem größten Engagement
- **Späte Mehrheit:** Muss erst überzeugt werden und nimmt dann manchmal ein wenig unwillig am Veränderungsprozess teil, sieht aber kognitiv ein, dass es notwendig ist
- **Nachzügler:** Springen dann auf den Prozess auf, wenn es gar nicht mehr anders geht, aus reiner Vernunft, nicht aus Überzeugung

Risikobereitschaft

Die Bereitschaft, Risiken auf sich zu nehmen, besagt, wie engagiert sich der Mensch in die Veränderung stürzt und welche Haltung er zum

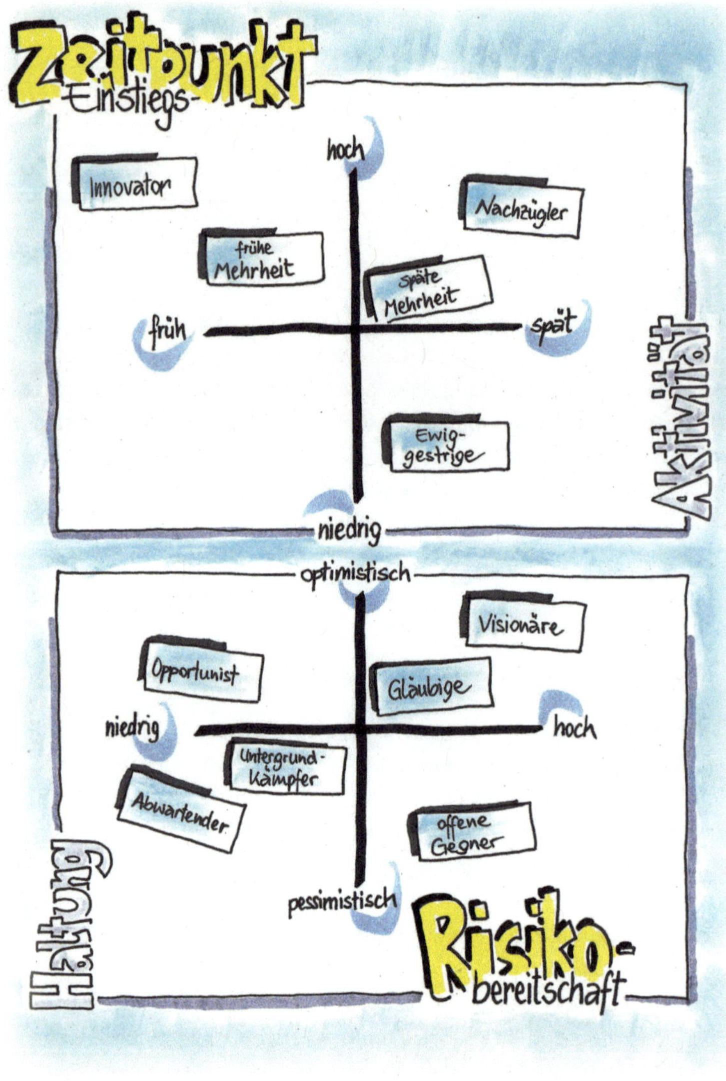

Veränderungsgeschehen hat. Hier wird noch unterschieden zwischen dem subjektbezogenen und dem systembezogenen Risiko. Mögliche Typen sind hier beispielsweise:

- **Bremser:** Sieht vielleicht Chancen für das System, hat aber persönliche Bedenken
- **Skeptiker**: Sieht keinen Veränderungsbedarf im System, hat persönlich aber weniger Probleme mit der Veränderung
- **Pionier:** Sieht den Veränderungsbedarf und stürzt sich hinein

- **Widerstandskämpfer:** Hat große persönliche und systemische Bedenken gegen die Veränderung und lässt sich das auch etwas kosten
- **Untergrundkämpfer:** Ist gegen die Veränderung, sieht aber keine Chance zum offenen Widerstand
- **Opportunist:** Sucht den persönlichen Vorteil und schließt sich mal da, mal dort an, versucht möglichst reibungsfrei durch die Veränderung zu kommen
- **Emigrant:** Verlässt das System, da ihm das Risiko zu hoch ist oder der Einsatz ungerechtfertigt erscheint
- **Abwartender:** Versucht mit minimalem Einsatz und einer (vermeintlichen) Haltung von Gleichgültigkeit im System zu überleben

Vorgehensweise

Zeichnen Sie beide Achsen an das Flipchart. Beschreiben Sie einige Veränderungstypen verbal oder kleben Sie einige vorbereitete visualisierte Typen in das Modell (z.B. mit größeren Post-its oder Stattys, die Sie immer wieder verwenden). Lassen Sie den Klienten sich positionieren: Erstens mit seiner möglichst ehrlichen Position, die die aktuelle Lage beschreibt, zweitens mit seiner Wunschposition.

Einige Leitfragen:

- „Angenommen, Sie wären dieser Veränderungstypus (Wunschposition), was wäre anders?“
- „Welche Vorteile haben die Menschen, die aktuell mehr Risiken als Sie auf sich nehmen/die dem Prozess positiver gegenüberstehen/die früher eingestiegen sind und die sich mehr engagieren? – Und welchen Preis zahlen sie dafür?“
- „Welchen Nutzen hat Ihr Team oder Ihr Arbeitgeber davon, dass Sie sich so verhalten, wie Sie sich verhalten (realer Typus)? – Was enthalten Sie Ihrem Team oder Arbeitgeber dafür vor?“
- „Können Sie sich an frühere Veränderungssituationen erinnern, wo Sie sich wie Ihr Wunschtypus verhalten haben? Was war da anders? Ließe sich etwas von der damaligen Situation auf die heutige übertragen?“

Anwendungsbereiche

- Bei Konflikten im Team
- Bei inneren Konflikten, wenn sich Ihr Coachee beispielsweise als Veränderungsversager betrachtet
- Für introvertierte Menschen, die gute Veränderungsgestalter wären, aber nicht so recht wissen, wie sie es angehen sollen

- Ihr Coachee hat sich „verzockt" und weiß nicht weiter (gerade junge Klienten können in Veränderungen auch über das Ziel hinausschießen).

Anwendungsbeispiel

Heiner G. (31) kämpft seit Jahren mit seiner Schüchternheit. Er hat viele gute Ideen, wartet aber gerade in Veränderungskontexten so lange ab, bis alle an ihm vorbeigezogen sind. Diesmal kommt er proaktiv in das Coaching, damit ihm das nicht mehr passiert.

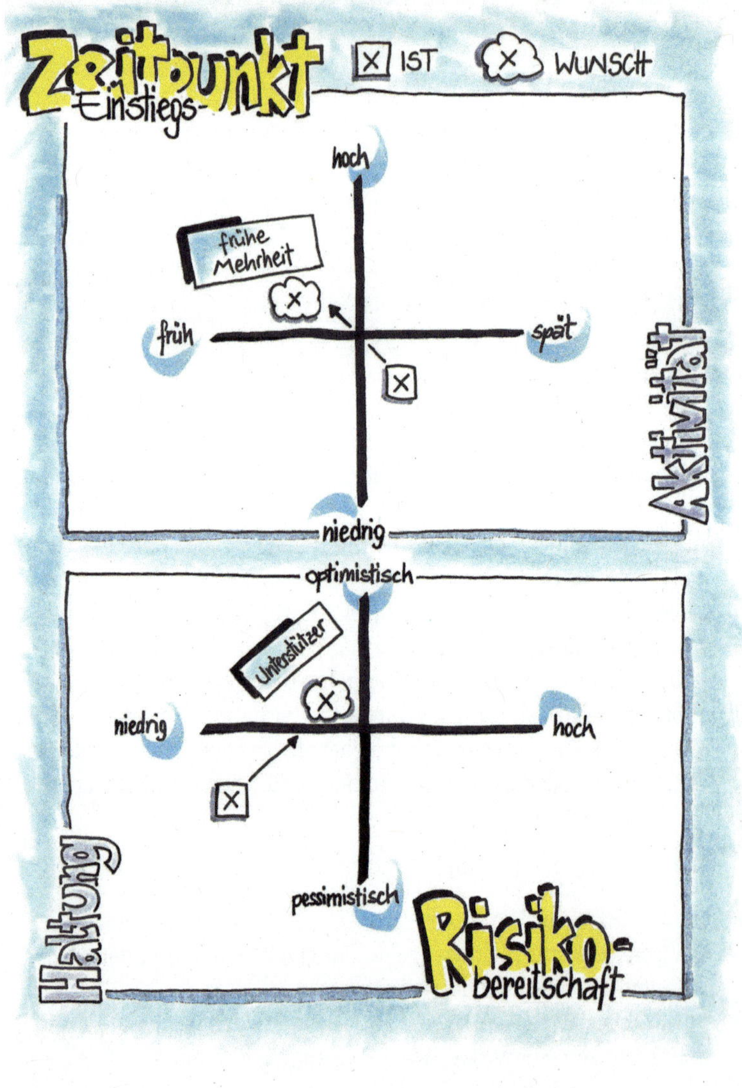

Nach der konkreten Visualisierung und Positionierung seines Ist-Veränderungs-Ichs und seines Wunsch-Veränderungs-Ichs im Koordinatensystem wird ihm Folgendes deutlich:

- „Ich habe die Chance, dass meine Ideen eher umgesetzt werden. Ich mache mich zwar angreifbarer, aber die positive Veränderung durch meine Ideen ist es mir wert. Ich wäre stolz, zur frühen Mehrheit zu gehören."

- „Ich fühle mich nicht mehr so ohnmächtig und wie das Kaninchen vor der Schlange, weil ich etwas mache und mithelfe, dass es in eine gute Richtung vorangeht. Ich bin auch ein Gestalter."

- „Ich bin einfach nicht sehr risikobereit, aber ein richtiger Widerständler bin ich auch nicht, mit dieser Gruppe möchte ich nicht in einen Topf geworfen werden. Also sollte ich öfter mal auch etwas Optimistisches einbringen und die ewigen Miesepeter eher mal nicht beachten. Ein Opportunist bin ich allerdings auch nicht. Vielleicht ein dezenter Unterstützer."

Weiterführende Ideen und Variationen

Sie können darüber sprechen, wo seine Vorgesetzte den Klienten im Modell sehen würde und/oder seine Partnerin. Gibt es bereichsspezifisches Veränderungsverhalten? Lassen sich hier Ressourcen aus dem privaten in den beruflichen Bereich übertragen?

Hinweise

Machen Sie im Gespräch immer wieder deutlich, dass alle Rollen ihre Berechtigung haben, auch wenn Ihr Klient seine eigene Rolle gerade als wenig glorreich empfindet.

Quellen, Literatur

- Mohr, N.: Kommunikation und organisatorischer Wandel. Wiesbaden: Gabler 1997.
- Vahs, D.: Organisation: Ein Lehr- und Managementbuch. Stuttgart: Schäffer-Poeschel 2012.

Veränderungsstress minimieren

Inputs: Hardiness-Dreieck, Stressbarometer

Beschreibung und Hintergrund

Am Anfang eines Veränderungsprozesses kann es sehr entlastend sein, sich den gefühlten und tatsächlichen Stress bewusst zu machen. Gestalten Sie mit Klienten ihr individuelles Stressbarometer. Alternativ können Sie es auch als Belastungsbarometer bezeichnen und im Schwerpunkt auf Belastungen eingehen. Achten Sie auf die Sprache Ihres Klienten, was hier mehr im Sprachsystem andockt.

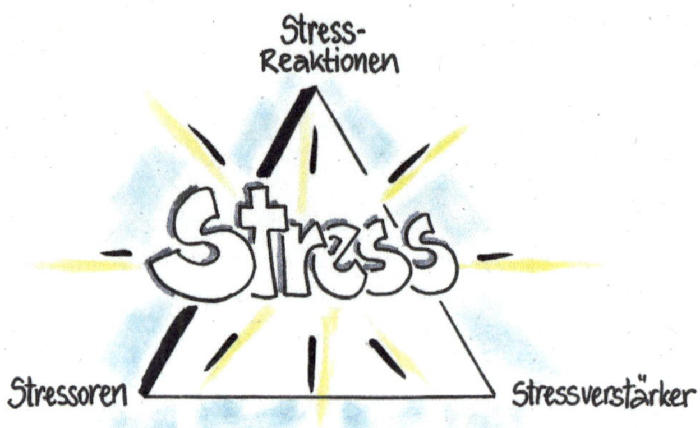

Stress setzt sich aus verschiedenen Faktoren zusammen: **Stressoren** sind die äußeren Umstände, die eine stressbehaftete Situation erzeugen. Es handelt sich dabei meist um unbekannte Situationen, die in geringem Ausmaß von den Betroffenen kontrolliert werden können oder um komplexe Prozesse, deren Ende nicht überschaut werden kann. Dabei spielt es natürlich auch eine Rolle, wie wichtig der Lebensbereich ist, in dem die stressige Situation auftritt.

Als häufige Stressoren in beruflichen Veränderungsprozessen nennt der Stressforscher Gert Kaluza Leistungsstressoren wie Zeitdruck, Überforderung oder Unterforderungen, Unsicherheit über Art und Umfang der geforderten Leistung beispielsweise bei betrieblichen Umstrukturierungen etc. Darüber hinaus beschreibt er soziale Stressoren wie Konkurrenz, Isolation, Konflikte am Arbeitsplatz und zu Hause in Folge des Veränderungsgeschehens.

Stressreaktionen bezeichnen alle Prozesse, die bei der vom Stress betroffenen Person als Antwort auf einen Stressor in Gang kommen. Diese Reaktionen können sich körperlich zeigen oder in dem, wie die Person in der Situation handelt oder auch „nur" als Gefühle situationsbegleitend auftreten.

Stressverstärker beeinflussen das Auftreten einer Stressreaktion. Sie stellen den individuellen Anteil der Betroffenen am umfassenden Stressgeschehen dar. Über persönliche Motive, besondere Einstellungen oder Bewertungen, wirkt die gleiche Situation auf verschiedene Individuen in unterschiedlichem Maße stressauslösend. In der Stressforschung finden sich beispielsweise folgende Stressverstärker: Der Hang zum Perfektionismus und die mangelnde Akzeptanz der eigenen Leistungsgrenzen, eine Art Einzelkämpfermentalität, bei der Unterstützung von anderen nicht in Erwägung gezogen und/oder gar abgelehnt wird, oder die Flucht in Aktivitäten vor unangenehmen inneren Bewältigungsprozessen.

In der Stressforschung wird immer wieder nach Merkmalen und Eigenschaften von Personen gesucht, die belastende und stressige Lebenssituationen besser bewältigen als andere. Ein Konzept ist das der Stress-Resistenz (Hardiness). Die Wissenschaftler Susanne Kobasa und Salvatore Maddi konnten nachweisen, dass Menschen mit den nachfolgenden Eigenschaften und Einstellungen deutlich gesünder blieben nach der Bewältigung einer für sie kritischen Veränderungssituation als andere:

- **Engagement und Selbstverpflichtung (Commitment):** Die Personen übernehmen Verantwortung für ihr Leben, verpflichten sich ihren Zielen und halten das, was sie tun, auch für ihr soziales Umfeld für wichtig.
- **Kontrolle:** Diese Menschen haben ein hohes Maß an Überzeugung, dass sie die Dinge irgendwie in den Griff bekommen und sind der Ansicht, die Umstände innerhalb vernünftiger Grenzen beeinflussen zu können.
- **Herausforderung:** Veränderung wird als Chance und Herausforderung angegangen. Das umfasst auch die Eigenschaft, Ungewissheiten auszuhalten und sich Neuem aktiv zuzuwenden. Stress gilt als Möglichkeit für persönliches Wachstum.

Vorgehensweise

Sammeln Sie auf Moderationskarten relevante Faktoren, die Stress bei Ihrem Klienten auslösen. Fragen Sie dazu in den folgenden Bereichen nach. Sie können den Dreiklang auch am Flipchart aufschreiben:

- Äußere Stressfaktoren, systemische Bedingungen (z.B. lange Arbeitzeiten; viele Extra-Meetings; zusätzliche Vertretung für Kollegin)
- Innere Stressfaktoren/Stressverstärker (z.B. Ungewissheit, was da wohl kommt; Perfektionismus; Angst zu versagen)
- Stressreaktionen (z.B. keine Lust mehr, bei der Stimmung im Team zur Arbeit zu gehen; Kopfschmerzen; Sorgen; Unzufriedenheit)

Wenn mehr als fünf Faktoren zusammenkommen, clustern Sie diese mit Ihrem Klienten. Kleben Sie sie dann an das Flipchart (evtl. quer an die Wand hängen), zeichnen Sie für jede Faktorengruppe ein Barometer dazu, auf dessen Skala von 1–10 Ihr Klient seinen Stresswert eintragen soll.

Entwickeln Sie gemeinsam Erste-Hilfe-Maßnahmen für die drei gravierendsten Stressoren. Wenn Sie genug Zeit dazu haben, arbeiten Sie dann mit einer typischen Situation in Aufstellungsarbeit weiter, in der ein Stressfaktor besonders deutlich wird.

Oder arbeiten Sie bei Bedarf mit dem Hardiness-Dreieck, wie im Anwendungsbeispiel beschrieben. Erklären Sie dazu Klienten das Hardiness-Modell am Flipchart. Fragen Sie nach, ob sich der Stresspegel auch reduzieren ließe, wenn diese einige ihrer eben herausgearbeiteten Stressfaktoren mit der Brille eines stressresistenten Menschen ansehen würden. Welchen Rat würde sich Ihr Klient selbst geben, wenn er wüsste, dass Commitment, Kontrolle und Herausforderung wesentliche Schlüssel im Umgang mit Stress sind?

Anwendungsbereiche

- Gehetzt wirkende Klienten, die auch im Coaching nicht zur Ruhe kommen
- Klienten, die viel über ihre aktuelle Situation klagen und jammern
- Burnoutgefährdete Klienten
- Zur Soforthilfe bei krisenhaften Anliegen

Anwendungsbeispiel

Maria P. (54) ist Bilanzbuchhalterin und führt aktuell ein sehr stressiges Leben:

- Sie pflegt ihren Vater
- Ihre Stelle ist evtl. durch Sparmaßnahmen in Gefahr
- Es gibt viele Kämpfe mit ihrer spätpubertären Tochter
- Sie hat eine Art Aufräumzwang
- Die Stimmung im Team ist mies
- Konflikte mit Arbeitskollegin im Zweierbüro
- Sie hat eine Weiterbildung aufs Auge gedrückt bekommen, die sie angesichts der Lage als völlig sinnlos erachtet

Ihre konkreten Stressfaktoren werden stichwortartig auf das Flipchart geschrieben. Sie zeichnet den Pegel in ihre Stressbarometer und stellt fest, dass sowohl die Sorge als auch der Aufräumzwang aus ihr selbst kommen und eher zu den hausgemachten Stressverstärkern und Stressreaktionen gehören. Als Coach kann man an diesem Thema bleiben und daran arbeiten, wie eine Stressreduktion ganz praktisch aussehen könnte. In diesem Beispiel wird mit dem Bezug zum Hardiness-Dreieck und der gewünschten Stress-Resistenz weitergearbeitet.

Maria P. stellt Verbindungsideen zwischen ihren Stressfaktoren/Stressbarometern und Anti-Stress-Begriffen im Hardiness-Dreieck her:

- Die Pflege des Vaters und der Ärger mit ihrer Tochter gehören zum Leben dazu, da geht es um Verantwortungsübernahme ohne Drama und Jammern, eventuell auch mal in der Haltung „Augen zu und durch" und eben darum, das Beste daraus zu machen. Weiterhin will sie mehr auf sich achten und was ihr dabei gut tut (Thema Selbstfürsorge).

- Ihren Aufräumzwang und die Sorgen möchte sie mit ihrer Therapeutin anschauen und denkt, die beiden Aspekte gut und zeitnah in den Griff bekommen zu können. Auch bei der wenig geliebten, weil als sinnlos empfundenen Weiterbildung könnte der Faktor Kontrolle greifen. Maria P. hat es tatsächlich in der Hand, ob sie weiterhin an der Weiterbildung teilnimmt. Wenn ja, dann hat sie sich bewusst dafür entschieden und die Kontrolle übernommen. Tatsächlich hilft diese Vorgehensweise, um den eigentlichen Stress vom Jammer- und Opfer-Stress zu unterscheiden.
- Die Stimmung im Team und den Konflikt mit der Kollegin könnte sie probehalber als Herausforderung sehen. Es wäre möglich, dass sie positiv und selbstbewusst mit gutem Beispiel vorangeht. Allerdings nur, wenn es ihr selbst gutgeht und da ist sie wieder beim Thema Selbstfürsorge.

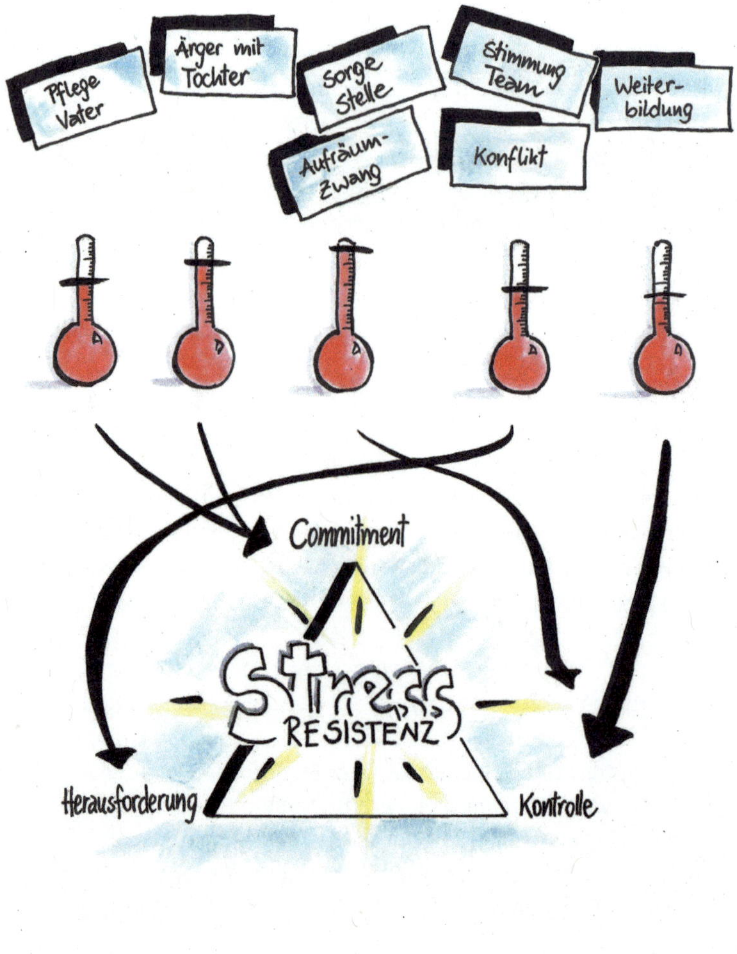

Coach und Coachee vereinbaren drei konkrete Schritte, die sie bis zum nächsten Coaching umsetzt und sie bekommt die Aufgabe, eine Liste mit 20 kleinen Wohlfühl- und Selbstfürsorge-Ideen zu erstellen und jeden Tag eine Kleinigkeit davon umzusetzen.

Weiterführende Ideen und Variationen

- Die Übung ist auch geeignet für Zweierteams, um die Wahrnehmungsdiskrepanzen bezüglich Stress und Belastungen deutlich zu machen, denn damit haben Sie meistens die Konfliktauslöser identifiziert. Lassen Sie hier einfach beide Teammitglieder ihren Pegelstand mit einer anderen Farbe eintragen, um darüber ins Gespräch zu kommen.
- Die Übung eignet sich auch zur Arbeit mit Bodenankern im Raum. Fragen Sie lösungsorientiert: „Was müsste geschehen, damit Sie Ihren Stress auf dieser Skala um einen Schritt reduzieren?" Wiederholen Sie diese Frage so oft, bis der Pegel in einem Bereich ist, in dem spürbare Erleichterung beim Klienten wahrnehmbar wird.
- Wenn Sie merken, dass der Schwerpunkt der Stresswahrnehmung bei den stressverschärfenden Gedanken liegt, lohnt es sich, über folgendes Zitat mit dem Klienten ins Gespräch zu kommen: „Die letzte der menschlichen Freiheiten besteht in der Wahl der Einstellung zu den Dingen." (Victor Frankl)
- Wenn Sie die Stressfaktoren und Stressbarometer auf Moderationskarten (im DIN-lang-Format) zeichnen lassen, können Sie sie später an die Ecken des Hardiness-Modells umkleben.

Hinweise

- Natürlich können Sie auch nur mit dem Stressbarometer oder nur mit dem Hardiness-Modell arbeiten. Meiner Erfahrung nach macht es aber in dieser Reihenfolge Sinn, weil Klienten nicht bereit sind, konstruktiv an ihrer Belastung zu arbeiten, wenn sie sie nicht einigermaßen vollständig darstellen durften.
- Praktische Anti-Stress-Maßnahmen müssen oft kleinschrittig überwacht werden, da es mehrere Wochen dauert, bis Klienten alte Stressreaktionsmuster mit neuem Verhalten überschrieben haben. Tageslisten zum Ankreuzen, Erinnerungsmails oder SMS, die Sie zeitlich definiert verschicken können, oder auch das klassische Lerntagebuch helfen da weiter.
- Rechnen Sie damit, dass Klienten mit Widerstand reagieren, wenn Sie diese Methoden vorschlagen, denn Jammern macht nun mal mehr Spaß als Handeln.

Quellen, Literatur

- Ehinger, W.; Henning, C.: Methodenkoffer für Supervision und Coaching. Tübingen: CreaSys 2009.
- Kaluza, G.: Stressbewältigung. Traninigsmanual zur psychologischen Gesundheitsförderung. Heidelberg: Springer 2005.

Abschied nehmen

Input: Rituale

Beschreibung und Hintergrund

Auch wenn Ihre Klienten im Veränderungsprozess schon eine gute Strecke zurückgelegt haben, ist die Phase des Abschieds doch meist noch nicht vollendet. Zu allen Zeiten und in den meisten Kulturen werden Rituale gepflegt, die Übergänge einleiten oder beenden. Diese Ritualkultur ist in unserem Kulturraum fast verloren gegangen, auch wenn sie derzeit beispielsweise in Firmen und Familien wiederbelebt wird. Mit Ritualen werden bewusste Entscheidungen und Schritte wie Abschied vom alten Chef, Wiedereinstieg nach der Kindererziehungsphase, Übergang in die Nachberufsphase so vollzogen, dass sie auch im Unterbewussten ankommen.

Es kann sonst schlimmstenfalls Monate und Jahre dauern, bis die emotionale Akzeptanz wirklich stattfindet und die benötigen Ihre Klienten, um den Veränderungsprozess nachhaltig zu bewältigen. Wenn Klienten ihr Ritual aktiv gestalten, kommen sie dadurch in die Gestalterhaltung, das heißt, sie können auch anderen Anforderungen des Veränderungsprozesses selbstbestimmter und proaktiver begegnen.

Vorgehensweise

Wenn sich Ihr Klient schon beim Wort Abschiedsritual schwertut, laden Sie ihn doch auf eine kleine Fantasiereise mit dem Titel „Ein letztes Mal zusammensitzen“ ein. Malen Sie ihm eine Abschiedssituation am Feuer bildhaft aus oder zeichnen Sie diese beim Sprechen ans Flipchart. Durch die Externalisierung, nämlich indem dann die Visualisierung und nicht Ihr Klient im Mittelpunkt des Gesprächs steht, lässt sich leichter über das heikle Thema sprechen. Zeichnen oder beschreiben Sie: „Da sitzen Kollegen und Vorgesetzte, aber auch viele Erlebnisse und einzelne Einstellungen wie Zugehörigkeit, Vertrauen, Spaß, manchmal aber auch Scham, langjährige Unaufrichtigkeit oder uralte Konflikte.“

Fragen Sie dann, was Ihr Klient bräuchte, um sich gut von diesem Lagerfeuer und allen Anwesenden verabschieden zu können.

Hier einige Anregungen, die Sie Ihrem Klienten weitergeben können:

- Abschied von Erlebnissen und bestimmten Situationen: Bei Ereignissen eignet sich Aufschreiben („mich behindert ..., mich stört ..., es tut mir leid, dass ...“). Das Ergebnis können Sie ablegen (Album) oder vernichten (verbrennen, vergraben).
- Abschied von Einstellungen: Zum Abschied von Gedanken, Zweifeln, Ängsten, Energieräubern bietet sich ebenfalls Aufschreiben an, dann wählen Sie passende symbolische Handlungen (z.B. den Fluss runterschicken, versenken, in den Wind streuen).
- Abschied von Personen: Symbolisieren Sie diese mit einem Bild oder Gegenstand. Dann geben Sie ihnen einen Ehrenplatz (z.B. als gerahmtes Bild) oder Sie tragen das Symbol weg (z.B. in den letzten Winkel, in den Wald etc.).

Versuchen Sie herauszufinden, ob Ihr Klient das Ritual eher alleine vollziehen möchte, oder ob Sie als Zeuge vielleicht sogar gewünscht sind, weil das Ritual dann mehr Bedeutsamkeit und Wertschätzung erfährt. Unterstützen Sie ihn, sich einen Termin dafür zu reservieren, denn sonst bleibt es beim guten Vorsatz. Die innere Hürde einer rituellen Handlung ist nicht zu unterschätzen, wir sind da nicht mehr in Übung.

Anwendungsbereiche

- Für Klienten, die sehr im Alten verhaftet sind
- Wenn schon eine lange Phase des Trauerns stattgefunden hat und der Blick dennoch nicht nach vorne geht
- Als entscheidendes Hilfsmittel, ob es Klienten mit ihrem (selbst gewählten) Veränderungsprozess auch wirklich ernst ist

Anwendungsbeispiel

Christiane H. (43) ist Öffentlichkeitsreferentin und verabschiedet sich von ihrer langjährigen Stelle, die sie mit viel Herzblut ausgefüllt hat. Die Entscheidung ist aufgrund immer schlechter werdender Arbeitsbedingungen bereits gefallen.

Folgende Ideen entstanden im Coaching, damit sie sich gut lösen kann:

- Sie schenkt ihren Kolleginnen ein selbst gestaltetes Bild, das vermutlich aufgehängt wird, so bleibt noch etwas von ihr am Ort ihres langjährigen Wirkens.
- Sie bereitet sich formal und sehr detailliert auf das Kündigungsgespräch vor und hat ihre Abschiedsrede parat. Dadurch sichert sie sich ab, dass diese schwierige Situation bestmöglich für sie läuft.
- Sie nimmt sich ein paar Tage Auszeit mit dem Fahrrad in einer schönen Gegend, um das Alte abzustrampeln und den Kopf für das Neue freizubekommen.

Weiterführende Ideen und Variationen

- Wenn Sie mit dem Übergangsmodell von Bridges arbeiten, können Sie hier als Miniritual im Veränderungscoaching den Absprung vom alten Ufer in das Meer der Zwischenzeit vollziehen (siehe S. 146 f.).
- Probieren Sie folgende Impact*-Intervention (*Bleibender Eindruck oder nachhaltiges Erinnern durch eigenes Erleben): Lassen Sie Ihren Klienten ein festes Hosenbandgummi an ein Bein binden, das andere Ende binden Sie an ein Tischbein und bitten Sie ihn nun, nach vorne zu gehen. Oder demonstrieren Sie den Effekt bei sich selbst. Wenn der Abschied nicht vollzogen ist, wird die Vorwärtsbewegung sehr mühsam. Der Mensch bleibt im Alten verhaftet, es ist kein Spielraum für das Neue.

- Wenn Sie Change-Workshops gestalten, können Sie ein Gruppenritual einbauen. Bestandteil meines Intensiv-Workshops Übergangscoaching ist beispielsweise das Beschriften schwarzer Steine mit Dingen, die man auf keinen Fall aus dem Alten in das Neue mitnehmen möchte und genussvolles Versenken derselben im nahe liegenden Fluss.

Hinweise

- Natürlich macht diese Übung nur Sinn, wenn Sie selbst für sich die Ritualarbeit nicht als zu esoterisch empfinden und eigentlich innerlich ablehnen. Was nicht heißt, dass Sie nicht gemeinsam mit Ihren Klienten über abstruse Ritualideen lachen können ...
- Um tiefer gehende Naturrituale mit Ihren Klienten durchzuführen, empfehle ich Ihnen entsprechende Weiterbildungen mit Selbsterfahrungsanteilen.

Quellen, Literatur

- Redl, F. P.: Übergangsrituale. Visionssuche, Jahresfeste, Arbeit mit dem Medizinrad. Klein Jasedow: Drachenverlag 2014.

II

Den Rucksack für den Veränderungsweg packen

Den Rucksack für den Veränderungsweg packen

Vor jeder längeren Reise steht der Kassensturz und das Packen des Reisegepäcks. Anhand der unterschiedlichen Ressourceninterventionen wird deutlich, wie vielschichtig ein mögliches Lösungs- und Hilfesystem auf dem Weg sein kann. Hier bietet sich Ihnen als Coach ein weites Handlungsrepertoire, um den oder die Wege zu finden, die das Ressourcenbewusstsein Ihres Klienten am besten steigern.

Leuchttürme und Inseln sehen – S. 66

Diese Visualisierung erleichtert Ihren Klienten, zwischen dem zu unterscheiden, was bleibt und dem, was sich voraussichtlich wandeln wird. Dadurch reduziert sich die wahrgenommene Komplexität der Veränderung und das Sicherheitsempfinden wird spürbar erhöht.

Reiseproviant packen – S. 71

Geeignete Coping-Strategien sind wesentliche Ressourcen auf dem Veränderungsweg. Hier werden diese Schätze aus vergangenen, gut bewältigten Veränderungen gehoben und damit für den aktuellen Veränderungsprozess zugänglich gemacht.

Schätze aus der Vergangenheit bergen – S. 77

Das Resourcing wird hier weitergeführt, indem alle verfügbaren Ressourcen für den anstehenden Veränderungsprozess gesichtet werden. Erste Ressourcendefizite können formuliert werden, aus denen sich dann Handlungsanforderungen ableiten lassen.

Gute Geister als Begleiter erkennen – S. 81

Mentale Ressourcen geraten in dieser Visualisierung als die guten Geister auf dem Weg der Veränderung in den Blick. Die Multiperspektivität dieser guten Geister erweitert den Möglichkeitshorizont, Klienten gestehen sich auf metaphorischer Ebene hier deutlich größere Handlungsspielräume zu.

Unterstützung von nah und fern – S. 86

Ihr Klient ist ja die „Very Important Person" in seinem Veränderungsprozess. So gilt es in dieser Intervention, das Unterstützungssystem dieser wichtigen Person in den Blick zu nehmen. Denn kein VIP kann Großes ohne dieses System im Hintergrund vollbringen.

Das innere Veränderungsteam mobilisieren – S. 91

Zu guter Letzt wird in diesem Kapitel auch das innere Team in seiner Ausprägung des klienteneigenen Veränderungsteams aufgestellt. Teamdynamiken werden sichtbar und es erfolgt eine Sensibilisierung für hilfreiche Teaminteraktion im Hinblick auf den Veränderungsprozess.

Leuchttürme und Inseln sehen

Input: Sichere Lebensbereiche identifizieren

Beschreibung und Hintergrund

Veränderungsprozesse in einem Lebensbereich breiten sich gerne aus wie ein Virus. Plötzlich wird alles in Frage gestellt und auch das Leben in anderen Lebensbereichen scheint brüchig zu werden. Hier ist es Ihre Aufgabe im Veränderungscoaching, mit den Klienten herauszuarbeiten, wo es sichere Häfen, Leuchttürme und Inseln gibt, die unverändert bleiben.

Als Fragehilfe dient die folgende Tabelle, die Sie natürlich mit analytisch veranlagten Menschen auch eins zu eins ausfüllen können.

Veränderungsaspekte	ändert sich	offen	bleibt „gesichert"
Arbeit an sich: Inhalte der Arbeit, Sinn, Arbeitstätigkeiten			
Inhaltliche Arbeitsbedingungen: Herausforderungsgrad, Vielfalt der Tätigkeiten, Gestaltungs- und Entscheidungsfreiraum, Prozesse			
Soziale Arbeitsbedingungen: Arbeitsklima, direkte Kollegen, Vorgesetzte/r, Firmenkultur, Personalstruktur			
Äußere Arbeitsbedingungen: Lohn- und Sozialleistungen, Arbeitsweg, Arbeitszeit(-flexibilität), Arbeitsort (z.B. Ausstattung)			
Berufliche Entwicklungsmöglichkeiten: Persönliche Personalentwicklung, Firmenorganisationsstruktur, Weiterbildungsangebot, Karrieremöglichkeiten			

Vorgehensweise

Für den visuell orientierten Klienten zeichnen Sie alternativ eine metaphorische Darstellung. Die sicheren Faktoren in Form von Inseln und Leuchttürme bringen Ruhe und Orientierung im Wellengang der Veränderung. Das sind die Arbeitsaspekte, die sich aller Voraussicht nach nicht verändern werden. Zeichnen Sie diese zuerst. Leuchttürme können hier für das Wichtigste stehen, was Ihren Klienten in der Veränderung aufrecht hält, die Inseln für die zweitrangigen, aber auch noch wichtigen Aspekte.

Danach notieren Sie die besonders virulenten Veränderungspakete, also die, die noch offen sind oder garantiert verändert werden müssen, z.B. auf Moderationsboote, die Sie skizzieren. Im Anschluss überlegen Sie gemeinsam, wie Ihr Klient deren Richtung und Last steuern könnte.

Ermutigen Sie Ihren Coachee gerade hier, Gespräch mit Verantwortlichen zu suchen, um die Informationstransparenz zu erhöhen. Meistens schafft mehr Transparenz auch mehr Sicherheit – selbst bei unangenehmen Nachrichten.

Anwendungsbereiche

- Wenn alles im Fluss scheint und sich eine große Unsicherheit breitmacht
- Am Anfang der mittleren Phase des Veränderungsprozesses, im inneren „Niemandsland"
- Für entmutigte Klienten, die kurz vor der Depression stehen, weil sie keine Anknüpfungspunkte zum Handeln mehr sehen

Anwendungsbeispiel

Emmy B. (39) arbeitet bei einer Versicherung. Ihr steht eine betriebliche Umstrukturierung bevor. Sie fühlt sich sehr unsicher.

Ihre Felsen und Leuchttürme: „Was bleibt beim Alten?"

- Die drei nächsten Kolleginnen bleiben weiterhin ihre Kolleginnen auch im neuen Team
- Die Schwerpunkte ihrer Tätigkeit bleiben erhalten
- Arbeitsplatz und Standort bleiben gesichert
- Auch der Umfang ihres Teilzeitjobs und das Gehalt bleiben gleich

Ihre Boote: „Was ist in Veränderung?"

- Ein Chefwechsel steht an
- Sie ist für eine andere Kundengruppe zuständig
- Eine andere Personalabteilung ist für ihre Belange zuständig

Ihre Reaktion beim Gesamtüberblick

„Es scheint doch alles nicht so schlimm zu werden, weil vieles bleibt, auch viele Dinge, die mir wichtig sind. Der Chefwechsel tut mir leid, ich mochte meine Chefin, der neue scheint aber ganz okay zu sein. Das mit der Personalabteilung ist nicht so wild. Und die meiste Angst habe ich vor den neuen Kunden. Hier muss ich mich mal informieren, wie die so ticken und ob ich da eine Weiterbildung oder ein Verkaufs-Telefoncoaching machen kann."

Hinweise

- Natürlich können Sie die Übung auch im Raum durchführen. Legen Sie größere Moderationswolken für Inseln und einige ausgeschnittene Leuchttürme aus, dazwischen dann normale Moderationskarten für die ungewissen Veränderungsaspekte. In dieser Form ist sie auch als Teamübung gut geeignet, da die wesentlichen Veränderungsaspekte vollständig „auf den Tisch" kommen und man sich auf eine sichere Basis einigen kann. Wichtig ist hier die Frage nach dem Veränderungsaspekt mit der höchsten Dringlichkeit, mit dem dann weitergearbeitet werden kann. „Welches Boot liegt denn hier schon ziemlich tief und ist kurz vor dem ‚Absaufen'? Worauf müssen Sie aktuell Ihre Rettungsenergien konzentrieren?"
- Auch in Change-Workshops mit Führungskräften kann diese Visualisierung mit anderen Veränderungsfaktoren eingesetzt werden (Folgeseite):

Veränderungsfaktoren	ändert sich	offen	bleibt „gesichert“
Produkte/Dienstleistungen			
Prozesse			
Lieferanten			
Kunden			
Marketing			
Personalabteilung			
Rechtsform			
Standort(e)			
Finanzierung			
Mitarbeiter			
Firmenkultur			
(ungeschriebene) Regeln			

- Beenden Sie die Übung unbedingt mit konkreten Schritten, die die innere Sicherheit der Klienten erhöhen, wenn zu viele Dinge im Fluss sind und Klienten sich überfordert fühlen. Meist stellt sich aber allein durch die Visualisierung eine Erleichterung ein, da doch nicht alles verändert werden muss.

Quellen, Literatur

- Nohl, M.: Standortbestimmung. Berufliche Neuorientierung in eigener Regie. Norderstedt: BoD 2014.
- Wiesenbauer, L.: Wir schaffen das! Veränderungen erfolgreich in Gang setzen. Weinheim: Beltz 2009.

Reiseproviant packen

Inputs: Biografiedarstellung, Coping-Strategie

Beschreibung und Hintergrund

Indem Coachees sich mit ihrer eigenen Biografie mit dem Fokus auf bisher erlebte Veränderungen auseinandersetzen, merken sie, wie viele Veränderungen sie bereits gemeistert haben. Darüber hinaus sieht ihre Biografie vermutlich gar nicht viel anders aus als eine allgemeine Biografiedarstellung, sodass häufig ähnliche Bemerkungen kommen, wie: „Das Leben besteht halt aus Veränderungen, das vergesse ich nur so schnell."

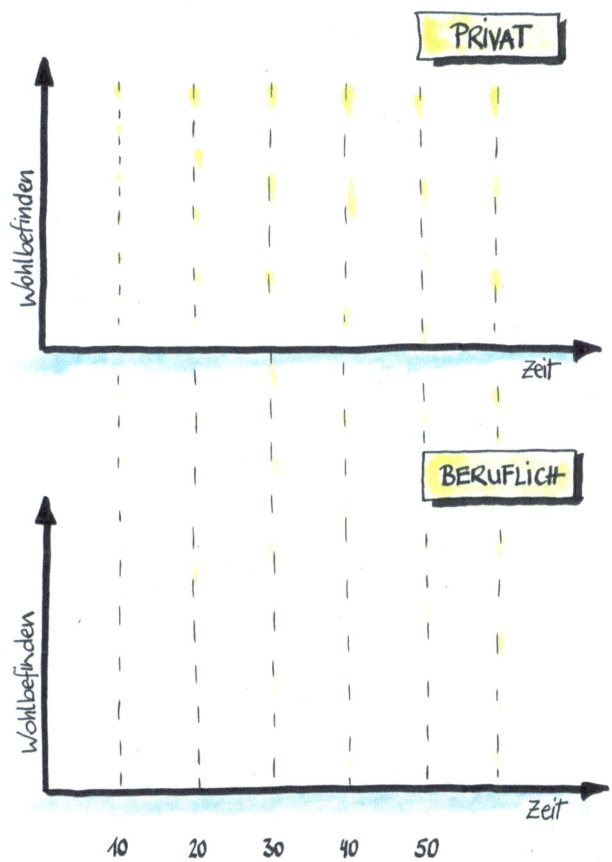

Besonders interessant für das Veränderungscoaching sind die Wendepunkte. Diese können Sie gemeinsam mit den Klienten unter die Lupe nehmen und auf Bewältigungsstrategien hin untersuchen: „Wie haben Sie das geschafft damals, dass es wieder bergauf ging?" Da müssen Sie nicht weiter auf die Theorie eingehen – Sie können Ihren Klienten die „Coping-Strategien" (Bewältigungsstrategien) als ein Bündel an Fähigkeiten, Eigenschaften und Einstellungen vorstellen, die sie bereits im Laufe ihres Lebens erworben haben. Dieser Schatz liegt oft verstaubt und vergessen in der Ecke und kann angesichts der aktuellen Veränderung einmal hervorgeholt werden. So kann gesichtet werden, ob etwas Brauchbares für den aktuellen Bewältigungsprozess dabei ist. Oft zeichnen sich massivere Veränderungen aber gerade dadurch aus, dass keine der bewährten Coping-Strategien der Klienten so richtig greifen. Dennoch lohnt es sich, die alten Schätze erst einmal als solide Basis zu bergen.

Vorgehensweise

Vergangene Veränderungsprozesse sichtbar machen

Lassen Sie den Klienten diese Visualisierung in zwei Schritten entwickeln. Zeichnen Sie die Zeit- und Befindlichkeitsachse an das Flipchart. Schreiben Sie die Lebensjahrzehnte Ihres Klienten dazu. Bitten Sie ihn nun, die Linie seines bisherigen Lebens als Befindlichkeitskurve einzuzeichnen. Ging es gefühlsmäßig aufwärts, steigt die Kurve, schlechtere Zeiten sind durch absteigende Linien gekennzeichnet. Diese Aufgabe können Sie auch vorbereitend als Übung zwischen den Sitzungen geben, dann wird sie meistens etwas differenzierter ausgeführt, weil mehr Zeit zum Nachdenken besteht.

Sie können auch Privates und Berufliches in zwei getrennten Kurvenverläufen zeichnen lassen. Denn selten laufen die berufliche und private Befindlichkeit parallel.

Alle bedeutsamen Lebensübergänge werden sich durch starke Ausschläge in der Befindlichkeitskurve zeigen. Bitten Sie Ihren Klienten, jedem Übergang einen Namen zu geben.

Treten Sie dann gemeinsam einen Schritt zurück und beglückwünschen Sie Ihren Klienten dazu, dass er schon so viele Veränderungen in seinem Leben bewältigt und sicher oft erfolgreich gemeistert hat.

Schätze heben (Coping-Strategien)

Gehen Sie in einem zweiten Schritt mit Ihrem Klienten jeden einzelnen Übergang seiner Biografie noch einmal durch. Sammeln Sie die Fähigkeiten, Eigenschaften oder Einstellungen, die ihm geholfen haben, gut durch den Veränderungsprozess zu gehen. Schreiben Sie sie stichwortartig auf Moderationskarten und hängen Sie diese dazu oder sammeln Sie sie auf einem zweiten Flipchart-Blatt, das Sie sichtbar daneben hängen.

Kommen Sie ins Gespräch, welche der bereits bewährten Coping-Strategien für den aktuellen Veränderungsprozess reaktiviert werden können. Hängen Sie die Moderationskarten dann zur aktuellen Veränderung, dann ergibt sich dort optisch ein schöner Grundstock an Ressourcen.

Anwendungsbereiche

- Für Klienten, die sich und ihre Kompetenzen kleinmachen
- Bei Klienten, die aktuell den Zugang zu ihren Ressourcen verloren haben und sich in einer Art persönlicher oder beruflicher Lebenskrise befinden
- Wenn Klienten doch noch sehr rückwärtsgewandt sprechen, als Wertschätzung der Vergangenheit, aber auch als möglicher Wendepunkt im Coaching zur Zukunftsorientierung

Anwendungsbeispiel

Konrad F. (55) steht aktuell vor der Frage, ob er nebenberuflich den Schritt in die Selbstständigkeit wagen möchte. Durch den bewältigten Burnout ist er vorsichtig geworden, sich zu viel zuzumuten und möchte schauen, ob seine Kräfte und Ressourcen für das Vorhaben ausreichen, sich mit geführten Wanderungen (evtl. auch für Unternehmenskunden) teilselbstständig zu machen.

Coping-Strategien von Konrad F. aus vergangenen Übergängen:

1. bei Change (untere Grafik auf der Folgeseite)
2. bei Ehekrise im Tal (obere Grafik)
3. bei Burnout im Aufsteigen nach Tal (untere Grafik)

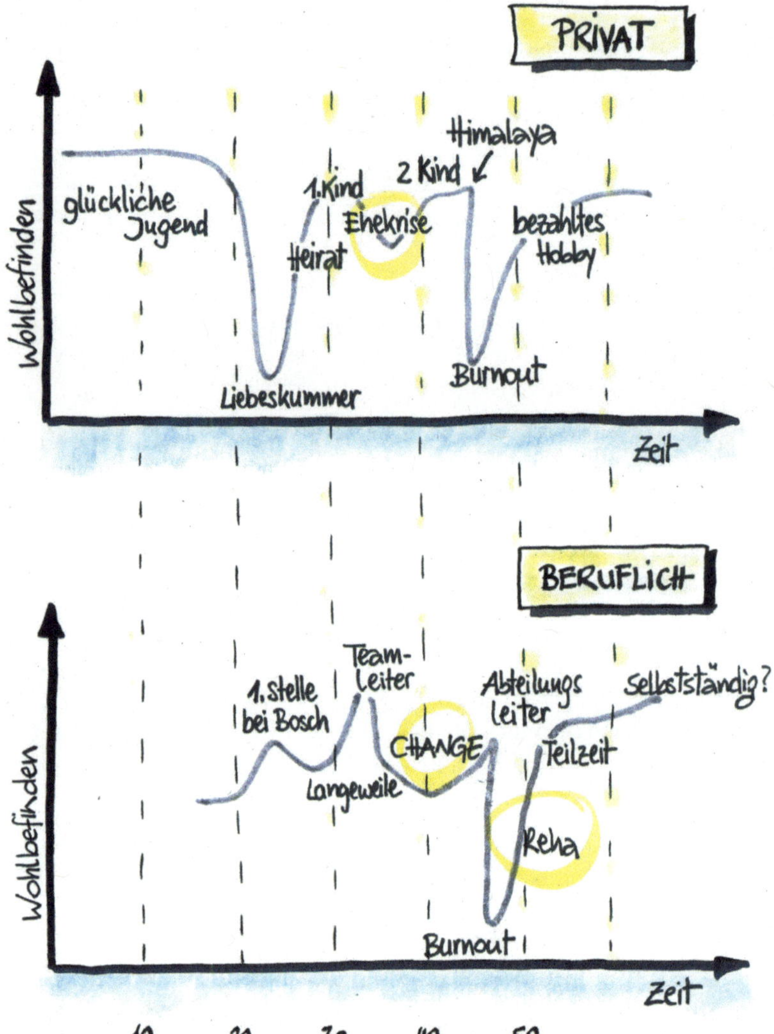

1. „Ich gehe abends in schwierigen Phasen gerne noch eine Runde raus, dann kann ich besser schlafen. Der aktuelle Veränderungsprozess ist gar nicht so dramatisch, dass ich schlaflose Nächte habe, aber ich darf abends nicht so viel planen, sonst arbeitet das Kopfkino weiter."
Er nimmt sich vor, feste Planungszeiten an seinem freien Tag einzurichten.

2. „Bei unserer Ehekrise wurde mir zum ersten Mal klar, dass ich selbst verantwortlich bin für mein Handeln und damit für die Bewältigung meiner Schwierigkeiten, das wird mir keiner abnehmen, also kann ich's auch gleich angehen. Ich habe die Entscheidung jetzt lange vor mir

hergetragen, ob ich noch was ausprobieren soll, jetzt wird es Zeit, es tatsächlich zu tun. Aufhören damit kann ich immer noch, wenn es zu viel wird."

3. „Aus dem Burnout bin ich wieder rausgekommen, weil ich das Tempo extrem gedrosselt habe – und meine eigenen Ansprüche. Hier liegt natürlich eine Gefahr für die Idee mit der Selbstständigkeit." Auf die Frage „Wer könnte Sie von zu viel Perfektionismus abhalten?", antwortet er: „Meine Frau und unser Welpe, der gerade liebend gerne meine Unterlagen durcheinanderbringt. Und mein Zeitplan sollte gleich sehr großzügig bemessen sein. Niemand zwingt mich zur Eile, oder?"

Weiterführende Ideen und Variationen

- Finden Sie mit Ihrem Klienten zwei bis drei Vorbilder oder Persönlichkeiten, von denen er meint, sie würden Veränderungen besser und leichter gestalten können als er selbst. Sammeln Sie deren (hypothetische) Coping-Strategien und wählen Sie die aus, die Ihr Klient gerne einmal für sich ausprobieren würde. Bereiten Sie gemeinsam die konkrete Umsetzung im Alltag vor.

- Wenn es hilfreich erscheint, können Sie mit dem Klienten die stärksten Veränderungsprozesse der Vergangenheit und den aktuellen Prozess in nachfolgende Systematik per Strichliste eintragen. Anschließend sprechen Sie darüber, worin Ihr Klient schon viel Erfahrung besitzt und was hierbei Veränderungsneuland für ihn ist. Machen Sie ihm dabei bewusst, dass alle bisherigen Veränderungsarten aber die gleichen Struktur- und Prozessmerkmale aufweisen.

„Normale" Lebenslaufübergänge (z.B. Schuleintritt, Rente)	Kritische Lebensereignisse (z.B. Unfälle, Krankheiten, Entlassungen)
Selbst ausgelöste Übergänge (z.B. Jobwechsel, Weiterbildung, Elternzeit)	Non-Events (z.B. Beförderung/Karrieresprung bleibt aus, Kinderwunsch wird nicht erfüllt)

- Sie können Ihrem Klienten auch als freie Gestaltungsaufgabe mit nach Hause geben, dass er seine Veränderungsbiografie malt. Dann entscheidet er selbst, welche Form er wählt, ob es ein Weg mit Stationen wird, einzelne unverbundene Inseln oder eine abstrakte Darstellung, die ebenfalls Bewältigungsmuster erkennen lässt.

- Finden Sie mit Ihrem Klienten eine eigene Metapher, ein Bild, das ihm bei der Bewältigung seines aktuellen Veränderungsprozesses hilft, beispielsweise:
  - Ich habe eine Strategie wie ein Luchs, wachsam und wendig.
  - Ich fühle mich bei manchen Veränderungen wie ein Dirigent meiner eigenen Stimmen/Ressourcen, der mit dem, was da ist, immer ein anderes Musikstück spielt.
  - Ich stelle mir vor, ich sitze in einem Heißluftballon, der mich über all die Hindernisse hinwegträgt. Mir hilft diese Perspektive von oben, dann werde ich ruhiger.

Hinweise

- Ganz praktisch: Kleben Sie das Flipchart-Blatt quer an die Wand.
- Bei dieser Aufgabenstellung sollten Sie Erfahrung in Biografiearbeit mitbringen, um beispielsweise traumatische Themen zu erkennen, einzuordnen und im Rahmen des Coachinganliegens damit weiterarbeiten zu können.

Quellen, Literatur

- Nohl, M.: Berufliche Übergänge gut bewältigen und kompetent gestalten. Norderstedt: BoD 2011.

Schätze aus der Vergangenheit bergen

Input: Resourcing

Beschreibung und Hintergrund

Resourcing, das Schöpfen aus den eigenen Quellen, gilt als eine der zentralen Antworten auf die großen Herausforderungen der heutigen Zeit an die Individuen. Es besteht zunehmend der Anspruch an jeden einzelnen Menschen, die eigenen Ressourcen zu pflegen und zu optimieren, sich gar weitere Ressourcen möglichst selbstständig zu erschließen und permanent dranzubleiben, sie auszubauen.

Was geschieht, wenn die Arbeit an den Ressourcen vernachlässigt wird? Der amerikanische Belastungsforscher Stevan Hobfoll hat herausgefunden, dass Menschen Ressourcen aktiv ausbauen müssen, damit es nicht zum Ressourcenabbau und -verlust kommt. Ressourcen scheinen die Tendenz zu haben, sich bei denen anzuhäufen, die sowieso schon mit einem großen Ressourcenvorrat ins Rennen gehen. Die Erweiterung der Bewältigungsstrategien und -kompetenzen in Übergangssituationen ist also nichts anderes als ein präventiver Aufbau von Ressourcen. Ressourcen stehen erst dann für den Einsatz in Handlungen zur Verfügung, wenn sie als solche erkannt wurden.

Das Ressourcenmodell finden Sie im Download-Bereich

Was genau sind denn nun Ressourcen? Ressourcen lassen sich in verschiedene Bereiche gliedern:

Materielle Ressourcen beziehen sich auf materielle (Grund-)Bedürfnisse wie Nahrung, Kleidung, Wohnen.

Soziale Ressourcen setzen sich zusammen aus der Unterstützung, die eine Person aus ihrem sozialen Umfeld (Familie, Freundeskreis, Arbeit, Beteiligung an gesellschaftlichen Gruppierungen) erhält.

Körperliche Ressourcen sind bedingt durch die körperliche Verfassung einer Person, z.B. Alter, Gesundheit, Belastbarkeit, Aussehen, Energie. Sie spielen oft eine Schlüsselposition, damit die anderen Ressourcen zum Einsatz kommen können.

Psychische Ressourcen setzen sich aus Eigenschaften, Fähigkeiten und Einstellungen zusammen, die helfen, das Leben gut zu bewältigen. Hierzu gehören auch Dinge, die Lebenssinn geben und motivieren.

Fachliche Ressourcen werden hier zusammengefasst als die Verfügbarkeit von Zeit, Bildung, Wissen und übertragbaren Fähigkeiten. Diese Ressourcen ermöglichen es, sich wiederum andere Ressourcen zu erschließen.

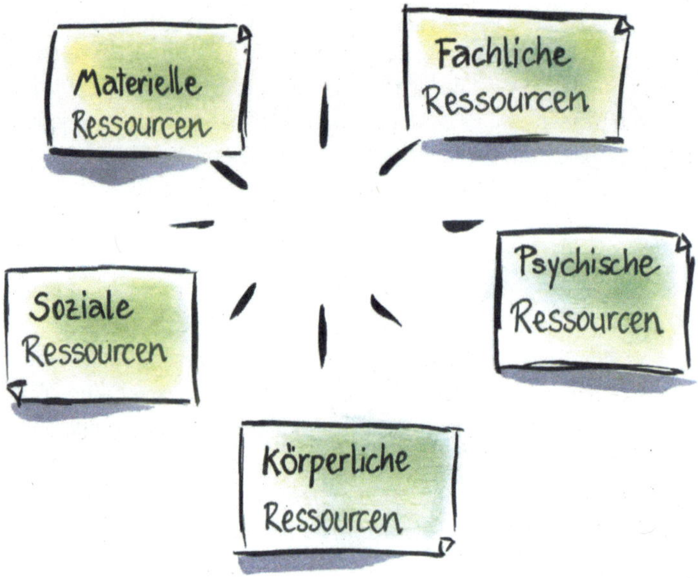

Vorgehensweise

Zeichnen Sie mit Ihrem Klienten ein Mind Map speziell für dessen Veränderungsressourcen. Schreiben Sie seinen Namen in die Mitte des Feldes. Sammeln Sie gemeinsam alle Ressourcen, die er voraussichtlich zur Bewältigung seiner Veränderung mitbringt. Wenn hier wenig kommt, fragen Sie zirkulär: „Was würde Ihr bester Freund sagen, was Sie hier mitbringen?" Oder: „Irgendwo da drin gibt es vermutlich Ihr allerbestes Selbst. Lassen Sie das doch einmal zu Wort kommen. Was würde es sagen?"

Ergänzen Sie dann in einer zweiten Farbe, welche Ressourcen Ihr Klient erweitern und ausbauen möchte bzw. muss, um seinen Veränderungsprozess zu gestalten. Notieren Sie erste Ideen dazu, wie er den Ressourcenausbau verwirklichen könnte.

Finden Sie mit Ihrem Coachee für jeden Ressourcenbereich ein positives Symbol (eine Postkarte, ein Kleidungsstück, einen Kühlschrankmagneten etc.). Diese Symbole soll sich Ihr Klient zulegen und gut sichtbar im Alltag platzieren, sodass es regelmäßige Erinnerungsanker für diese Ressource gibt.

Anwendungsbereiche

- Wenn Sie das Gefühl haben, dass eigentlich viele Ressourcen vorhanden sind, Ihr Klient aber wenig Zugang dazu hat
- In der mittleren Phase, wenn Klienten mutlos werden, weil es so lange dauert
- Wenn der Absprung vom Alten schwerfällt, weil Ihr Klient sich nicht gut genug „gerüstet" fühlt
- Wenn es zu starken externen Entmutigungsprozessen aus dem privaten oder beruflichen Umfeld kommt

Anwendungsbeispiel

Lisa G. (30) überlegt, ob sie sich per Kaminaufstieg als Abteilungsleiterin für ihre Abteilung in einem mittelständischen Unternehmen der metallverarbeitenden Industrie bewerben soll. Sie hat keine Führungserfahrung und hätte dann gleich Personalverantwortung für zwölf Mitarbeiter.

Im Coaching wird die Übung mit Veränderungsressourcen durchgeführt. Sie könnte mit größerem Zeiteinsatz noch deutlich ausgeweitet werden. Nun können Sie daran weiterarbeiten, welche zusätzlichen Ressourcen Lisa G. die Veränderung erleichtern könnten und wie, wo und von wem sie diese bekommen könnte.

Abschließend schätzt sich Frau G. als so zuversichtlich, stabil und gut gerüstet ein, dass sie die Herausforderung annehmen möchte. Selbst der „Worst Case" einer Kündigung wäre gut abgesichert.

Weiterführende Ideen und Variationen

Wir Deutschen sind es nicht gewohnt, unsere Ressourcen zu formulieren. Deswegen können Sie diese Intervention auch mit Fremdbildern in Hausaufgabe ergänzen lassen. Ihr Coachee sollte mindestens fünf Personen befragen:

- Was schätzt Du an mir?
- Was gebe ich meiner Umwelt und merke es vielleicht gar nicht?
- Wofür würdest Du mich „buchen"?

Die bunte Mischung, die dabei zustande kommt, kann dann den fünf Ressourcenkategorien zugeordnet werden.

Hinweise

Führen Sie entweder die Übergangsbiografie (S. 71 f.) oder die Ressourcen-Mind-Map (s.o.) durch, da sich sonst sehr viele Ressourcenaspekte wiederholen.

Quellen, Literatur

- Nohl, M.: Übergangscoaching. Paderborn: Junfermann 2012.

Gute Geister als Begleiter erkennen

Input: Veränderungsbegleiter

Beschreibung und Hintergrund

In den meisten Kulturen gab es Veränderungsbegleiter. Heute haben Coachs, Seelsorger, Heilpraktiker und Therapeuten diese Aufgabe übernommen. All diese Autoritäten können auch imaginativ zu Rate gezogen werden. Als Basis für diese Visualisierungsübung bietet sich ein Kompass oder eine Windrose an, sodass Verstärkung aus allen Himmelsrichtungen herbeigeholt werden kann.

Die Narren

Narren scheren sich nicht um gesellschaftliche Konventionen. Sie können provozierende und vermeintlich verrückte Lösungen anbieten.

Zentrale Fragen:

- Was wäre, wenn alles erlaubt und alles möglich wäre?
- Was wäre, wenn sich der Klient in keinster Weise innerlich beschränken würde, wie sähe dann sein Verhalten in der Veränderung aus?

Die Weisen

Weisheitslehrer erkennt man daran, dass Sie keine konkreten Antworten geben und uns doch genau dort, wo wir es benötigen, zum Nachdenken bringen.

Zentrale Fragen:

- Welche Geschichte, Metapher, welches Zitat fällt Ihnen zu Ihrem Veränderungsprozess ein? (Wenn hier nichts kommt – die Frage ist zugegebenermaßen anspruchsvoll – bieten Sie ein paar Beispiele an wie Heldenreise, Wüstenwanderung, Expedition in den Dschungel, Gleichnisse aus der Bibel, bekannte Filmgeschichten etc. und warten Sie, ob etwas beim Klienten andockt.)
- Wie interpretieren Sie diese als Hilfestellung für die Veränderungsbewältigung?

Die Hüter der Gerechtigkeit

Diese Wächter des Systems achten darauf, dass Lösungen für alle Beteiligten geschaffen werden. Sie ergreifen Partei für vergessene Akteure und vernachlässigte Perspektiven.

Zentrale Fragen:

- Wenn das System eine Person wäre, was bräuchte es gerade? Was können Sie aktuell für das System als Ganzes tun?
- Für welche aus den Augen geratene Perspektive möchten Sie eintreten?

Die guten Geister

Diese guten Geister sehen auch nur das Gute im Menschen und seine besten Möglichkeiten.

Zentrale Fragen:

- Welche Botschaften würden Ihnen Ihre guten Geister gerade zusprechen?
- Welches ermutigende Geschenk würden Sie sich gerne von welchem Geist abholen? Wie heißt der Geist, den Sie gerade brauchen?

Vorgehensweise

Sie können die Übung im Einzelcoaching als Aufstellungsarbeit anlegen. Zeichnen Sie einen Kompass oder beschriften Sie runde Karten mit den vier Himmelsrichtungen. Der Klient sucht sich eine oder mehrere Stellvertreterfiguren oder -tiere für die oben benannten Gruppen.

Lassen Sie ihn nach dem Gang durch die vier Metaperspektiven zusammenfassen, was ihm wichtig wurde und worüber er aktuell noch nachdenkt.

Anwendungsbereiche

- Gefühl, im Veränderungsspiel nur zu verlieren
- Entscheidungsprozesse, z.B. gehen oder bleiben, den nächsten Karriereschritt innerhalb des Unternehmens wagen oder nicht, Vollzeit oder Teilzeit?
- Wunsch nach gutem Rat vom Coach: „Sagen Sie mir doch endlich, was ich machen soll, ich komme da alleine nicht weiter!"

Anwendungsbeispiel

Gisela F. (57) will für sich entscheiden, ob sie das Angebot ihrer Firma annimmt, mit 58 in den Vorruhestand zu gehen. Allerdings müsste sie erhebliche Renteneinbußen in Kauf nehmen.

Sie erarbeitet für sich folgende Perspektiven (diese schreibt der Coach auf einzelne Moderationskarten, die die Klientin nach der Sitzung mitnehmen kann):

Die Narren

Hier gibt es keinen Zweifel, sie kann sich als Narr sofort feiernd die Firma verlassen sehen, und ihr fallen jede Menge freche Abschiedsbotschaften ein.

Die Weisen

Ihr fällt das Gleichnis von den Arbeitern im Weinberg ein. Sie findet es allerdings ungerecht, dass sie so schlecht bezahlt gehen muss, obwohl sie seit über 30 Jahren dabei ist. Dennoch denkt sie, dass sie die Arbeit geleistet hat, die sie dort zu tun hatte, dass also nichts mehr offen ist. Dazu geht ihr der Spruch „Genug ist genug" durch den Kopf.

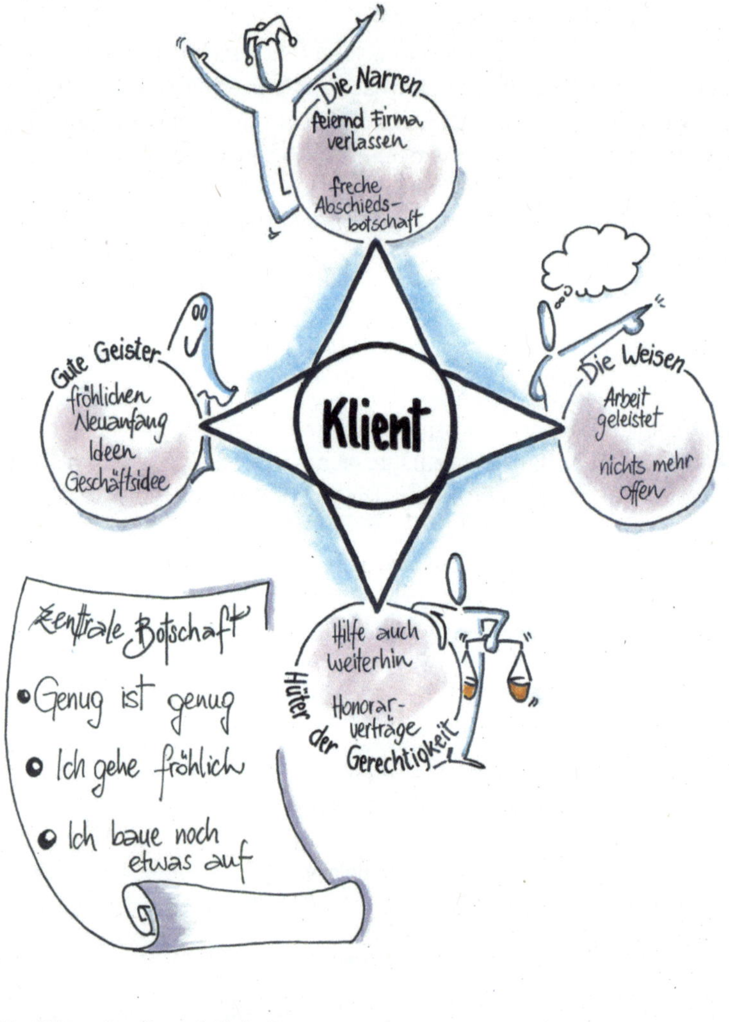

Die Hüter der Gerechtigkeit

Sie sieht, dass das System an zwei Stellen auch weiterhin voraussichtlich noch dringend ihre Hilfe benötigen wird: bei den jährlichen Verhandlungen mit einem großen Kunden, zu dem sie eine langjährige enge Beziehung aufgebaut hat und für die Organisation des Betriebsausflugs, den sie immer zu einem besonderen Ereignis gemacht hat. Sie beschließt, hier Verhandlungen über Honorarverträge zu führen.

Die guten Geister

Sie wünscht sich den guten Geist des fröhlichen Neuanfangs und sprudelt nur so vor Ideen, die sie noch in ihrem Leben umsetzen möchte. Das wiegt für sie mehr, als das fehlende Geld. Vielleicht wird aus einer Idee ja möglichweise auch noch eine Geschäftsidee.

Als zentrale Botschaften der Veränderungsbegleiter nennt sie:

- Genug ist genug
- Ich gehe fröhlich
- Ich baue noch etwas auf

Die Entscheidung ist nach der Konsultation ihrer inneren Veränderungsbegleiter für sie völlig klar.

Weiterführende Ideen und Variationen

- Auch dieses Perspektivenmodell lässt sich mit Bodenankern realisieren. Coachee oder Coach können ganz assoziativ verschiedene Perspektiven einnehmen und zur Mitte (zum Ratsuchenden hin) Ideen eingeben.
- Diese Vorgehensweise wird durch die Anwesenheit mehrerer Personen bereichert. Sie können sie in der Fallsupervision durchführen, aber auch bei Zweierkonflikten im Team. Die restlichen Teammitglieder teilen sich in die vier Gruppen auf und stellen nach kurzer Besprechung den Fallgebern ihre Ideen zur Verfügung.

Quellen, Literatur

- Ehinger, W.; Henning, C.: Methodenkoffer für Supervision und Coaching. Tübingen: CreaSys 2009.

Unterstützung von nah und fern

Input: Das Unterstützungssystem

Beschreibung und Hintergrund

Selten lassen sich Veränderungsprozesse ganz alleine bewältigen. Meist begleiten uns Menschen, die uns nahestehen, durch den Prozess.

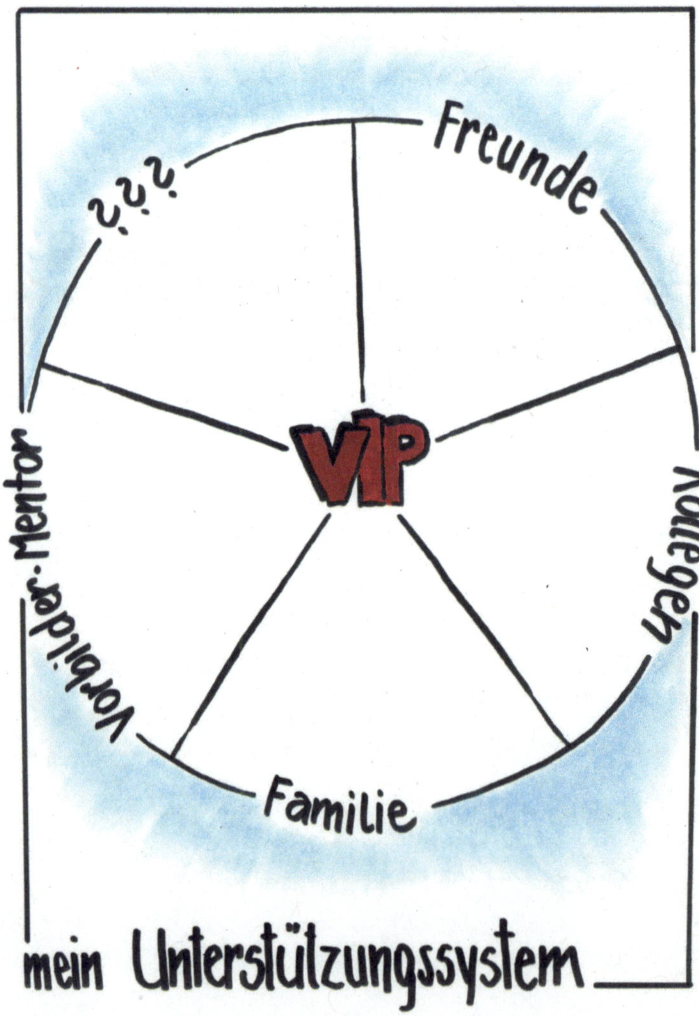

Gelegentlich kommt aber auch Hilfe von unerwarteter Seite. Es lohnt sich, sich gezielt die eigenen sozialen Ressourcen in der aktuellen Veränderung bewusst zu machen. Gleichzeitig lohnt es sich, einen noch offenen Unterstützungsbedarf ganz klar zu formulieren. Nach dem Konzept der „Planned Happenstance" erhöhen wir dadurch die Wahrscheinlichkeit, dass uns die gewünschte Unterstützung auch zuteil wird. Diese Theorie wurde im Kontext der Karriereberatung 1999 von Mitchell, Levin und Krumbholz formuliert. Sie besagt, dass „zufällige" Ereignisse mit höherer Wahrscheinlichkeit eintreffen, wenn wir den inneren Boden dafür vorbereiten, um Chancen auch wahrzunehmen, wenn sie vorbeikommen.

Die Forscher nennen fünf Haltungen, die das Eintreffen von „Plannend Happenstance" begünstigen: Neugier, Beharrlichkeit, Flexibilität, Optimismus und Risikobereitschaft. Es ist nicht weiter verwunderlich, dass dieses Mindset auch generell bei der Bewältigung von Veränderungsprozessen enorm hilfreich ist.

Vorgehensweise

Zeichnen Sie einen Kreis mit vier bis fünf Segmenten. Ihr Klient steht natürlich als „Very Important Person" in der Mitte. Wenn Ihnen das zu albern erscheint, schreiben Sie einfach seinen Namen in den Kreis. Potenzielle Veränderungsbegleiter in den Segmenten sind Freunde, Kollegen und Kolleginnen, Familienmitglieder, Vorbilder, Förderer/ Mentoren, externe Veränderungsbegleiter wie Coachs, Therapeuten oder Heilpraktiker etc. – und lassen Sie ein Segment mit Fragezeichen offen für unvorhergesehene Unterstützung.

Ihr Coachee schreibt seinen Namen in die Mitte des Kreises. Nehmen Sie zwei verschiedene Post-it-Farben für Frauen und Männer. Ihr Klient schreibt die Namen seiner Unterstützungspersonen einzeln auf Post-its und klebt sie in der gefühlten Entfernung zum Zentrum auf: „Steht mir nahe, unterstützt mich viel" kommt nah zum Kern. „Könnte mich unterstützen, der Kontakt ist aber noch nicht aktiviert", kommt eher an die Peripherie.

Treten Sie dann gemeinsam einen Schritt zurück und fragen Sie nach dem Gesamteindruck und dem Empfinden. Auch hier entsteht meist von alleine ein ressourcenorientierter Blick.

Fragen Sie dann danach, was noch fehlt, welche Unterstützung sich Ihr Klient aktuell noch wünschen würde. Versuchen Sie konkrete Begriffe dafür zu finden, lassen sie diese ebenfalls auf Post-its schreiben und in das Fragezeichen-Segment kleben. („Verwöhnerin", „Boxsack", „Fürsprecher", „An-die-Hand-Nehmer", „In-den-Hintern-Treter" etc.) Erklären Sie dazu auch kurz das Konzept der „Plannend Happenstance", beispielsweise mit dem suchenden Blick einer Schwangeren oder dem jungen Paar, das auf Haussuche ist. Die Welt ist plötzlich voller Kinderwagen und Neubauten ...

Anwendungsbereiche

- Für Menschen, die sich im Veränderungsprozess alleingelassen vorkommen
- Für Coachees, die alles alleine machen möchten
- In der Zwischenzeit oder auch schon im Übergang zum Neuanfang, wenn alle Kräfte mobilisiert werden müssen, damit es gut weitergehen kann
- Bei Coachees, die einen positiven Erwartungsschub und eine freundlichere Sicht auf ihr unterstützendes Umfeld brauchen können

---

Anwendungsbeispiel

Henning C. (45) möchte für sich die Frage beantworten, ob er das Angebot seiner Firma annehmen möchte, die Leitung einer Produktreihe zu übernehmen. Die neue Aufgabe wäre mit deutlich erhöhten Repräsentationspflichten in den Abendstunden und mit 15 bis 18 Auslandsreisen im Jahr verbunden. Zur Klärung sammelt er mit seinem Coach seine persönlichen Unterstützer und ordnet diese den gewählten Segmenten zu. Es entsteht eine sehr transparente Ansicht seiner potenziellen Unterstützer.

Zu seiner eigenen Verblüffung stellt er fest, welche zentrale Unterstützerrolle seine Kollegin Else zur Lösung seines aktuellen Problems einnehmen kann. Er beschließt, sie gleich in der kommenden Woche zum Mittagessen einzuladen.

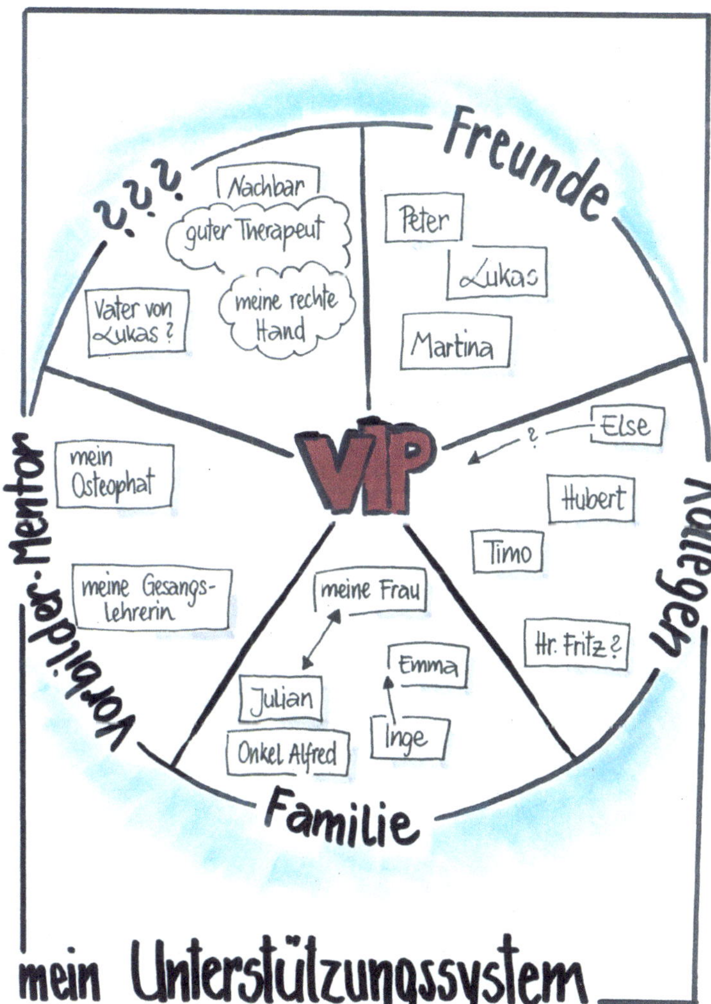

Weiterführende Ideen und Variationen

Dieses Modell bietet sich auch an, um damit sehr schön in der Natur zu arbeiten. In einem Veränderungs-Workshop können Sie Ihre Teilnehmenden für diese Übung auch zur Selbstreflexion aussenden. Das Zentrum kann dann beispielsweise ein Baum sein, mit dem sich der einzelne Teilnehmer identifiziert. Einzelne Natursymbole drumherum können für spezielle Unterstützer stehen. Bei der Arbeit mit dem Baum wird dann auch gleich deutlich, dass selbst ein so großer starker Baum nicht ohne Unterstützung in seinem Umfeld auskommt.

Hinweise

- Geben Sie unbedingt genug Zeit zum Nachdenken. Manche Klienten mögen auch leise Musik für diese Arbeit.
- Fragen Sie nach hilfreichen Veränderungsbegleitern, die bei früheren Übergängen für Ihren Coachee da waren und auf welchen Wegen diese um Unterstützung gebeten werden könnten
- Gelegentlich können im Segment Familienmitglieder auch bereits Verstorbene mit aufgeführt werden, oft sind es beispielsweise Großmutter oder Großvater, zu denen es eine besondere Beziehung gab und die hier auch aus der Ferne Mut machen können
- Betrachen Sie auch die Verteilung von männlichen und weiblichen Unterstützungspersonen, vielleicht liegt hier ein großes Ungleichgewicht vor und vielleicht geht das damit einher, dass tatsächlich beispielsweise „männliche" Unterstützungsqualitäten „Wir machen einfach mal" oder „Entspann Dich, wo ist das Drama?" fehlen …

Quellen, Literatur

- Ehinger, W.; Henning, C.: Methodenkoffer für Supervision und Coaching. Tübingen: CreaSys 2009.
- Mitchell, K. E.; Levin, A. S.; Krumboltz, J. D.: Planned Happenstance: Constructing Unexpected Career Opportunities. In: Journal of Counseling and Development 1999, 77(2), S. 115-124.

Das innere Veränderungsteam mobilisieren

Input: Das innere Veränderungsteam

Beschreibung und Hintergrund

Das Innere Team ist jedem Coach als Basismethode bekannt und wurde von Friedemann Schulz von Thun bekannt gemacht. Aber bereits in der systemischen Familientherapie arbeitete Virgina Satir mit der Intervention der „Parts Party". In dieser Intervention wird der innere Dialog in

der Metapher eines inneren Teams mit Leitung bewusst gemacht. Diese Arbeit bietet sich natürlich gerade in Situationen und Prozessen an, in denen widerstreitende Stimmen auftreten. Veränderungsprozesse sind hier klassische Anwendungsfelder. Je komplexer die Situation, desto ergiebiger die Aufstellungsarbeit.

Sie sammeln mit Klienten innere Stimmen, die sich aktuell im Veränderungsprozess zu Wort melden und geben diesen plakative Bezeichnungen. Achten Sie darauf, dass nicht zu viele Stimmen auf den Plan treten, mehr als sieben bis maximal zehn sollten es nicht sein. Lassen Sie sie ansonsten zu Unterteams zusammenfassen. Hierüber können innere Führungskonflikte verdeutlicht werden. Der Klient als Teamleiter kann seine eigene innere Leitungsverantwortung erneut ergreifen und damit klarer in die Außenkommunikation gehen.

Vorgehensweise

Sammeln Sie nach kurzer Einführung in das Gedankenmodell die inneren Stimmen des Klienten mit Funktionsbezeichnung (s.u.) auf ellipsenförmigen Moderationskarten.

Wenn das noch zu schwierig ist, notieren Sie zentrale Sätze, die dem Klienten immer wieder durch den Kopf gehen: „Ich weiß wirklich nicht, wo das noch enden soll“ oder „Verflixt, schon wieder meine Chance verpasst“.

Finden Sie dann gemeinsam kernige Bezeichnungen wie „die Verführerin“, „der Gestresste“, „die Mutlose“, „die Gemobbte“. Klischees dürfen hier durchaus erlaubt sein und das innere Bild wird deutlicher, wenn die Stimme ein Geschlecht bekommt.

Lassen Sie Ihren Klienten die Stimmen am Flipchart arrangieren: Wo gibt es Konflikte, wo Kooperationen? Was sprechen die einzelnen Lager?

Machen Sie die Führungssituation bewusst: Wer führt aktuell? Welche Art von innerer Führung ist das? Gibt es andere Stimmen, die besser in der aktuellen Situation führen könnten, weil sie mehr oder andere Führungsqualitäten aufweisen? Gibt es ein Führungsvakuum, woran könnte das liegen?

Anwendungsbereiche

- Innere Zerrissenheit, Vielstimmigkeit, vermeintliches Stimmenchaos
- Handlungsunfähigkeit
- Anstehende Entscheidungen
- Der Klient fühlt sich nur noch als Spielball der äußeren Umstände, die sich im Inneren widerspiegeln

Anwendungsbeispiel

Eva B. (33) hat zwei Töchter im Alter von ein und vier Jahren und überlegt, wieder in den Beruf einzusteigen. Eine Teilzeitbeschäftigung wird ihr im Bankengeschäft nicht garantiert. Sie muss sich nun überlegen, ob sie noch zwei Jahre ganz zu Hause bleibt, ob sie eine niedriger qualifizierte Teilzeitarbeit in der Kundenberatung annimmt oder ob sie in ihren Job als Vollzeit-Teamleiterin zurückkehren möchte. Mit einer Tochter hat sie ein halbes Jahr nach der Elternzeit wieder voll gearbeitet, was ganz gut ging.

Eva B. benennt ihre Anteile und ordnet sie an. Nach der inneren Teamleitung befragt, deutet sie auf „die Poserin", allerdings hätte sich das aber verändert, das habe sie heute nicht mehr nötig. Jetzt wäre „die Offene" die neue Chefin, gut unterstützt von „dem Bodenständigen". Die Stimmen oben links hätten eher früher gemeinsam die Kontrolle gehabt, sich aber auch weiterentwickelt, so sei „der Kontrollfreak" zum eher neutralen „Controller" geworden. „Die Mutige" würde bei Bedarf „die Weinerliche" trösten, die sie als Stimme aus der Kindheit identifiziert, die nur weint, wenn alles zu viel wird. Insgesamt fühlt sie sich auch mit ihrer Erfahrung als Mutter und dem, was sie da alles in den letzten Jahren gestemmt hat, gut gerüstet.

Auf die Frage nach dem Fazit bezüglich ihrer Ausgangsfrage antwortet sie:

- Ich könnte mich für alles entscheiden, mein inneres Team ist für jede Option bereit. Das fühlt sich gut an.
- Die neue Chefin ist dafür, die Vollzeit-Stelle auszuprobieren, die meisten anderen meinen auch, dass wir das schaffen.
- Der Engel würde gerne bei den Kindern bleiben, aber so eine „heilige" Mutter bin ich eigentlich gar nicht ...
- Die Stolze will auch finanziell auf eigenen Füßen stehen. Es ist auch nicht klar, wie es mit mir und John weitergeht.

Nun, das Komitee hat gesprochen, zumindest die Tendenz ist jetzt klarer.

Weiterführende Ideen und Variationen

- Diese Übung wird klassischerweise auf dem Systembrett durchgeführt, Sie können sie aber auch im Raum durchführen und Ihren Klienten aus der Perspektive der verschiedenen Stimmen sprechen lassen.
- Sortieren Sie aus: Welche Stimmen sind wirklich eigene Stimmen/Bedenken/Haltungen, welche kommen garantiert von außen und generieren nur unnötigen zusätzlichen Stress?
  Verbinden Sie das innere Team mit dem Modell der Veränderungstypen. Welche Stimmen sind vielleicht da, wären hilfreich, werden jedoch gerade zurückgedrängt? Wie könnten diese gestärkt werden? Mit welchen Menschen müssten Sie sich umgeben, um diese Anteile zu stärken?

Hinweise

Auch wenn Sie die Gruppierung der inneren Stimmen am Flipchart durchführen – sobald Sie über die Auflistung der Anteile hinaus weiterarbeiten, bewegen Sie sich im Bereich der Aufstellungsarbeit und sollten mit ihr vertraut sein.

Quellen, Literatur

- Schulz von Thun, F.; Stegemann W. (Hrsg.): Das Innere Team in Aktion. Praktische Arbeit mit dem Modell. Reinbek: Rowohlt 2004.

III

Der Kampf mit Drachen und Dämonen

Der Kampf mit Drachen und Dämonen

Auf dem Weg in die Veränderung und immer wieder mitten im Prozess tauchen vermeintlich unvorhersehbare Hindernisse und Gefahren auf. Diese können Sie mit Ihren Klienten mit den folgenden Interventionsangeboten entweder vorwegnehmen oder im akuten Fall bearbeiten, um den inneren und äußeren Weg freizumachen. Gerade im betrieblichen Change-Management gerät diese innere Arbeit oft aus dem Blick oder die Zeit dafür steht nicht zur Verfügung. Hier liegt eine große Chance des Veränderungscoachings, damit Veränderungen auch wirklich gelingen können.

Die Überlebensprinzipien verstehen – S. 100

Im Modell der Salutogenese wird deutlich, was Menschen in für sie kritischen Situationen und Prozessen benötigen, um gesund und leistungsfähig zu bleiben. Das wird in dieser Übung für den konkreten Veränderungsprozess Ihres Klienten durchgearbeitet.

Veränderungsbotschaften erinnern – S. 105

Unser individueller Umgang mit Veränderungen liegt oft bereits in Erfahrungen in der Kindheit begründet. In dieser Intervention gehen Sie mit Ihren Klienten auf Spurensuche und finden mögliche Gegenbotschaften, die den erwachsenen Gang in und durch den Prozess erleichtern.

Das Veränderungs-Ich unterstützen – S. 111

Auch Ihre Klienten haben innere Anteile und Stimmen, die ihnen einen aufrechten, mutigen und lernbereiten Gang durch den Veränderungsprozess ermöglichen und erleichtern. Diese Stimmen werden in der Arbeit mit dem an die Transaktionsanalyse angelehnten Modell verstärkt, sodass sie zu den Leitstimmen im Prozess werden können.

Wege aus der Burg – S. 118

Mit der Visualisierungsübung „Wege aus der Burg" erkunden Ihre Klienten spielerisch ihre inneren und äußeren Widerstände, die sie ihrem Veränderungsprozess entgegenbringen. Sie machen sich ihren heimlichen Gewinn klar und vertiefen ihr Wissen, was aber auch ihr Nutzen vom kooperativen Umgang mit der Veränderung sein könnte.

Den inneren Hebel umlegen – S. 124

Im Modell der „Competing Commitments" erkunden Klienten mit dem Hebelbild ihren inneren Selbstboykott und Sie können gemeinsam im Coaching daran arbeiten, diesen inneren Hebel umzulegen. Auch verborgene Motive benötigen Beachtung und heimliche Bedürfnisse wollen erfüllt werden.

Blinde Flecke entdecken – S. 130

Weitere Veränderungsblockaden werden sichtbar, wenn Selbst- und Fremdeinschätzung einander gegenübergestellt werden. Mithilfe des bekannten „Johari-Fensters" erfolgt hier die Erkundung der blinden Flecke, die möglicherweise Schlüsselaspekte im Veränderungsprozess darstellen können.

Die Komfortzone weiten – S. 136

Das weithin bekannte Bild der Komfortzone wird durch die Visualisierung der Leibwächter vertieft und mit der Sicherheitszone erweitert, sodass Veränderungen Ihrer Klienten behutsam und weitgehend gefahrlos auf den Weg gebracht werden können.

Die Überlebensprinzipien verstehen

Input: Salutogenese-Dreieck

Beschreibung und Hintergrund

Die Kontinuität jedes Lebewesens beruht auf einem permanenten Wandlungsprozess, unsere Zellen und Körperfunktionen erneuern sich beispielsweise kontinuierlich. Wenn das nicht so wäre, würden wir nicht wir selbst bleiben. Das Streben nach Stabilität im Sinne einer Abwehr von Veränderungsprozessen würde binnen Kurzem dazu führen, dass wir die Balance und unsere Bewegungs- und Reaktionsfähigkeit verlieren.

Dennoch benötigt jeder Mensch einen inneren Zusammenhang in Veränderungsprozessen, damit er nicht seinen Halt verliert und seiner selbst immer unsicherer wird. Dieses Prinzip wird in der Psychologie Kohärenz genannt. Der Medizinsoziologe Aaron Antonovsky erklärt in seiner Theorie der Salutogenese, woraus sich Kohärenz zusammensetzt. Dabei stellt er die zentrale Frage, wie manche Personen selbst in schwierigsten Situationen, die massive Anforderungen an die Persönlichkeit stellen, gesund bleiben, während andere krank werden. Folgende Antworten sind für die Betrachtung des Veränderungsgeschehens von weitreichender Bedeutung:

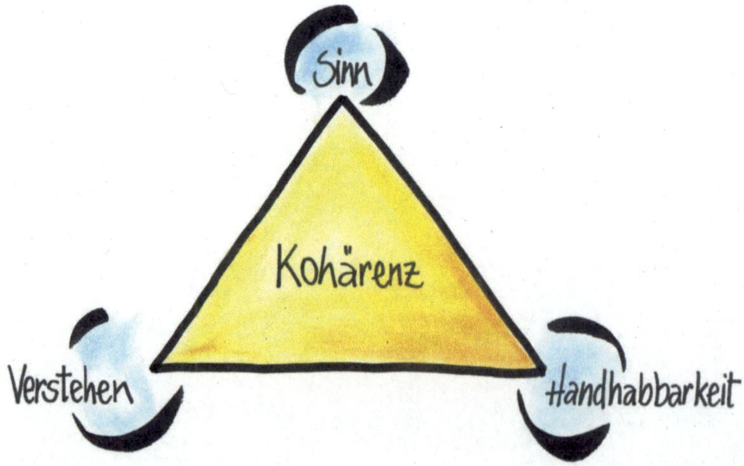

- **Verstehbarkeit:** Der Mensch hat im Veränderungsprozess das Bedürfnis zu verstehen, was mit ihm geschieht. Die inneren und äußeren Reize müssen kognitiv und emotional bearbeitbar bleiben.
- **Handhabbarkeit:** Ein guter Abschied gibt das Selbstbewusstsein und die positive Einstellung, dass das Neue zu „managen" ist und ausreichend Ressourcen zur Verfügung stehen, dem Neuen zu begegnen.
- **Sinnhaftigkeit:** Das Gefühl, dass die Veränderung Sinn ergibt. Die Herausforderung sollte es wert sein, Energie und Engagement zu investieren und sich einer Sache zu verpflichten.

Wie viel Widerstand gegenüber Veränderungsprozessen könnte abgebaut werden, würden diese drei Aspekte geachtet und den Menschen im Veränderungsprozess die Möglichkeit gegeben, sich diese Haltung und Kompetenzen anzueignen?

Vorgehensweise

Zeichnen Sie das Modell mit seinen zentralen Begriffen an ein Flipchart. Überprüfen Sie anhand folgender Fragen mit Ihrem Coachee die drei Eckpfeiler der Kohärenz in seiner aktuellen Situation:

- **Verstehbarkeit:** Können Sie verstehen, was gerade mit Ihnen geschieht bzw. was genau in Ihrem Unternehmen geschieht?
- **Handhabbarkeit:** Haben Sie das Gefühl, dass Sie das, was mit Ihnen im Veränderungsprozess passiert, in den Griff bekommen werden, auch wenn Sie noch nicht wissen wie?
- **Sinnhaftigkeit:** Können Sie für sich einen Sinn in dem Veränderungsprozess erkennen? Wenn nicht, können Sie für sich einen eigenen Sinn im Prozess gestalten? Finden Sie Aspekte, die Ihnen so wichtig sind, dass Sie auch Ihre Zeit und Energie in die Bewältigung der Veränderung stecken wollen?

Die meisten Menschen können nach einer Weile im Gespräch die ersten beiden Fragen mit „Ja" beantworten. Mit den Fragen aus dem Bereich „Sinnhaftigkeit" tun sich vor allem die Personen schwer, die die Veränderung nicht selbst initiiert und gewollt haben. Nach Viktor Frankl gibt es in jedem Menschen einen „Willen zum Sinn". Diesen im Coaching zu aktivieren und einen persönlichen Sinn in der als sinnlos empfundenen Veränderung zu konstruieren, ist eine Herausforderung, die möglicherweise über das Verständnis des einfachen Modells der Salutogenese erleichtert wird.

Anwendungsbereiche

- Für Menschen, die sich im Veränderungsprozess übergangen fühlen
- Für Coachees, die denken, das schaffen sie nie
- Für alle, die mit dem Sinn eines krisenhaften Veränderungsprozesses, z.B. in Form einer Entlassung oder Krankheit, ringen

Anwendungsbeispiel

Lukas S. (42) ist Teamleiter in einer Druckerei. Im Zuge von Sparmaßnahmen wird seine Ebene aufgelöst und er soll wieder zurück ins Team. Nun möchte er sich entscheiden, ob er mit dieser Kränkung leben lernen kann, oder ob er seinen Arbeitgeber verlassen will. Das Thema „Sinn" spricht er nicht explizit an, das müssen Sie auch nicht. Sinnfindung im Veränderungscoaching geschieht oft eher im Hintergrund. Das heißt, dass alles, was Ihre Klienten gerade in einer vermeintlich negativen Situation erleben, daraufhin überprüft wird, ob es vielleicht eine mittel- oder langfristig positive Wirkung bezogen auf ihre Lebensziele haben kann.

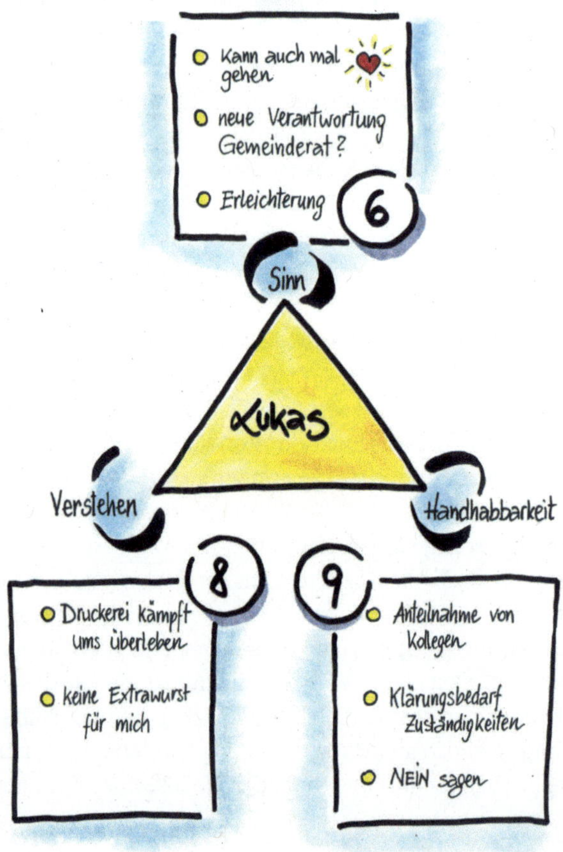

Mithilfe des Salutogenese-Dreiecks sammelt er folgende Aspekte:

- **Verstehbarkeit**

Lukas S. versteht sehr gut, dass die Druckerei um ihr Überleben kämpft. Er versteht allerdings nicht, dass seine Position eingespart werden muss, weil „die paar Hundert Euro den Kohl auch nicht fett machen". Er versteht aber, dass andere Positionen auf seiner Ebene tatsächlich betriebswirtschaftlich wenig sinnvoll sind. Er versteht weiter, dass die Organisationsform hier keinen „Extraposten" erlaubt. Seine Verstehbarkeit schätzt er auf einer Skala von 1 bis 10 auf 8 ein.

- **Handhabbarkeit**

Erst fragt er sich, wie das wohl mit den Kollegen wird, wenn er wieder „zurück in Reih und Glied muss", ob die wohl feixen werden? Da er aber ein sehr gutes Verhältnis und Standing im Team hat, geht er eher von Anteilnahme aus. Wie das dann praktisch werden soll, wenn er nicht mehr der Ansprechpartner für bestimmte übergeordnete Prozesse ist, da gibt es mit seinem Team und seinem Abteilungsleiter Klärungsbedarf, es müssen klare Zuständigkeiten erarbeitet werden. Insgesamt kommt er zu dem Schluss, dass die Situation durchaus handhabbar wäre. Die Handhabbarkeit bekommt von ihm sogar eine 9.

- **Sinnhaftigkeit**

Diese Ebene zu durchdenken fällt Lukas S. am schwersten, da er wirklich einen guten Job gemacht hat, alle mit ihm zufrieden waren und nun rein marktwirtschaftliche Zwänge die als passend empfundene Organisationsstruktur zerstören. Auf Nachfrage nach den Vorzügen der Situation grinst er, seine Schultern entspannen sich und er äußert „Tja, dann kann ich auch mal rechtzeitig den Stift fallen lassen. Den gleichen Einsatz von vorher kann dann niemand mehr von mir verlangen. Meine Tochter und meine Frau werden sich freuen. Es hat mir zwar Spaß gemacht, hier Verantwortung zu übernehmen, aber wenn das nicht gewünscht ist … Ich spiele schon lange mit dem Gedanken, im Gemeinderat aktiv zu werden. Vielleicht ist das mein Sinn, dass ich da mehr gebraucht werde …" Der soeben konstruierte Sinn erhält eine Einschätzung auf der Zehnerskala von 6.

Damit liegt Lukas S. überall im positiven Bereich und kann nun in Ruhe und gestärkt seine Entscheidung treffen. Einige Tage nach der Sitzung beschließt er, bei seinem Arbeitgeber zu bleiben. Er könne immer noch kündigen, wenn sich die Lage nicht in seinem Sinne (!) entwickeln würde.

Weiterführende Ideen und Variationen

- Einsatz in Change-Management-Prozessen: In einer Gruppe von Mitarbeitern können Sie die drei Ecken des Salutogenese-Dreiecks im Raum mit Moderationskarten oder Symbolen (z.B. Hirn, Hand, Herz) kennzeichnen und die Gruppe die drei Aspekte abschreiten lassen. Im Stehen diskutieren die Teilnehmer dann, inwiefern die Faktoren in der aktuellen Situation bereits ausreichend erfüllt sind. Man kann auch schauen, auf welcher Seite das Dreieck „in der Luft" steht, weil hier noch zu wenig Ideen zur Bewältigung vorhanden sind. Oder die Gruppe diskutiert, was sie genau bräuchte, damit mehr Verständnis gelingen kann, der Prozess ganz pragmatisch machbarer wird und welcher Sinn als Antriebskraft zum erfolgreichen Durchlaufen des Prozesses gefunden oder konstruiert werden könnte. Möglicherweise kann daraus eine Art Beteiligungsmanifest erarbeitet werden, was dann dem Vorgesetzten oder der Unternehmensleitung vorgelegt werden kann.
- Über die Symbole können Sie zum Schluss darauf verweisen, dass es in Veränderungen um einen Lernprozess geht, der mit Hirn, Herz und Hand vollzogen wird. Wenn nicht der ganze Mensch durch die Veränderung gegangen ist, ist sie noch nicht abschließend bewältigt.
- Im Einzelcoaching können Sie die Methode mit drei Stühlen stellvertretend für die drei Kohärenz-Aspekte durchführen und hier nicht nur die kognitiven Erkenntnisse, sondern auch die somatischen Rückmeldungen abfragen.
- Wenn es im Bereich Sinn zu keinem weiterführenden Ergebnis kommt, können Sie hier eine Wertearbeit anfügen (Seite 170 ff.). Mit einer Handvoll Werten, die Ihrem Klienten wichtig sind, können Sie auf der Sinn-Seite überprüfen, welche Werte verletzt bzw. nicht bedient werden und welche Werte eigentlich gar nicht in Mitleidenschaft gezogen werden. Sind die Werte weiterhin im Umfeld gewährleistet und können sie auch im Alltag gelebt werden, besteht meist auch keine Sinnkrise.

Hinweise

Zwei, drei einführende Sätze zum Begriff „Salutogenese" und „Kohärenz" sind hilfreich. Den wenigsten Coachees ist das psychologische Konstrukt bekannt.

Quellen, Literatur

- Antonovsky, A.: Salutogenese. Zur Entmystifizierung der Gesundheit. Tübingen: dgvt 1997.
- Nohl, M.: Übergangscoaching. Paderborn: Junfermann 2012.

Veränderungsbotschaften erinnern

Input: Arbeit mit Glaubenssätzen

Beschreibung und Hintergrund

Wenn äußere Sicherheiten im Übergangsprozess wegbrechen, bleibt oft nur, dass wir uns selbst Sicherheit geben müssen – ggf. verstärkt durch die Hilfe von außen, wenn wir das Glück haben, über ein gutes soziales Netzwerk zu verfügen, das uns trägt und unterstützt. Ihre Klienten können sich innere Sicherheit geben, wenn sie ihrer selbst sicher sind. Sich selbst sicher sind sie dann, wenn sie sich mit ihrer eigenen Biografie gut kennen und annehmen gelernt haben. Diese biografische Kompetenz ist die Fähigkeit zur Orientierung an den eigenen Lernprozessen, die wir alle bereits in der Breite und Tiefe unseres Lebens durchlaufen haben. Und das waren ja nicht wenige!

Als Grundvoraussetzung eines guten Veränderungsmanagements erkennen Ihre Klienten diese Erfahrungen an, bilanzieren und sortieren sie. Dann entscheiden sie aktiv, was sie davon beibehalten wollen oder was sie in ihrem Leben anders gestalten, anders aus- oder aufbauen möchten. Die jeweilige Biografie bildet dabei die Folie, auf der ihre Zukunft denkbar wird.

Auf der Ebene der Identität betrachtet, müssen wir immer wieder Teile von uns selbst verabschieden, damit das Ganze – die Psychologen nennen das die Integrität – erhalten bleibt. So, wie sich eine Schlange häuten muss, damit sie in neuer alter Gestalt überleben kann und viele Tiere ihre Federn oder ihr Fell erneuern, sobald sich die Witterung ändert, so lassen auch wir immer wieder einige Federn im Veränderungsgeschehen, damit wir die Person bleiben können, die wir sind.

Veränderungsprozesse bieten die Möglichkeit, alte Wunden, alte unabgeschlossene Übergänge wieder neu anzuschauen, sie zu bearbeiten und persönlich zufriedenstellend zu heilen oder zu beenden. Ein erster Ansatzpunkt sind tief sitzende Glaubenssätze aus der Kindheit, die den notwendigen Heilungsprozess bisweilen boykottieren. Reflektieren Sie mit Ihren Klienten doch einmal deren Botschaften und Glaubenssätze aus der Kindheit zum Thema Veränderung. Da gibt es ganze Veränderungskulturen in den Familien, Sie werden staunen. Anschließend können Sie gemeinsam sortieren, welche davon heute noch gute Dienste leisten und welche Ihre Klienten ihren Eltern oder Bezugspersonen gerne wieder vor die Haustür stellen sollten, weil sie definitiv ausgedient haben und die sie in ihrer aktuellen Entwicklung nur behindern.

Vorgehensweise

Zeichnen Sie die Brücke auf ein Flipchart oder auf ein zwischen Ihnen liegendes Blatt Papier. Zeichnen Sie Ihren Klienten dazu, der nach vorne auf die Brücke schaut.

Fragen Sie nach: „Welche Veränderungsbotschaften aus der Vergangenheit haben Sie zu hören bekommen und verinnerlicht? Von wem? Wer war veränderungsfreundlicher, wer mochte gar keine Veränderungen?" Zum Beispiel: „Den Vogel, der morgens singt, holt mittags die Katz.", „Was der Bauer nicht kennt, frisst er nicht.", „Beiß Dich durch, dann schaffst Du's bestimmt.", „Wer hoch steigt, wird tief fallen.", „Was wir nicht geschafft haben, wirst Du auch nicht schaffen.", „Das packst Du schon", „Mach nicht so einen Terz, das ist doch alles normal" etc. Tragen Sie diese Botschaften auf der linken Seite der Brücke ein.

Weitere Fragen lauten:

- „Welche der Botschaften beeinflussen Sie noch heute (positiv/negativ)?"
- „Wie wirken sie sich auf Ihre Einstellung zu und Ihren Umgang mit Veränderungen/Übergängen aus?"
- „Was kostet Sie das Festhalten an den aus heutiger Sicht eher als hinderlich empfundenen Einstellungen?"
- „Was würde passieren, wenn Sie diese Botschaften nicht länger beherzigen würden?" Hier werden oft fantasievolle Konsequenzen konstruiert, die dann Ihr konkretes Nachfragen erfordern: „Haben Sie das so tatsächlich schon einmal erlebt?"
- „Welche positive und hilfreiche Botschaft könnten Sie Ihrem nicht länger brauchbaren Veränderungssatz entgegensetzen? Sehnen Sie sich möglicherweise nach einer ganz anderen Haltung in Ihrem aktuellen Veränderungsprozess?"

„Formulieren Sie zusammenfassend Ihr aktuelles Motto im Umgang mit Veränderungen, das Sie stärkt und stützt und Ihnen hilft, über die Brücke zu gehen." Tragen Sie dieses auf oder unter der Brücke ein.

„Welche innere Haltung würde Ihnen den Umgang mit Ihrer aktuellen Veränderung so richtig leicht machen? Welche Haltung würden Sie sich in Zukunft wünschen, auch wenn Sie von dieser – gefühlt – innerlich noch weit weg sind?" Tragen Sie diesen Satz auf der rechten Seite der Brücke ein.

Anwendungsbereiche

- Für Klienten, die an bestimmten „Veränderungsüberzeugungen" und Glaubenssätzen festhängen
- Bei Stagnation im Coaching, die vermutlich mit mentalen Blockaden zu tun hat
- Für Klienten, die die Veränderung wirklich wollen, sich aber den nächsten Schritt nicht zugestehen

Anwendungsbeispiel

Frauke M. (42) hat einen erfolgreichen Catering-Service aufgebaut. Das Unternehmen ist schnell gewachsen, sie betreut nun mehrere fest angestellte und freie Mitarbeiterinnen. Seit einer Weile fühlt sie sich nicht mehr wohl bei der Arbeit, die ihr doch eigentlich so viel Spaß gemacht hat. Ihre Energiereserven sind aufgebraucht. Nach dem Kern ihrer Unzufriedenheit gefragt, äußert sie: „Ich habe das Gefühl, dass ich immer mehr von dem abdrifte, was mir Spaß macht. Das war immer die Arbeit mit den Kunden selbst und die Kreativität, wenn ich jedes Mal neu gefordert war, individuelle Konzepte für die spezifischen Events zu erstellen. Jetzt sitze ich oft den ganzen Tag im Büro oder schlichte Konflikte beim Personal. Das gefällt mir nicht, gleichzeitig kann ich mich aber nicht durchsetzen, irgendwas hält mich da zurück."

Befragt nach den alten familiären Veränderungsbotschaften wird deutlich, „dass man das ordentlich zu Ende bringt, was man angefangen hat" oder „dass erst die Bedürfnisse der anderen kommen, dann die eigenen".

Frauke formuliert für sich eine neue Botschaft, die sie im Prozess begleiten soll: „Ich erobere mir die Arbeit, die mir Spaß macht, zurück."

Jenseits der Brücke steht: „Es ist meine Firma: Ich gestalte und sorge für das, was ich brauche. Immer wieder neu, immer wieder gut."

Häufig braucht es für diese tief verankerten Sätze einen emotional geprägten kleinen Abschieds- oder Versöhnungsprozess.

Beispielsweise können Einstellungen, die Ihre Klienten nicht länger haben wollen, notiert und ihnen in ritualisierter Form ein Platz zugewiesen werden. Wertschätzung und Klarheit sind zwei wirksame Gegenmittel gegen weinerliche Opferhaltung und ein Verharren im Kind-Ich. Dies drückt z.B. folgender Satz aus: „Damals war mein Satz tatsächlich überlebensnotwendig, als Kind konnte ich mich nicht anders verhalten. Nun kann ich mir selbst ein anderes Veränderungsmotto geben. Ich bin erwachsen und für meine Lebensgestaltung verantwortlich."

Über ritualisierten Handlungen distanzieren und verabschieden sich Ihre Klienten räumlich von ihren Glaubenssätzen. Schlagen Sie daher vor: „Vergraben Sie sie, streuen Sie die unbrauchbaren Anweisungen aus Ihrer Kindheit in den Wind oder tragen Sie sie wirklich buchstäblich zurück in den Keller Ihrer Eltern. Lassen Sie sich etwas zu Ihnen und Ihrer Situation Passendes einfallen."

Weiterführende Ideen und Variationen

- Ein hilfreiches Bild ist hier das Gummiband. Als Gummiband wirken die alten Veränderungsbotschaften, die neue Einstellungen so lange korrumpieren, bis sie gelegentlich radikal abgeschnitten werden. Wenn sich Klienten sehr schwertun mit dem Verabschieden der alten Glaubenssätze, können Sie sie mit einem Hosengummi beispielsweise am Unterschenkel an einem Stuhl festbinden. In ritualisierter Form kann dann das Gummiband und damit die Bindung an die alten Glaubenssätze mit einer Schere durchtrennt werden.
- Sie können auch eine Reihe von ermutigenden *Veränderungszitaten* als Postkarten oder ausgedruckte Zettel zur Verfügung stellen. Ihr Klient sucht sich hier ein passendes Motto für seine Brücke bzw. für die gewünschte Zukunft aus.

Veränderungszitate im Download-Bereich

Hinweise

Die Arbeit mit Glaubenssätzen kann sehr schnell tiefer gehen, da hier biografische Verletzungen oder gar Traumata zutage treten können. Achten Sie darauf, dass Ihre Klienten dann in gute Hände kommen – wenn Sie das möchten – wo sie psychotherapeutisch daran weiterarbeiten. Steigen Sie selbst nicht in die Situationen der Vergangenheit ein. Auch im Veränderungscoaching arbeiten wir mit dem, was von damals da ist, im Hier und Jetzt.

Quellen, Literatur

▶ Nohl, M.: Berufliche Übergänge gut bewältigen und kompetent gestalten. Arbeitshefte für (Selbst-)Coaching und Laufbahngestaltung. Norderstedt: BoD 2011.

Das Veränderungs-Ich unterstützen

Input: Ich-Zustände

Beschreibung und Hintergrund

Im Coaching entsteht gelegentlich das Bild, dass Veränderungen wie Wölfe sind, die Klienten aus ihrem geschützten Ich-Raum ziehen wollen. Diese Ich-Konsistenz ist tatsächlich in Gefahr, wenn es darum geht, dass Einstellungen verändert werden sollen oder wollen. Ihre Klienten werden sich ihrer selbst unsicher, wenn es am mühsam errichteten Ich-Gebäude zu bröckeln beginnt. Und es entsteht Stress, der nicht selten dem Körper „Lebensgefahr" signalisiert, mit den bekannten Nebenwirkungen: Die kognitiven Bearbeitungswege sind in diesem Erregungszustand nicht mehr zugänglich. Mit folgenden Sätzen versuchen Klienten beispielsweise ihre Ich-Konsistenz zu verteidigen:

- Was ich angefangen habe, muss ich doch auch durchziehen.
- Wo kämen wir hin, wenn sich jeder nach Belieben verändert, heute das und morgen jenes sagt und tut?
- Wenn ich mich eben damals entschieden habe, dann ist das jetzt halt so und ich muss dazu stehen.
- Wenn ich mich jetzt verändere, ist das, als wenn ich zugebe, dass ich versagt habe.
- Als Erwachsener ist man doch irgendwie angekommen, da muss man sich nicht mehr so viel verändern.

Tatsächlich können dahinter wichtige Lebenswerte stehen, die verteidigt werden wie Authentizität, Treue, Pflicht- und Verantwortungsbewusstsein. Fragen Sie nach diesen Werten und hinterfragen Sie, ob sie tatsächlich nach der Veränderung nicht in ähnlicher Weise immer noch zum Tragen kommen.

Weiterhin kann das bewährte Modell der Ich-Zustände aus der Transaktionsanalyse, die der Psychoanalytiker Eric Berne bereits in den 1960er-Jahren beschrieben hat, hier Klärung und Unterstützung für das Veränderungs-Ich bringen. Die drei wesentlichen Ich-Zustände sind:

- **Eltern-Ich** in seinen Ausprägungen als kritisch/strafendes und überfürsorgliches Eltern-Ich
- Das **Erwachsenen-Ich**
- Das **Kind-Ich** als angepasst/hilfloses, als trotziges/rebellisches Kind-Ich oder als freies/natürliches Kind-Ich.

Die meisten Veränderungsängste und -widerstände lassen sich im Eltern-Ich lokalisieren, das vermeintlich vernünftig oder moralisch argumentiert. Auch im Kind-Ich gibt es jede Menge Gegenwehr, die dann oft als Stressreaktion in einer Art Regression daherkommt.

Wenn es gelänge, aus einer Position des Erwachsenen-Ichs auf die Veränderung zu schauen, ist die Veränderung oft weniger dramatisch. Das Erwachsenen-Ich ist dadurch gekennzeichnet, dass es gut für sich selbst sorgt, die nötigen Informationen sammelt, Ursachen auf den Grund geht, Konflikten sachlich begegnet und kompromissfähig handeln kann.

Wenn darüber hinaus das freie Kind-Ich die notwendige Veränderungsenergie und kreativen Impulse liefert, dann wäre das ein gutes Veränderungsgespann. Das natürliche Kind-Ich ist neugierig, begeisterungsfähig, vertrauensvoll, direkt und hat keinerlei Angst vor Veränderungen.

So entsteht die Formel für das Veränderungs-Ich:

Veränderungs-Ich =
Erwachsenen-Ich + natürliches Kind-Ich

Vorgehensweise

Reflektieren Sie die anstehende Veränderung Ihres Klienten doch einmal mit dem von Dr. Petra Bock abgeleiteten Dreiecksmodell aus der Transaktionsanalyse, das ich Ihnen hier in etwas abgewandelter Form vorstelle.

Zeichnen Sie das Dreieck und schreiben Sie in die Mitte das Veränderungsproblem.

Sammeln Sie alle Sätze und Du-Botschaften, die Klienten sich innerlich im Veränderungsprozess sagen. Das erfordert ein wenig Geduld, um hier möglichst viel an die Oberfläche zu holen. „Was sagen Sie sich immer wieder selbst, z.B. nachts, wenn Sie wach liegen und sich Sorgen machen? Welche inneren Sätze und Botschaften steigen in Ihnen auf, wenn Sie an Ihre bevorstehende Veränderung denken?"

Ordnen Sie diese bei der Nennung den drei Ecken des Dreiecks zu und schreiben Sie sie in Stichwortsätzen auf. Meistens ist in diesem ersten Durchgang wenig aus dem Erwachsenen-Ich oder natürlichen Kind-Ich dabei.

Beschriften Sie dann erst die Ecken und geben Sie einen kurzen Überblick über die Ich-Zustände der Transaktionsanalyse. Erläutern Sie auch, dass es eine ganz natürliche und oft überlebensnotwendige Reaktion ist, wenn das Ich versucht, seine Ich-Konsistenz zu erhalten. Verweisen Sie dann darauf, dass sich hier aber viele überholte Botschaften und Glaubenssätze finden, die längst nicht mehr gültig sind und ausgedient haben.

Lassen Sie Ihre Klienten körperlich eine Haltung finden, die ausdrückt, wie es sich anfühlt, so aus dem Kind-Ich oder Erwachsenen-Ich zu argumentieren. Zeichnen Sie diese im unteren Bereich (so gut wie möglich) dazu.

Überlegen Sie nun gemeinsam, wie Botschaften im aktuellen Veränderungsprozess aus dem Erwachsenen-Ich lauten könnten. Schreiben Sie diese zur oberen Ecke.

Überlegen Sie anschließend gemeinsam, welche Sätze entstehen, wenn Sie die Energie des natürlichen Kind-Ichs mit seiner Neugier, Entdeckerfreude und Lust an der neuen Erfahrung zur Verstärkung des Erwachsenen-Ichs mit dazunehmen.

Finden Sie für diese neuen Sätze wiederum eine Körperhaltung und zeichnen Sie diese an der Spitze des Dreiecks dazu.

Suchen Sie gemeinsam nach einer konkreten Situation in den kommenden Tagen, in der diese neue Haltung einmal ausprobiert werden kann. Spielen Sie die Situation evtl. als Rollenspiel durch.

Anwendungsbereiche

- Klienten, die sich in inneren Dialogen verlieren, im Kreis drehen und dadurch immer mehr den Wirklichkeitsbezug verlieren
- Menschen, die wie das Kaninchen vor der Schlange die Veränderung scheuen
- Klienten, bei denen Sie merken, dass sie die „Schuld" und die Lösung im Äußeren suchen und die nicht bereit sind, Verantwortung für ihre Veränderung zu übernehmen

Anwendungsbeispiel

Mareike P. (44) steht vor der Entscheidung, ob sie freiwillig mit einem Abfindungsangebot ihres Unternehmens in ein Sabbatjahr geht, das sie zur beruflichen Veränderung nutzen würde, oder ob sie auf ihrer Stelle bleibt und versucht, dort ihre Arbeitsumstände zu verbessern.

In das Dreieck kommt: „Sabbat-Jahr oder bleiben und verbessern"
Die Klientin sammelt folgende innere Botschaften und ordnet sie im Dreieck ein:

- Was bildest Du Dir eigentlich ein, Dich so aus der Verantwortung zu stehlen. (Strafendes Eltern-Ich)
- Weißt Du, ob Du danach noch mal so einen gut bezahlten Job findest? (Fürsorgliches Eltern-Ich)
- Ich werd's euch endlich mal zeigen, dass ich auch aussteigen kann. Schluss mit brav. (Trotziges Kind-Ich)

- Und dann ist das Jahr plötzlich rum und ich weiß immer noch nicht weiter ... (Hilfloses Kind-Ich)
- Es kotzt mich gerade alles an. (Trotziges Kind-Ich)
- Ich hab einfach keine Lust, mich zu entscheiden. (Trotziges Kind-Ich)
- Sabbatjahr, das brauchen doch nur Weicheier. (Kritisches Eltern-Ich)

Nun wirft die Klientin einen Blick auf die Verteilung. Ihr fällt auf, das „trotzige Kind" ist gut dabei und bringt viel Energie in die Diskussion – schmunzelnd persifliert sie diesen Zustand. Sie nimmt die Haltung eines bockigen Kindes an, das die Hände in die Hüften stemmt und mit dem Fuß aufstampft. Diese Haltung fühle sich einerseits gut an, aber auch sehr zerrissen und unstimmig und darüber hinaus auch ein bisschen peinlich.

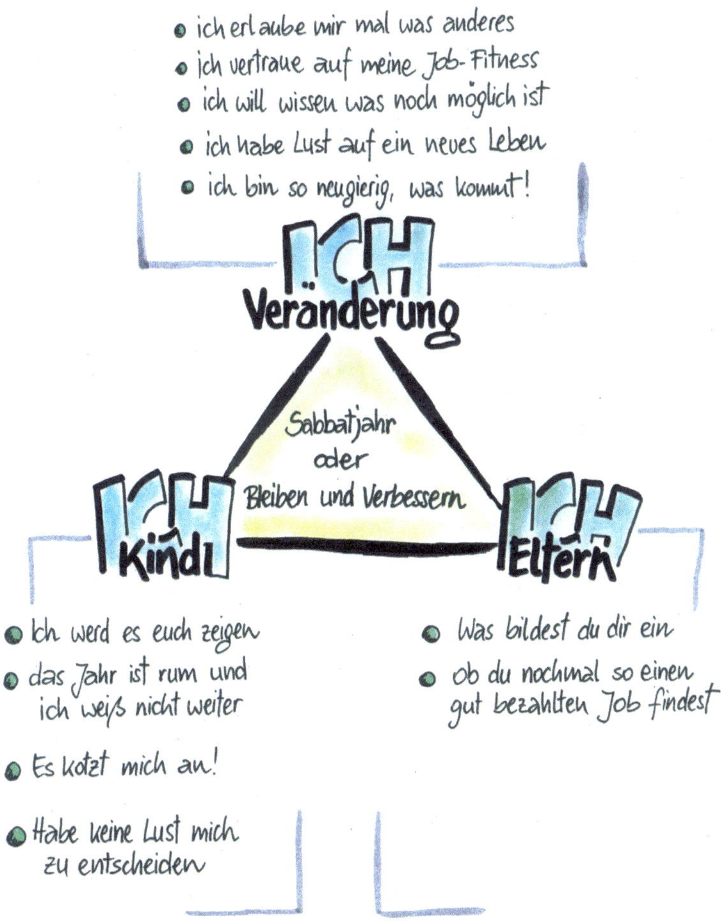

Folgende Botschaften aus dem Erwachsenen-Ich findet Mareike für sich:

- Ich erlaube mir mal ganz was anderes. Ich habe es mir verdient.
- Ich vertraue auf meine berufliche Erfahrung und Kompetenzen, mit denen ich danach wieder einen Job finde.
- Ich will wissen, was noch für mich beruflich möglich ist. Dazu brauche ich dieses Jahr.

Und das natürliche Kind trägt Folgendes dazu bei:

- Ich habe Lust darauf, mich und mein Leben neu zu entdecken.
- Ich bin so neugierig, was mir alles Spannendes in dem Jahr begegnen wird.

Als Körperhaltung findet sie für sich eine offene, lächelnde, das Leben umarmende Haltung. Auf die Rückfrage, wie es ihr mit dieser Haltung im Hinblick auf ihre Entscheidung gehe, entgegnet sie, dass innerlich soeben wohl ihre Entscheidung gefallen sei.

Als konkrete Situation, in der sie diese neue Haltung ausprobieren wird, sucht sie sich das Gespräch mit ihrer Mutter in zwei Tagen aus. Ein Rollenspiel zur Vorbereitung lehnt sie dankend ab.

Weiterführende Ideen und Variationen

- In einer Gruppe im Change-Training können Sie die Übung auch mit einem fiktiven Beispiel am Flipchart durchführen und dann jeden Teilnehmer für etwa 45 Minuten in Klausur schicken, da hier schon sehr private Facetten mit ins Spiel kommen. Danach werten Sie nur das gemeinsam aus, was sich innerlich verändert hat und lassen die neuen Veränderungsbotschaften auf Karten für die Mitte schreiben. Diese sind oft so wunderbar, dass andere Teilnehmer sie möglicherweise ebenfalls für sich übernehmen möchten.
- Wenn Klienten sich bis zur nächsten Sitzung eine Postkarte oder ein Bild im Internet suchen, das die neue Veränderungshaltung ausdrückt, ist das hilfreich. Von kreativen Klienten kann als weiterführende Aufgabe die neue Veränderungshaltung als Bild oder Skulptur gestalten werden. Dieses Symbol trägt dann hervorragend durch den Veränderungsprozess.

Quellen, Literatur

- Berne, E.: Spiele der Erwachsenen. Psychologie menschlicher Beziehungen. Reinbek: rororo 2002.
- Bock, P.: Mindfuck: Das Coaching. Wie Sie mentale Selbstsabotage überwinden. München: Knaur 2013.
- Schmidt-Tanger, M.: Change – Raum für Veränderung. Paderborn: Junfermann 2012.

Wege aus der Burg

Input: Arbeit mit Widerständen

Beschreibung und Hintergrund

Von Widerstand in Veränderungsprozessen zu sprechen ist dann gegeben, wenn geplante Entscheidungen oder Prozesse, die von einer Mehrheit als logisch, gut machbar und als sinnvoll angesehen werden, ohne ersichtlichen Grund bei einzelnen Personen auf eine undifferenzierte Art von Ablehnung stoßen.

Wir neigen dazu, unser mit viel Arbeit erschaffenes Selbstbild und unsere damit verbundene Weltsicht auf oft irrationale Weise zu verteidigen. Das können wir sehr gut über vermeintlich rationale Gründe, die dann plötzlich wie Gesetze zwischen uns und einer möglichen Veränderung stehen:

- Das kann ich doch nicht machen als Mutter von zwei Kindern.
- Auf diese Stelle komme ich nur mit einem Studium/mit Berufserfahrung.
- Ja, wenn ich ein finanzielles Polster hätte, sähe die Sache anders aus.
- Wenn mein Chef mich mehr unterstützen würde.

Auch werden die negativen Konsequenzen von Veränderungen als viel bedeutsamer und ausgeprägter empfunden als ähnlich starke positive Konsequenzen. Man spricht hier von den „psychologischen Wechselkosten“ (Rosenstiel).

Aufgabe im Veränderungscoaching wird sein, diese „Gesetze“ zu hinterfragen, die psychologischen Wechselkosten zu reduzieren, das Selbstbild auf seine Aktualität hin zu überprüfen und behutsam gefahrlose Wege aus der Verteidigungssituation hinaus zu erkunden. Ziel ist dabei immer, aus einer Erdulder-Haltung in die Gestalter-Haltung zu finden, die persönliche Verantwortung für anstehende Veränderungsprozesse zu übernehmen und die Energie des Widerstands für die als wünschenswert erkannten Handlungen nutzbar zu machen.

Widerstand hat durchaus seine positiven und sinnvollen Seiten:

- Widerstand schützt vor Überlastung durch zu viel Veränderung. Nicht jede Veränderung macht Sinn.
- Widerstand schützt in der Sprache der Gestalttherapie vor frühzeitiger Vereinnahmung, da er vor der Kontakt-Phase steht. Es geht um ein vorsichtiges Annähern und „Beschnuppern“, das ja meist trotz aller Widerstände genau in dieser Phase geschieht. Es ist ein notwendiger Zwischenschritt vor dem „Kauen und Verdauen“ der anstehenden Veränderung.
- Widerstand verweist häufig auf unerfüllte Bedürfnisse und gibt darüber Auskunft, was noch dringend im Veränderungsprozess berücksichtigt werden sollte, damit er überhaupt gelingen kann.
- Widerstand ist pure Energie, die – wenn sie auf gute Weise genutzt wird – zur Schubkraft für den Veränderungsprozess werden kann.

Ursachen für Widerstände liegen oft darin, dass Kosten und Nutzen der Veränderung nicht deutlich genug durchgespielt wurden. Gerade hier kann viel Misstrauen entstehen, wenn im Organisationskontext nicht transparent mit relevanten Informationen umgegangen wird.

Widerstand entsteht auch dann, wenn sich die Einzelperson damit nicht identifizieren kann, weil sie keinen Sinn für sich persönlich sieht oder konstruieren kann (s. Salutogenese, Seite 100). Und Widerstand wird nahezu unüberwindbar, wenn die Ängste, die dahinter stehen, nicht entkräftet oder durch positive Gefühle ersetzt werden können.

Vorgehensweise

Zeichnen Sie eine einfache Burg mit Burgmauer oder Wassergraben. Ihr Klient steht oben, bereit zum Widerstand. Schreiben Sie in drei bis fünf Stichwortsätzen die Veränderungsanforderungen der „Angreifer“ (z.B. der Vorgesetzten, der Partnerin, der gewünschten Lebensänderung). Nehmen Sie sich hier Zeit, dass Sie gemeinsam wirklich verstehen, worum es in der Veränderung geht. Fehlende Informationen sollten hier noch vervollständig werden (evtl. als „Hausaufgabe“).

Erstellen Sie dann unter der Burg eine Gewinn- und Verlust-Tabelle und erheben Sie so gemeinsam die psychologischen Wechselkosten der Veränderung.

Verluste	Gewinne
Was verliere ich, wenn ich den Widerstand aufgebe?	Was gewinne ich, wenn ich den Widerstand aufgebe?
Was passiert schlimmstenfalls, wenn ich den Widerstand nicht aufgebe?	Welche Vorteile habe ich auf lange Sicht davon?
Was wird schlimmer, wenn ich den Widerstand aufgebe?	Was lerne ich/wie wachse ich innerlich, wenn ich die Verteidigung aufgebe?

Werten Sie zum Schluss aus:

- Was ist auf der Verlustseite möglicherweise eher „eingebildet“ oder eine irrationale Annahme?
- Wie könnten die Gewinne noch verstärkt werden? Welche Forderungen stellen Sie, um den Widerstand mit gutem Gefühl aufzugeben?
- Wie stellt sich das Gesamtbild jetzt dar? Wären Sie bereit und in der Lage, Ihre Verteidigungsposition aufzugeben?
- Stellen Sie sich eine nächste Situation vor, in der es um die Veränderung geht. Was wäre anders, wenn Sie aus der Verteidigungssituation herauskommen? (Zeichnen Sie hier einen dicken Pfeil aus der Burg).

Anwendungsbereiche

- Personen, die stark mit inneren oder äußeren Gesetzmäßigkeiten argumentieren
- Menschen, die sich deutlich im Widerstand befinden
- Klienten, bei denen der Veränderungsprozess schon eine Weile stagniert
- Coachees, die von ihren Vorgesetzten „geschickt" werden (nicht gewünscht, passiert Ihnen ja aber gelegentlich als Business Coach, oder?)

Anwendungsbeispiel

Klaus F. (54) ist langjähriger Verkäufer in einem Einrichtungshaus. Er soll sein angestammtes Team verlassen und Teil eines jüngeren Verkaufsteams werden, das deutlich mehr Mobilität von ihm verlangt, weil es viel auf Messen unterwegs ist. In den letzten zwei Monaten hat er sich stark im Widerstand verschanzt, deswegen wurde er „geschickt". Sein Vorgesetzter sagt, dass er ihn schätzt und ungerne entlassen würde. Klaus F. empfindet es als mangelnde Wertschätzung seiner guten Leistung gegenüber, nun „strafversetzt" zu werden. Er weiß aber auch, dass es sehr schwierig wird, in seinem Alter eine gleichermaßen gut bezahlte Stelle bei einem anderen Arbeitgeber zu finden.

Seine Gewinn- und Verlustrechnung sieht folgendermaßen aus:

Verluste	Gewinne
Was verliere ich, wenn ich den Widerstand aufgebe? ▶ *Mein Team, meinen Wohlfühlbereich auf Etage 2, hier bin ich zu Hause.*	Was gewinne ich, wenn ich den Widerstand aufgebe? ▶ *Möglicherweise frischen Wind in meinem Leben, könnte auch ganz nett werden, mal wieder mehr unterwegs zu sein.*
Was passiert schlimmstenfalls, wenn ich den Widerstand nicht aufgebe? ▶ *Entlassung mit einer Abfindung, die nicht lange reichen wird (bereits geklärt).*	Welche Vorteile habe ich auf lange Sicht davon? ▶ *Ich gehöre noch nicht zum alten Eisen, sondern kann mich beweisen.*
Was wird schlimmer, wenn ich den Widerstand aufgebe? ▶ *Ich muss noch mal ganz von vorne anfangen, meine neue Chefin ist 20 Jahre jünger als ich.*	Was lerne ich/wie wachse ich innerlich, wenn ich die Verteidigung aufgebe? ▶ *Ich bekomme eine Schulung. Ich traue mich noch mal was.*

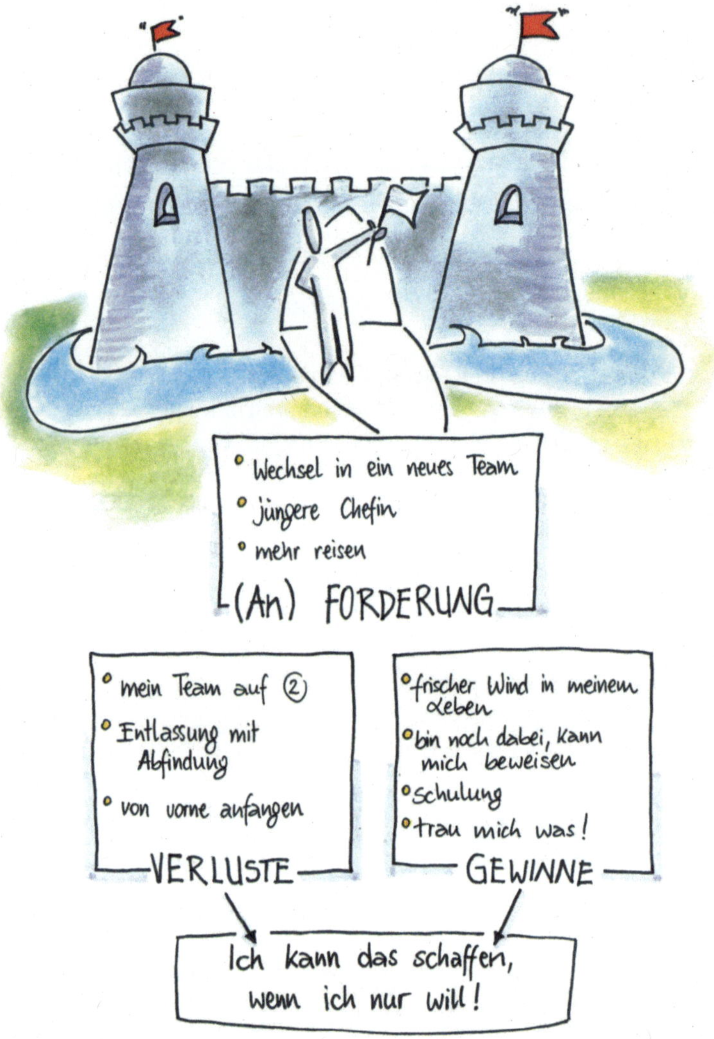

Die Analyse

- Eher „eingebildete" oder irrationale Annahmen sind vermutlich, dass er nie mehr glücklich wird, wenn er sein altes Team verlässt. Und dass er nicht unter einer Chefin arbeiten kann, die deutlich jünger ist als er. („Das käme drauf an, was sie draufhat.")
- Die Gewinnseite könnte er dadurch verstärken, dass er z.B. ein Gespräch mit seiner zukünftigen Chefin führen möchte, um zu schauen, ob die „Chemie" stimmt, dass er den Wechselzeitpunkt noch mal zwei Monate nach hinten verschiebt, um sich besser auf die neue Stelle einstellen zu können und in der Zeit von seiner alten Stelle aus schon die Schulung macht.

- Auf die Frage nach der Gesamteinschätzung lacht er und sagt: „Das Bild mit der Burg hat meine kriegerische Seite angesprochen. Ich bin ja kein Schlappschwanz, ich kann das schon schaffen, wenn ich nur will. Vielleicht will ich jetzt ein bisschen mehr als vorher."
- Auf die Frage, wie er in das anstehende Klärungsgespräch mit seinem aktuellen Vorgesetzten geht, antwortet er: „Ich werde ihm signalisieren, dass ich mitmache, wenn er mich nicht hetzt. Schließlich möchte ich alles aufgeräumt zurücklassen und ohne Stress im neuen Team aufschlagen. Das ist doch auch im Interesse der Firma. Sie reden doch immer davon, dass sie auch die Bedürfnisse der einzelnen Mitarbeiter berücksichtigen."

Weiterführende Ideen und Variationen

- Die Burg oder der Wall des Widerstands kann auch mit einem Seil auf dem Boden gelegt werden. Nach der Übung können Sie die somatischen Marker abfragen und den Klienten symbolisch über den Wall treten lassen. Da wird dann deutlich, ob noch etwas fehlt, um den Schritt aus der Verteidigung in die Kontaktphase mit der Veränderung wirklich gehen zu können.
- In Teams kann mit dem Burgbild so gearbeitet werden, dass sich die einzelnen Teammitglieder mit einem Post-it und Namen dort positionieren, wo sie sich gerade befinden. („Ich sitze gerade auf der Mauer und schaue mir das Getümmel von oben an. Ich werde nichts entscheiden, bevor ich nicht mehr Überblick habe"; „Ich bin gerade im Burggraben untergegangen. Ich wollte ja gerne mitmachen bei der Veränderung, merke aber, da gehe ich unter, das geht mir alles viel zu schnell.") Das ist bereits eine vorbereitende Übung zu den verschiedenen Veränderungstypen (S. 47 ff.). Gleichzeitig kann es aber vorhandene Widerstände noch mal ans Tageslicht bringen.

Hinweise

Diese Übung benötigt eine Vertrauensbasis, damit Klienten wirklich ihre Widerstände offenlegen können, deswegen sollten vorher schon einige Sitzungen stattgefunden haben. Machen Sie bei „geschickten" Klienten auch klar, dass Sie keinen Auftrag vom Auftraggeber haben, sondern dass das Coaching ergebnisoffen ist und es darum geht, zu klären, was für den Klienten in der Situation möglich ist.

Quellen, Literatur

- Landes, M.; Steiner, E.: Psychologische Auswirkungen von Change-Prozessen, essentials. Wiesbaden: Springer Fachmedien 2014.

Den inneren Hebel umlegen

Input: Competing Commitments

Beschreibung und Hintergrund

In der psychosomatischen Medizin wird das Konzept des inneren und äußeren Krankheitsgewinns formuliert. Dieser Krankheitsgewinn kann auch bei gesunden Menschen auf das Prinzip der Veränderungsvermeidung übertragen werden. Im Modell der „Competing Commitments" haben der Harvard-Professor Robert Kegan und seine Kollegin Lisa Laskow Lahey dieses Prinzip des Selbstboykotts aufgezeigt.

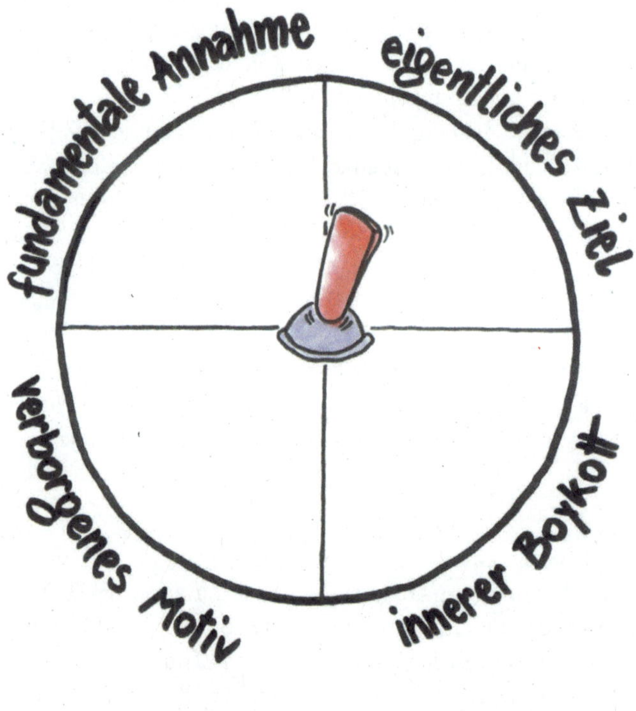

Vorgehensweise

Sie haben mit dem Klienten bereits ein konkretes Veränderungsziel erarbeitet. Bestenfalls haben Sie auf emotionaler Ebene auch noch ein Mottoziel erstellt oder ein Bild ausgesucht, das den Zielzustand auch emotional repräsentiert.

Zeichnen Sie das Modell der „Competing Commitments" an das Flipchart und schreiben Sie die vier Bereiche außen an den Kreis.

Bearbeiten Sie die vier Bereiche nun im Uhrzeigersinn und schreiben Sie die Ergebnisse in die vier Felder.

- In **Feld 1** kommt das bereits erarbeitete attraktive Ziel.
- In **Feld 2** fragen Sie nach dem, was Ihr Coachee tut oder auch unterlässt, um das Ziel nicht umfassend realisieren zu können. Das muss auf Handlungsebene beobachtbar sein. Zusammengefasst schreiben Sie diese Verhaltensweise(n) in das Feld.
- In **Feld 3** fragen Sie nach dem verborgenen Motiv hinter seiner Verhaltensweise. „Was haben Sie davon, dass Sie genau so handeln?", „Welche (innere) Verpflichtung erfüllen Sie auch, dass Sie so handeln?"
- In **Feld 4** erarbeiten Sie die große, fundamentale Annahme, die hinter dem verborgenen Motiv steckt.

Machen Sie hier eine kurze Pause und fragen Sie den Klienten, was ihm auffällt. „Wird Ihre Annahme immer so in der Realität erfüllt? Kennen Sie Ausnahmen?", „Gibt es Menschen/Vorbilder, an denen Sie sich orientieren können, die diese Annahme in positiver Weise nicht erfüllen?"

Hier können Sie eine Vertiefung ansetzen und den Kreis mit anderen Begrifflichkeiten noch einmal gegen den Uhrzeigersinn zurückbearbeiten.

Formulieren Sie in einem zweiten Kreis die Annahme so um, dass sie für Ihren Klienten und dessen Veränderungssituation besser passt und deklinieren Sie das Modell gemeinsam rückwärts durch, um zu überprüfen, ob er mit dieser Annahme besser zu seinem Ziel kommen würde.

Möglicherweise ist der richtige innere Hebel noch nicht gefunden, wenn der Rückprozess sich für Ihren Klienten noch nicht stimmig anfühlt. Dann suchen Sie gemeinsam nach weiteren verborgenen Motiven und beginnen noch einmal von vorn.

Anwendungsbereiche

- Für Klienten, die sagen, dass sie sich gerne verändern möchten, die auch ihre Ziele klar gebildet haben, sich bei der Umsetzung aber ständig selbst boykottieren oder erst gar nicht in die Umsetzungsphase kommen
- Für Coachees, die wirklich bereit sind, sich und ihre Annahmen auch noch einmal in Frage zu stellen
- Für mittlere Führungskräfte, die gerne allen Ebenen gerecht werden wollen

---

Anwendungsbeispiel

Laura V. (31) ist eine ehrgeizige junge Frau im mittleren Management einer Bank. Sie ist verantwortlich für die übergreifende Einführung eines neuen Software-Moduls. Sie merkt selbst, dass der Prozess sehr stockend verläuft und sie sich immer wieder von den Widerständen ihrer Mitarbeiter aus der Bahn werfen lässt.

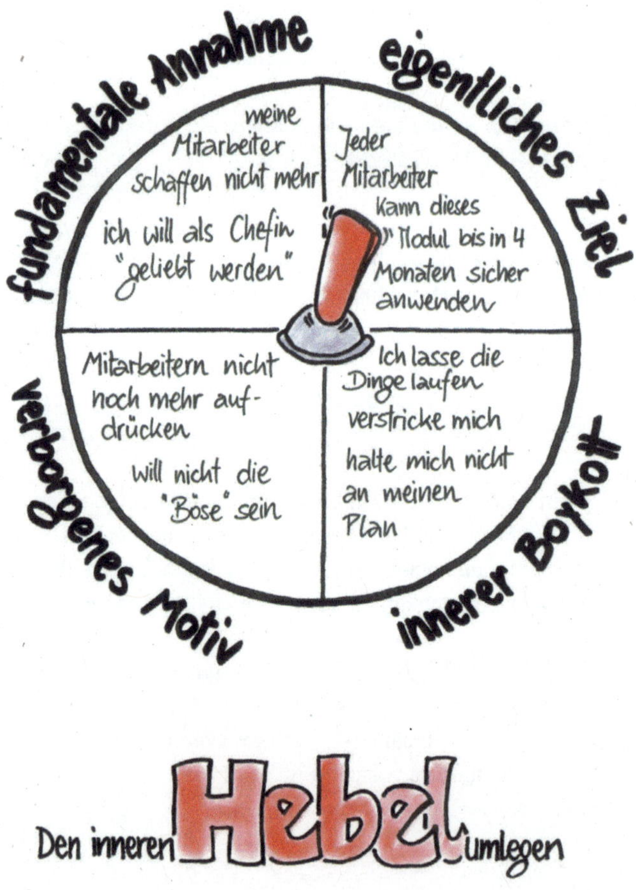

Ziel: Jeder meiner Mitarbeiter kann dieses Modul bis in 4 Monaten sicher anwenden.

Boykott: Ich lasse die Dinge laufen, verstricke mich in einzelnen Gesprächen, statt meinen Plan durchzuführen.

Verborgenes Motiv: Ich finde, dass meine Mitarbeiter wirklich schon genug zu tun haben und will ihnen das nicht auch noch aufdrücken. Außerdem will ich nicht „die Böse" sein.

Fundamentale Annahme: Meine Mitarbeiter vertragen nicht noch mehr Belastung. Ich will auch als Chefin gemocht werden.

Auf die Nachfrage, was ihr auffällt, lächelt sie verschämt. Da wäre ein altes Thema ihrer Führungspersönlichkeit wohl wieder mit im Spiel, eben gemocht zu werden und es allen recht machen zu wollen. Und ob das immer der Realität entspräche, dass ihre Mitarbeiter wirklich überlastet sind, sei dahingestellt. Oft würden sie ja auch schon mal vorbeugend jammern. Sie formuliert für sich den Prozess um:

Ziel: Jeder meiner Mitarbeiter kann dieses Modul bis in 4 Monaten sicher anwenden.

Beobachtbare Handlung: Ich kommuniziere klar, was ich bis wann von wem erwarte und kontrolliere die Ergebnisse. Bei Nichterfüllung gibt's „Nacharbeiten" mit mir nach der Arbeitszeit.

Persönliches Motiv/der Extrakick: Ich will doch mal sehen, ob ich das gut hinbekommen, das ist für mich ein Testlauf für zukünftige Veränderungsprozesse.

These: Meine Mitarbeiter vertragen noch eine gut vorbereitete Portion Arbeit, die ihnen später ja auch Arbeitserleichterung bringt. Ich bin die Chefin, ich setze das klar und selbstbewusst um. Sie werden mich dafür nicht lieben, egal was ich tun würde ...

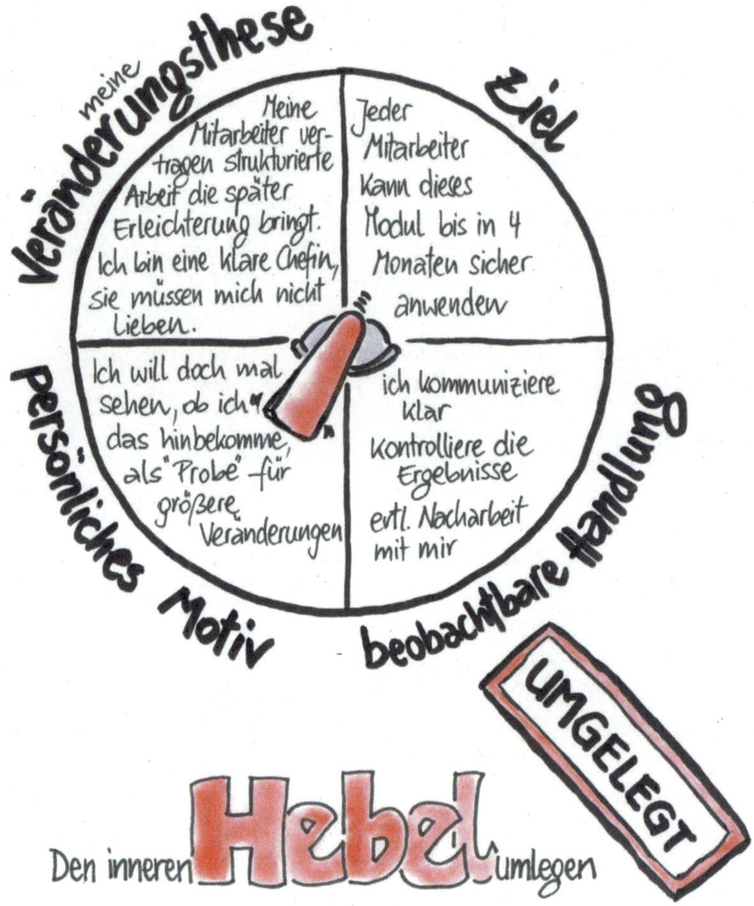

Weiterführende Ideen und Variationen

Blanko-Visualisierung in den Download-Ressourcen

- Das Tool ist so einfach zu handhaben, dass es als Selbstcoaching-Tool auch für private Themen sehr gut anwendbar ist. Diese Empfehlung können Sie Ihren Klienten evtl. mit einem entsprechenden Blanko-Arbeitsblatt nach der Sitzung mitgeben.
- Sie können dieses Tool weiterhin Führungskräften empfehlen, die es wiederum für das Coaching ihrer Mitarbeiter einsetzen können. Dazu sollten sie es aber selbst einmal im Caoching live mit Ihnen und noch einige Male als Selbstcoaching-Tool durchgeführt haben.

Hinweise

Oft sind es mehrere Motive und Annahmen, die eine gewünschte Verhaltensweise blockieren. Greifen Sie deswegen bis zu drei Aspekte auf.

Wenn deutlich mehr aus den Klienten heraussprudelt, suchen Sie nach denen, die am meisten Verhinderungskraft haben. Achten Sie aber auch darauf, das Modell nicht zu überfrachten. Zeichnen Sie alternativ lieber mehrere Kreise hintereinander auf. Entscheiden Sie dann abschließend, mit welchem inneren Hebel Ihre Klienten in der Umsetzung anfangen möchte.

Quellen, Literatur

- Kegan, R.; Laskow Lahey, L.: Reason, why people can't change. In: Harvard Business Review, 11/2001, S. 84-92.
- Modellanwendung in beide Richtungen: Martina Nohl.

Blinde Flecken entdecken

Input: Johari-Fenster

Beschreibung und Hintergrund

Das Modell des „Johari-Fensters" wurde von den amerikanischen Sozialpsychologen Joseph Luft und Harry Ingham entwickelt. Es verweist auf unbewusste Persönlichkeitsanteile, die uns oft in Veränderungsprozessen nicht zugänglich sind und unsere blinden Flecken ausmachen. Genau hier angesetzt, liegt oft ein Schlüssel, damit Blockaden in Veränderungsprozessen behoben werden können.

Dieses Modell kann Ihre Klienten dafür sensibilisieren, dass regelmäßiges Feedback von außen als Korrekturfaktor wichtig ist, weil wir alle ohne „böse Absicht" blinde Flecken haben. Das Feedback erweitert dann unseren Aktionsraum: Wenn wir beispielsweise durch die Bank von unserem Umfeld als kompetent wahrgenommen werden, sollte uns nichts davon abhalten, mit dieser Kompetenz auch proaktiv aufzutreten. Gleichzeitig ermutigt es, auch in unsicheren (Veränderungs-) Situationen Aspekte aus dem Bereich „Geheimnisse" mitzuteilen, da sich dadurch der Energieaufwand für die Geheimhaltung reduziert und Energien frei werden, unabhängiger in der Öffentlichkeit zu agieren. Wenn ich zum Beispiel ständig darum besorgt sein muss, dass mein Chaosfaktor nicht an die Öffentlichkeit dringt, macht mich das zurückhaltend in Situationen, in denen es darum geht, mit anderen zusammenzuarbeiten. Wenn ich direkt „verrate", dass ich zwar ein wenig chaotisch, dafür aber ein kreativer Kopf bin, können meine Kollegen die Zusammenarbeit mit mir besser einschätzen und ich wage mehr, meine Mitarbeit als einen wertvollen Beitrag anzubieten.

Vorgehensweise

Zeichnen Sie das Johari-Fenster-Gerüst auf ein Flipchart. Bitten Sie Ihren Klienten, sich eine nahestehende und „veränderungskompetente" Person vorzustellen, mit deren (fiktiver) Hilfe die Felder „öffentliche Person" und „blinder Fleck" erarbeitet werden sollen.

Erarbeiten Sie nun mit den folgenden Fragen im Coaching die einzelnen Felder, bezogen auf die akute Veränderungssituation Ihres Klienten.

- **Feld A**: „Über welche unserer Eigenschaften und Handlungsmöglichkeiten sprechen Sie gerne im Kontext der anstehenden Veränderung?", „Würde das die ausgewählte Person auch so unterschreiben? Würde sie etwas ergänzen wollen?"
- **Feld B**: „Welche Informationen, die für die anderen in Bezug auf die Veränderungssituation interessant sein könnten, sind Ihnen zwar bewusst, Sie verschweigen sie aber – aus welchem Grund auch immer?"
- **Feld C**: „Was würde die ausgewählte Person hier über Sie in das Feld eintragen?", „Welches Feedback haben Sie im Kontext der Veränderungssituation erhalten, das Sie irritiert hat? Auf welche Eigenschaft, fehlende oder vorhandene Fähigkeit von Ihnen weist es hin?"

- **Feld D**: Hier liegt das große Feld des Nichtwissens. „Spekulieren Sie doch einfach mal, was könnten Sie bei sich selbst nicht sehen und was könnten andere bei Ihnen nicht sehen, was aber dennoch in den Weiten Ihres Unterbewusstseins vorhanden ist? Vielleicht haben Sie in letzter Zeit etwas Eigenartiges geträumt, was hier seinen Platz finden könnte?"

Anwendungsbereiche

- Klienten zeigen Befremden, weil ihre Selbstwahrnehmung nicht mit einem Feedback von außen zusammenpasst. Die Klienten können die Reaktion ihres Umfelds einfach nicht nachvollziehen
- Coachees gehen in den Widerstand und übersehen völlig ihre eigenen Anteile an der Situation
- Für Klienten, die im Veränderungsprozess blockiert sind und sich immer einen Schritt vor, einen Schritt zurück bewegen

---

Anwendungsbeispiel

Naomi M. (50) steht im beruflichen Orientierungscoaching vor der Frage, ob sie sich eine Tätigkeit als Solopreneurin mit einer Akademie für Feng-Shui und einem Online-Shop für Feng-Shui-Bedarf zutrauen möchte. Bisher ist sie in Teilzeit als Raumausstatterin angestellt. Seit vielen Jahren hat sie sich die fachliche Expertise erarbeitet, hat auch in ihrer jetzigen Stelle viel in der Buchhaltung und Organisation des Geschäfts als Vertreterin ihrer Chefin Einblick in die selbstständige Tätigkeit bekommen.

Mit Unterstützung ihres Coachs erarbeitet sie sich ihr Johari-Fenster (siehe Folgeseite).

	mir bekannt	mir unbekannt
anderen bekannt	**A:** Tüchtige Mitarbeiterin, die den Laden auch alleine schmeißen kann, immer mit vollem Einsatz dabei.	**C:** Bekommt immer wieder Angebote von Kundinnen, ob sie ihr nicht bei der Ausstattung zu Hause (auch nach Feng Shui) vor Ort helfen könnten. Naomi wird immer ganz aufgeregt und wirkt verlegen. Die Kundinnen scheinen ihr das aber zuzutrauen und sogar Geld dafür bezahlen zu wollen. Ihre Chefin nimmt sich immer längere Urlaubsphasen und sagt: Du machst das schon. Naomi ist befremdet, wie sie so etwas Kostbares wie das eigene Geschäft in fremden Händen lassen kann, gleichzeitig aber auch stolz, dass der Laden bei ihr besser läuft, als wenn die Chefin da ist.
anderen unbekannt	**B:** Ist schon lange ein bisschen neidisch auf ihre Chefin, hätte auch gerne ein eigenes Geschäft. Hat aber große Ängste vor der Selbstständigkeit (es gab noch nie einen Selbstständigen in ihrem familiären Umfeld, selbstständige Arbeit gilt als hochriskant).	**D:** Sie hat neulich geträumt, dass ihre Chefin hinter einer Aquarium-Scheibe zu ihr schwimmen wollte, das aber nicht mehr ging. Sie war danach sehr traurig. Sie interpretiert, dass sie ihre Chefin (fast schon Freundin) nicht im Stich lassen will und dass wohl bei der Entscheidung für die Selbstständigkeit ein schmerzhafter Abschied anstünde.

Beim abschließenden Gesamtblick erarbeitet Naomi Folgendes für sich:

- In ihrer Außenwirkung und bezogen auf ihre alltägliche Arbeit agiert sie bereits wie eine Selbstständige, also mögen die Ängste weniger Berechtigung haben als gedacht.
- Vielleicht gibt es noch eine dritte Möglichkeit zwischen Bleiben oder Gründen. Sie könnte freiberuflich oder angestellt für ihre Chefin als Feng-Shui-Beraterin für die Kundinnen arbeiten. Dazu müsste eine weitere Angestellte für den Ladenbereich eingestellt werden, vielleicht erst einmal nur für ein bis zwei Nachmittage. Oder sie könnte ihre Teilzeitarbeit aufstocken und diese Aufträge bezahlt in einer Art erweiterter Projektarbeitszeit durchführen. Wenn die Zusammenarbeit nicht funktioniert, könnte sie immer noch gründen.
- Es spricht nichts dagegen, auch als Angestellte schon einmal mit Feng-Shui-Schnupper-Kursen am Wochenende anzufangen. Die Kundinnen des Ladens wären erste Ansprechpartnerinnen.

Durch die große Trauer (Blinder Fleck) und das selbstverständliche Vertrauen der Kundinnen und ihrer Chefin, das sie bisher nicht so richtig ernst nehmen konnte (öffentliche Person), ergeben sich auf einmal neue Veränderungsideen.

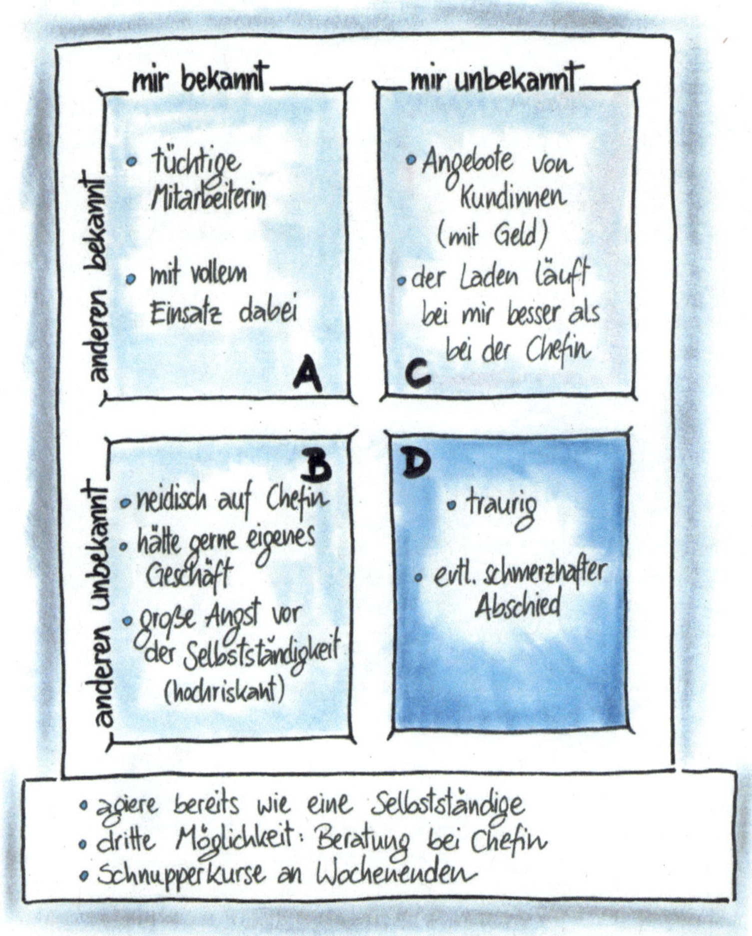

Weiterführende Ideen und Variationen

Im ursprünglichen Anwendungsbereich dieses Modells, der Gruppendynamik, wurde mit Adjektivlisten gearbeitet, um die blinden Flecke gegenseitig zu füllen und darüber ins Gespräch zu kommen. Wenn Sie mit Teams in Veränderungsprozessen arbeiten, bitten Sie diese, für jedes Teammitglied fünf bis sechs passende Adjektive aus der nebenstehenden Liste herauszusuchen oder frei zu finden. Lassen Sie sie auf kleine Post-it-Zettel schreiben und der anderen Person überreichen.

- akzeptierend
- albern
- angespannt
- anpassungsfähig
- aufmerksam
- bescheiden
- bestimmt
- energievoll
- entspannt
- extrovertiert
- fähig
- freundlich
- fürsorglich
- geduldig
- geschickt
- genial
- glücklich
- großzügig
- heiter
- hilfreich
- idealistisch
- intelligent
- introvertiert
- kompetent
- komplex
- kühn
- liebevoll
- logisch
- mächtig
- mitfühlend
- nachdenklich
- nervös
- nett
- organisiert
- reaktionsschnell
- reif
- religiös
- ruhig
- scheu
- schlau
- selbstbewusst
- selbstsicher
- sentimental
- spontan
- still
- stolz
- suchend
- tapfer
- unabhängig
- verlässlich
- vernünftig
- vertrauenswürdig
- warmherzig
- weise
- witzig
- würdevoll

Liste im Download-Bereich

Die „Gesamtausbeute" wird dann alleine oder zu zweit in die Felder des Johari-Modells einsortiert und in Kleingruppen darüber diskutiert, was die neuen Erkenntnisse für den aktuellen Veränderungsprozess bedeuten könnten. Was heißt das für die Situation im Team, wenn beispielsweise jemand vom Team als „mächtig" angesehen wird, sich selbst aber eher weniger im Zentrum der Macht sieht? Oder wenn eine Mitarbeiterin als „geschickt" eingeschätzt wird, sich aber selbst als sehr authentisch agierend wahrnimmt?

Hinweise

Wenn Sie die Variante in Gruppen durchführen, die sich natürlich kennen müssen, sollten Sie mit gruppendynamischen Prozessen vertraut sein und eventuell daraufhin entstehende Konflikte mit dem Team bearbeiten können. Zumindest können Sie beispielsweise auch als Supervisor sicher sein, dass stagnierende Prozesse wieder in Fluss kommen.

Quellen, Literatur

- Krogerus, M.; Tschäppeler, R.: 50 Erfolgsmodelle. Kleines Handbuch für strategische Entscheidungen. Zürich: Kein & Aber 2008.

Die Komfortzone weiten

Input: Komfortzonenmodell mit Leibwächtern

Beschreibung und Hintergrund

Die Komfortzone ist der Bereich, in dem sich die meisten Menschen wohlfühlen und dauerhaft mit materiellen Sicherheiten, persönlicher Geborgenheit, Alltagsritualen und festen Abläufen und Beziehungen eingerichtet haben. Oft wird diese Zone als Rückzugsraum von einer fordernden (Arbeits-)Welt verstanden und darf deswegen in der Beratung nicht abgewertet werden, da sie ihre Funktion hat. Die meisten Coachinganlässe erfordern allerdings den Schritt in die Wachstums- oder Lernzone, denn nur hier erproben und erlernen Klienten neue Verhaltensmuster und zielförderliche Einstellungen und Haltungen.

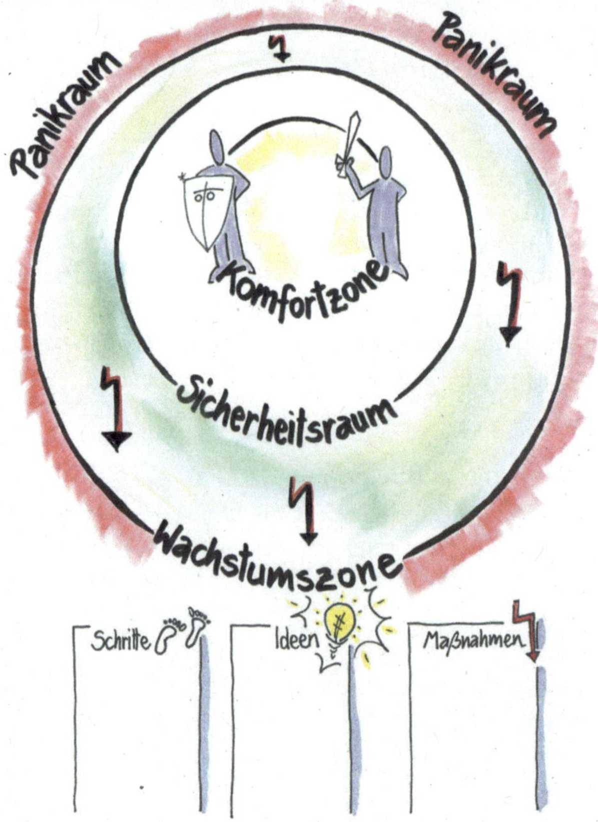

In der Verantwortung des Coachs liegt es aber genauso, Klienten nicht so weit herauszufordern, dass sie in die Panikzone geraten. Hier wäre ein persönlicher Lernprozess nicht mehr möglich, weil die archaischen Muster „Fliehen“, „Angreifen“ oder der „Totstell“-Reflex aktiviert würden.

Mit dem Bild der Leibwächter werden Glaubenssätze, ohne sie zu verteufeln, in die Arbeit mit der Komfortzone miteinbezogen. Gezeigt wird aber auch, dass Handlung oft an diesen vorbei durchaus möglich ist. Nicht jeder Glaubenssatz muss in aller Ausführlichkeit bearbeitet werden, damit das Leben weitergehen kann. Ein Wahrnehmen des Glaubenssatzes als Gedanke oder Aussage eines etwas doofen und behäbigen Leibwächters, der es aber insgesamt gut mit uns meint, genügt manchmal auch.

Vorgehensweise

Steigen Sie doch mit folgendem Zitat in die Arbeit an der Komfortzone ein: „Life begins at the end of your comfort zone.“ (Neale Donald Walsch)

Zeichnen Sie das Modell der Komfortzone an. Lassen Sie den Klienten sich mit einem Kreuz oder einem Punkt im Modell verorten, wo er sich aktuell sieht und wo er bereits gerne im Veränderungsprozess wäre.

Zeichnen Sie nun einige Leibwächter ein. Führen Sie diese als Bewacher der Komfortzone ein, die dafür sorgen, dass sich der Bewohner der Komfortzone (also Ihr Klient) nicht unnötigerweise in Gefahren begibt. Leider stehen sie da schon sehr lange, viele ihrer Parolen sind überholt oder waren vielleicht für ein Kind als Komfortzonenbewohner wichtig. Weisen Sie aber darauf hin, dass es durchaus angebracht ist, freundlich mit den Leibwächtern umzugehen, da sie grundsätzlich sinnvolle Arbeit geleistet haben.

Fragen Sie ab, was die Leibwächter sagen, um Ihren Klienten in der Komfortzone zu halten und schreiben Sie das zu den Leibwächtern dazu. Würdigen Sie die Aussagen als gut gemeint, aber etwas in die Jahre gekommen.

Nun haben Sie zwei Möglichkeiten, um von der Komfortzone in den Entwicklungsraum zu gelangen: Entweder über die Minischritte Stück für Stück durch den Sicherheitsraum oder als Sprung, mit dem sich der Klient selbst überrascht. Die Autorin Natalie Schnack nennt das den

Wow-Faktor. Stellen Sie Ihrem Klienten beide Möglichkeiten kurz vor und beginnen Sie mit den Minischritten.

Erarbeiten Sie erste Minischritte, die gerade noch unterhalb der Überwindungsgrenze liegen oder nur ein kleines bisschen Überwindung kosten, um sich über die Grenze zur Sicherheitszone zu schleichen, ohne dass die Leibwächter es merken oder nervös werden. Das sind kleine Schritte mit „ähnlichem Wissen" und der Komfortzone nahen Handlungsmöglichkeiten. Natalie Schnack nennt diese Zone um die Komfortzone den Sicherheitsraum. Hier besteht zwar Respekt vor der etwas neuen Situation, aber noch ein ausreichendes Gefühl von Kontrolle. Überprüfen Sie mit Ihrem Klienten folgende Komfortpunkte: Kenne ich die Umgebung? Die Menschen? Das, was ich dort tun muss? Habe ich grundsätzlich die Kompetenzen, um der Anforderung zu genügen? Wenn Ihr Klient ein oder mehrere Punkte mit „Ja" beantworten kann, dann gibt das bereits Sicherheit.

Minischritte durch die Sicherheits- in die Wachstumszone	Ideen für Schritte mit Wow-Faktor	Maßnahmen bei Gefahren in der Wachstumszone

„Haben Sie Lust auf einen größeren Schritt, wie könnte der aussehen? Was würden Sie sich trauen, um es sich selbst oder anderen ohne Druck einmal zu beweisen?" Manchmal macht uns ein größerer Schritt richtig Spaß und er bringt die Ungeduldigen unter uns auch einmal richtig voran – solange er ohne Zeitdruck und „Gewalt" ausgeführt wird.

Zeichnen Sie in einem weiteren Schritt „Drachen" oder Gefahren (Blitze tun es auch) in der Wachstumszone ein. Benennen Sie diese, um die Gefahren aufs Papier zu bannen. „Was könnte schlimmstenfalls passieren, wenn Sie Ihren Sicherheitsraum verlassen?", „Welche Maßnahmen fallen Ihnen ein, um die Gefahren einzugrenzen oder abzuwenden?"

Sprechen Sie kurz über die Panikzone. Wie weit ist Ihr Klient nach dem aktuellen Stand der Dinge von der Panikzone entfernt? Gibt es plötzliche Ereignisse, die den Klienten in die Panikzone katapultieren könnten? Wie wahrscheinlich treten diese ein?

Anwendungsbereiche

- Klienten, die Veränderungswiderstände, latente Angst, Sorgen und Befürchtungen zeigen
- Wenn die die Diskrepanz zwischen Wollen und Bekunden und dem eigentlichen Tun sehr hoch ist
- Meist bietet sich das Modell am Übergang in die Phase zur Umsetzung/Realisierung an, wenn die anderen Coachingergebnisse auf dem Tisch liegen. Die Visualisierung der Komfortzone eröffnet dann die Metakommunikation.

Anwendungsbeispiel

Annalena F. (32) drückt sich nach eigener Aussage seit zwei Jahren, wieder in ihren Beruf als Produktionerin in einer Marketingagentur einzusteigen. Ihre Kinder sind inzwischen drei und fünf Jahre alt, die Kinderbetreuung und ein Notfallsystem sind organisiert und sie könnte gut einen Teilzeitjob annehmen, den die Agentur ihr auch angeboten hat. Ihr Mann hätte auch gerne ein bisschen finanzielle Unterstützung beim Erwirtschaften des Familieneinkommens.

Ihre Leibwächter äußern Folgendes:

- Du bist doch gern zu Hause bei den Kindern, schau mal, sie sind noch so klein, sie brauchen Dich doch.
- Du hast doch Zeit für Dich, wenn sie morgens im Kindergarten sind, wieso machst Du jetzt Stress, sei doch mal ein bisschen egoistisch?
- Jens (ihr Mann) macht zwar Druck, aber das Geld hat doch die ganze Zeit gereicht. Ist denn Deine Familienarbeit nichts wert?
- Du hast eh schon den Anschluss verpasst, Du weißt doch, wie schnelllebig die Technik ist!
- Früher mussten die Frauen auch nicht gleich wieder in den Arbeitskampf ziehen.

„Nur einmal angenommen, Annalena, Sie wollten an diesen Leibwächtern vorbei, weil Sie doch mal wieder Arbeitsluft schnuppern wollten, in welchen kleinen Schritten können Sie fast unbemerkt an ihnen vorbeikommen?", „Welche großen Schritte wären denkbar?"

Es entstehen die folgenden Gedanken (Tabelle auf der Folgeseite).

Minischritte durch die Sicherheits- in die Wachstumszone	Ideen für Schritte mit Wow-Faktor	Maßnahmen bei Gefahren in der Wachstumszone
Ich rufe eine Kollegin an und erkundige mich nach den technischen Neuerungen, damit ich weiß, was da auf mich zukommen würde.	Ich überrasche meinen Mann mit einem Arbeitsvertrag (Startzeit aber erst in einem halben Jahr, sodass ich noch etwas Luft habe).	*Die Arbeit wird mir zu stressig:* Ich frage, ob ich nur 15 Std. an drei Tagen arbeiten kann. Ich handle einen Tag Homeoffice aus (mal vorsichtig vorfühlen!).
Ich überlege mir, welches Arbeitsmodell mir passen würde, damit ich auch noch mindestens einen freien Vormittag für mich und meinen Sport habe.	Ich schaue noch mal nach Studiengängen. Irgendwie wollte ich doch immer noch meinen Master machen. Wann, wenn nicht jetzt?	*Der Master dauert mir zu lang, Jens wird ungeduldig oder verliert seinen Job:* Eher unwahrscheinlich. Aber dann kann ich immer noch wieder in die Agentur einsteigen und den Master vielleicht im Fernstudium fertig machen (auf diese Möglichkeit vorher achten!)
Ich frage mal rum, wie gerade die Stimmung in der Firma ist und höre ganz nebenbei, ob ich da willkommen bin oder nicht. Vielleicht sollte ich ja auch anderswo anfangen oder ganz etwas anderes machen?	Ich nehme zwei Tageskinder an zwei Tagen dazu und erobere mir damit das Recht, noch eine Weile zu Hause zu bleiben. Das wäre auch spannend (sie grinst).	*Ein Kind wird länger krank oder verkraftet nicht, dass ich wieder arbeiten gehe:* Meine Mutter mit ins Boot holen (vorher fragen!).

Coach und Klientin arbeiten weiter: „Wenn Sie sich nun freiwillig aus der Komfort- und Sicherheitszone gewagt hätten und mitten in der Wachstumszone stehen, wieder arbeiten (wo auch immer) oder studieren würden, welche Gefahren könnten Ihnen da begegnen und welche Lösungsideen haben Sie?"

Durch die dritte Spalte erhält Annalena weiterführende Ideen, was sie vorher für sich abklären kann, um ihre Komfort- und Sicherheitszone auszuweiten. Ein gemeinsamer Blick auf die Panikzone wird schnell beendet. Hier wären für sie nur richtige Schicksalsschläge verortet, die man sowieso nicht vorher absichern könne. Positiv gedeutet heißt das, dass die potenziellen Gefahren für sie alle in der Wachstumszone liegen und damit durchaus handhabbar sind.

Annalena geht recht zufrieden mit ihren neuen Optionen nach Hause und möchte diese mit ihrem Mann besprechen. Vermutlich sieht man sich wieder zum Entscheidungscoaching.

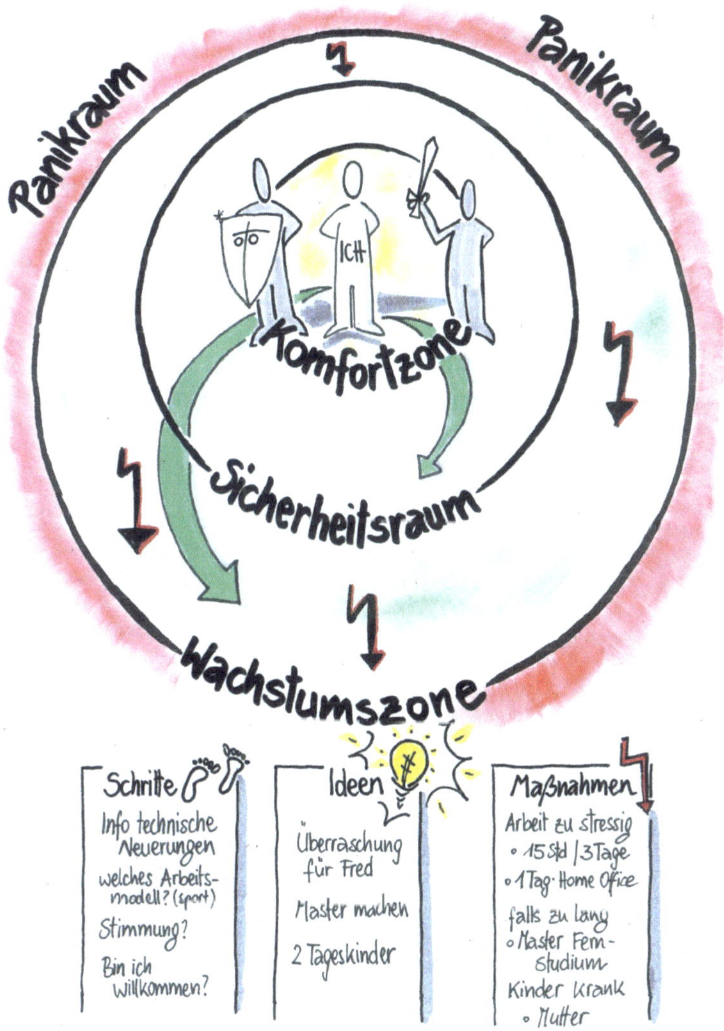

Weiterführende Ideen und Variationen

- Sie können ein zum Kreis geschlossenes Hosenbandgummi um Tischbein und Stuhlbein schlingen (wenn der Stuhl wandert, setzen Sie sich darauf). Der Klient spannt das Band, beschreibt, wie sich diese Begrenzung anfühlt. Dann dehnt er es in dem Maße, in dem es sich noch stimmig anfühlt und definiert die Handlungsschritte in Richtung Sicherheitsraum und Wachstumszone, die für ihn zum aktuellen Zeitpunkt machbar wären.
- Sie können die Komfortzone eines Teams in der Teamsupervision auch einmal in verschiedenen Veränderungsdimensionen analysieren lassen:

Blankovorlage im Download-Bereich

	Verharren in der Komfortzone bedeutet …	Raus aus der Komfortzone heißt …
sachliche Dimension	▶ Vermeintlich: Alles bleibt beim Alten ▶ Tatsächlich: Die Regeln werden von außen gesetzt und mit zunehmendem Druck Neuerungen eingeführt	▶ Prozesse mitgestalten ▶ Eigene Ideen einbringen ▶ Sich wehren und sachliche Argumente gegen bestimmte Veränderungsaspekte finden (frühzeitig auf Augenhöhe mitdiskutieren)
zeitliche Dimension	▶ Wir schauen doch mal, ob die Veränderung wirklich so dringend ist. Aussitzen hat auch schon geholfen. Voreilige Arbeit ist manchmal auch schon morgen wieder überholt	▶ Veränderungsprozesse zeitlich mitplanen, die Chance haben, sich langsam in Neues einzuarbeiten und die anderen Beteiligten daran zu gewöhnen ▶ Widerstände im Verlauf des Prozesses vorwegnehmen und möglichst ausräumen
sozial-emotionale Dimension	▶ Hier kennen wir uns aus, hier haben sich die Spielregeln bewährt, wir tun uns nichts, es ist einigermaßen gemütlich und sicher	▶ Sich was zu trauen, in eigenem Tempo ▶ Die eigenen Grenzen und die des Teams austesten und nach außen kommunizieren

Hinweise

Die Arbeit mit der Komfortzone ist auch für ein niederschwelliges Kurzzeitcoaching oder für die Arbeit mit Jugendlichen geeignet, weil sie weniger in die Tiefe geht als andere Methoden des Veränderungscoachings, dennoch aber einen umfassenden Blick auf die Lage des Klienten in der Veränderung ermöglicht.

Quellen, Literatur

- Schnack, N.: Leise überzeugen. Mehr Präsenz für Introvertierte. Hannover: Humboldt 2014.
- Von Amlen, F.: Latente Funktionen von Organisationsberatung – Beratungswissenschaftliche Perspektiven. Positionen 1/2014, Beilage der Zeitschrift Supervision.

IV

Im Niemandsland orientieren

Im Niemandsland orientieren

Dieses Kapitel beinhaltet Visualisierungen und Interventionen, die Sie einsetzen können, wenn Ihre Klienten im Prozess bereits weiter fortgeschritten sind. Manche fühlen sich bereits verloren gegangen, bei anderen stagniert der Prozess. Das Aus- und Durchhalten der Zwischenzeit, in der das Neue wachsen und reifen kann, wird hier in vielfältigen Facetten thematisiert und mit unterschiedlichen Zugangsweisen unterstützt.

Die Position auf dem Weg bestimmen – S. 146

Auch dieses Kapitel beginnt mit einem Prozessmodell, dessen Zentrum die Zwischenzeit darstellt. Diese Zwischenzeit stellt die zentrale und weitgehend unerforschte Phase eines Übergangsprozesses dar. Klienten finden ihre eigene Metapher für diese Zeit und bekommen eine erste Vorstellung vom emotionalen und praktischen Nutzen, den diese Phase für sie bereithält.

Die Übergangsbrücke bauen – S. 152

In der besagten Zwischenzeit muss der Mensch gut für sich sorgen, um nicht einzubrechen oder unterzugehen, wenn der Weg etwas länger dauert als gedacht. Diese Selbstfürsorge betrachten und erweitern Sie in der Brückenvisualisierung mit Ihren Klienten. Diesmal visualisieren die Klienten ihre Stützpfeiler auch selbst, das können Sie ihnen nicht abnehmen.

Veränderungsebenen verstehen – S. 158

Mit dem NLP-Modell der Veränderungsebenen wird deutlich, dass Stagnation im Veränderungsprozess meist mit der Arbeit auf der höher angesiedelten Abstraktionsebene wieder in den Fluss gebracht werden kann. Leiten Sie Klienten mit dieser Intervention an, genau das für sich zu entdecken.

Die Zeit abschreiten – S. 164

Wenn der Prozess äußerlich in der Phase der Zwischenzeit stagniert, kann dennoch viel spielerische Weiterarbeit durch Reisen auf der „Timeline" stattfinden. Nutzen Sie mit Ihren Klienten die volle Kraft der Imagination, indem Sie sie an verschiedene Orte und Zeiten führen, um nachzuspüren, wie die Veränderung sich entwickeln kann und welche Gelingensfaktoren zu berücksichtigen sind.

Innere Leitplanken finden – S. 170

Mit der Leitplankenintervention arbeiten Sie mit Ihren Klienten an den sichernden und öffnenden Werten, die die Basis für das Weitergehen im Prozess darstellen. Diese Übung geht tiefer und liefert nachhaltige Ergebnisse, die Klienten noch lange im Prozess tragen können.

In Kontakt mit der Veränderung gehen – S. 176

Das an den Kontaktzyklus der Gestaltpsychologen angelehnte Modell erklärt, dass Veränderung bestimmten Mustern folgt. Mit dieser Visualisierung können Sie besonders die Kontaktgrenze veranschaulichen, an der tatsächlich eine Begegnung mit der Veränderung stattfinden darf und muss, damit die Veränderung gelingen und die Veränderungserfahrung in die Identität integriert werden kann.

Die Position auf dem Weg bestimmen

Input: Übergangsmodell nach Bridges

Beschreibung und Hintergrund

Veränderung wird in Unternehmen meist definiert als der Wechsel von einem Ist- zu einem Soll-Zustand. Viele Klienten tun sich deswegen mit Veränderungsprozessen so schwer, weil sie nicht wissen, wie sie vom Ist zum Soll kommen sollen und sie fühlen sich mit dieser Herausforderung in Change-Management-Prozessen allein gelassen. Ähnliche innere Prozesse finden natürlich auch bei persönlichen Veränderungsvorhaben oder -anforderungen statt. Das Übergangsmodell nach Bridges nimmt die inneren Prozesse in den Blick. Im Gegensatz zu anderen Change-Modellen gibt es hier nur drei Grundphasen, über deren Visualisierung aber viele emotionale Prozesse verdeutlicht werden können.

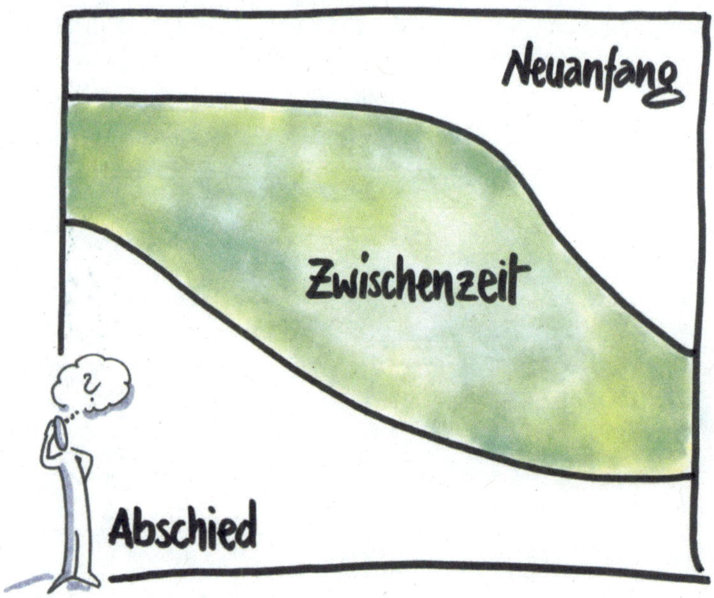

Der Übergangsprozess beginnt nicht mit einem Anfang, sondern mit einem Ende, meist in Form eines Abschieds. Die Person im Übergang muss das Alte loslassen, alte Verhaltensmuster und Identifikationen ablegen und sich verabschieden von einem Stück bewährter Identität. Dann beginnt die Phase der „Zwischenzeit". Diese ist, wenn nur der äußere Blick auf die Veränderung angewendet wird, gar nicht sichtbar, stellt aber tatsächlich im Coaching oft die wichtigste Phase im Übergangsgeschehen dar. Dies ist die Phase des „Nicht mehr" und „Noch nicht", ein seltsam diffuser Schwebezustand. Personen in dieser Phase sind emotional meist sehr verunsichert. Sie fühlen sich so, als würde ihnen alles entgleiten und sehen buchstäblich kein Land mehr. Je nachdem, wie tief greifend und persönlich bedeutsam die Veränderung für den Menschen ist, finden hier erhebliche Umstrukturierungsprozesse auf der Ebene der Identität statt. Akzeptiert die Person im Übergang diese Phase, ohne in vorschnelle vermeintlich einfache Lösungsansätze zu fliehen, hält sie den Prozess also aus, dann beginnt sich langsam das Neue zu formieren.

Die drei Phasen finden nicht getrennt voneinander statt. Eine Phase dominiert zwar meistens, doch eigentlich sind es eher drei Prozesse, die zeitgleich in unterschiedlichen Intensitäten verlaufen.

Vorgehensweise

Zeichnen Sie das Modell auf ein Flipchart, auch im Einzelcoaching. Denn das Modell entfaltet eine stärkere Präsenz, wenn man davorsteht. Das Modell in seiner Form ist nicht so einfach zu zeichnen, üben Sie es ein paar Mal.

Nachdem Sie Ihrem Klienten das Prozessmodell erklärt haben, können Sie ihn bitten, sich darin zu verorten (mit einem Klebepunkt oder als Strichmännchen): „Wo sehen Sie sich aktuell gerade?", „Was vermuten Sie, wo stehen Ihre Kollegen?", „In welcher Phase ist der Veränderungsprozess in Ihrer Firma angelangt oder sollte er von offizieller Seite angelangt sein?"

Die meisten Klienten befinden sich in der Zwischenzeit. Daher können Sie mit Ihrem Coachee Merkmale und Überlebensstrategien dieser besonderen Zeit herausarbeiten und ihn ermutigen, sich wirklich Zeit zu nehmen für diese intensive Phase, da eine nicht durchlebte Zwischenzeit zur Folge hat, dass ihn der Übergang in Kürze wieder einholt.

Finden Sie mit Ihrem Klienten eine eigene Metapher für seinen Veränderungsprozess. „Fühlt sich Ihr aktueller Veränderungsprozess für Sie beispielsweise an wie:

- ein reißender Fluss, den Sie durchqueren müssen,
- eine Seefahrt,
- eine Wüstendurchquerung oder Bergüberquerung,
- der lange Winter, in dem oberflächlich nichts, unter der Erde aber sehr viel passiert,
- die Prüfungsphase des Helden im Märchen
- oder etwas ganz anderes?“

Bleiben Sie dann in der Metapher des Klienten und finden Sie „Trittsteine“, „Inseln“, „Oasen“, „Wegmarken“ oder „Wachstumshinweise“ für die nächsten Schritte. Zeichnen Sie diese in das Modell ein oder lassen Sie den Klienten ein Bild mit seiner konkreten Metapher und seinen ersten Schritten als Hausaufgabe zeichnen.

Anwendungsbereiche

- Dieses Modell ist ein Universal-Tool, das den gesamten Prozess des Veränderungscoachings begleiten kann, es kann direkt im Erstgespräch zur Erläuterung von Veränderungsprozessen eingesetzt werden. Zu vertieftem Verständnis führt es jedoch nur in der Phase der Zwischenzeit.
- Für Klienten im Einzelcoaching, in der Teamsupervision und in Change-Trainings, immer um Überblick zu gewinnen und sich des aktuellen Standorts im Prozess bewusst zu werden. Das Modell hat eine stark entlastende Funktion, weil emotionale Zustände relativiert werden, da sie schlichtweg jeder Mensch in Übergangsprozessen hat.

Anwendungsbeispiel

Reinhard K. (63) befindet sich an der Schwelle zum Ruhestand. Er ist Abteilungsleiter in einem mittelständischen Unternehmen der Medizintechnik, seine Arbeit ist und war sein Leben. Er ist einer der wenigen Klienten, die „prophylaktisch“ ins Coaching kommen, weil er sich Sorgen macht und in einem halben Jahr, in dem er aus betriebsbedingten Gründen in den Vorruhestand gehen wird, nicht in ein Loch fallen möchte.

Nach der Erläuterung des Modells positioniert er sich mitten in der Zwischenzeit. Das überrascht ihn, da ja eigentlich erst mal der Abschied kommen müsste. Ihm wird seine eigene Ungeduld bewusst, die Phase der Zwischenzeit möglichst schnell abzukürzen, um den Blick nach vorne zu lenken, damit er wieder eine „Aufgabe“ hat und sein innerlich

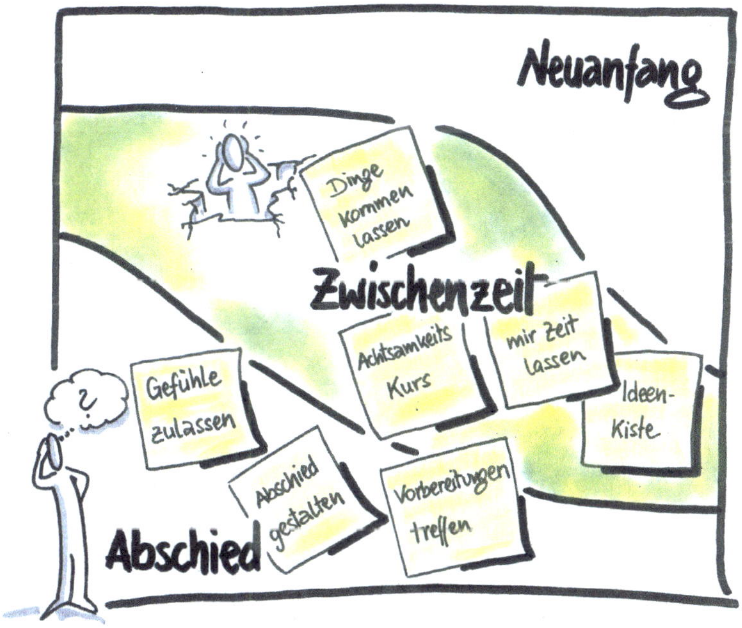

so gehasstes oder gefürchtetes „Loch“ erst gar nicht entstehen kann. Der Coach und er sprechen darüber, dass das „Loch“ die Zwischenzeit ist und dass diese ganz wesentlich zum Übergang dazugehört und hier wertvolle Entdeckungen zu machen sind. Er sieht auch am Modell, dass Abkürzungen leider nicht helfen, weil er sonst einige Monate später wieder vor dem nicht bewältigten Übergang steht („zurück auf Los“ geschickt wird), beispielsweise wenn das erste Projekt, welches das Loch „gestopft“ hätte, abgeschlossen wäre.

Abschied		Zwischenzeit	
emotional	*praktisch*	*emotional*	*praktisch*
Gefühle überhaupt erst zulassen (Trauer, Abschied von netten Kollegen, von seinem „Lebenswerk“). „Und wenn ich wirklich weinen muss, wäre das auch nicht das Schlimmste, was mir im Leben passiert ist …“	Sich Gedanken machen, wie er seinen Abschied gestalten möchte, eigene Vorbereitungen treffen, Wünsche an seine Abteilung kommunizieren, damit nicht so etwas Komisches entsteht.	Sich Zeit zugestehen, hier auch eine Weile bleiben zu dürfen. Einmal nichts aktiv tun zu müssen, sondern auch mal die Dinge kommen lassen („sehr ungewohnt“).	Mit seiner Frau einen Achtsamkeitskurs machen („Da will sie schon lange hin, ich dachte immer, ich brauche das nicht“). Eine Ideenkiste anlegen, wo er reizvolle Projektideen, Kurse und Inspirierendes für ein Leben nach der Arbeit erst einmal sammelt.

Reinhards Metapher ist ein Weg, in der Zwischenzeit ist es gerade sehr neblig. Auf Nachfrage, was es für ihn bräuchte, um erste „Wegmarken" für seinen Weg in den Ruhestand zu setzen, damit ihm der Nebel nichts anhaben kann, kommen viele Ideen und die beiden legen die obige Tabelle an. Der Coach fügt eine emotionale Spalte hinzu, da der ganze Mensch durch den Übergang geht und nicht nur der Kopf, das sieht Herr K. dann auch lächelnd ein.

Er fasst für sich seine Ergebnisse aus dem Gespräch zusammen:

- „Danke, dass Sie mich vom Abkürzen abhalten, schließlich passt es zu mir, die Dinge gründlich zu machen, dann weiß ich, dass die Ergebnisse stimmen.
- Ich habe etwas Neues zu tun, nämlich meinen Abschied zu organisieren, damit es für mich passt und in guter Erinnerung bleibt. Bisher hatte ich ihn gut verdrängt.
- Ich bin neugierig, was da alles so auftauchen wird, wenn ich offen in die Zwischenzeit gehe. Es fühlt sich jetzt gelassener und nicht mehr innerlich so gehetzt an. Die Nebel wirken freundlicher, wärmer."

Weiterführende Ideen und Variationen

- Sie können das Modell laminieren und mit Folienstift schnelle Notizen darauf machen, so müssen Sie es nicht jedes Mal neu zeichnen. Stattdessen kopieren Sie es dann für den Klienten, bevor Sie es wieder reinigen.
- Etwas aufwendiger, aber durchaus lohnenswert ist es, das Modell mit Seilen auf dem Boden zu legen und Ihren Klienten zu bitten, den Prozess bewusst zu durchschreiten, sich zum Abschied noch einmal umzudrehen und den Schritt ins Neue zu wagen, wobei Sie mit den dabei wahrgenommenen somatischen Markern weiterarbeiten.
- Auch können Sie Klienten, die sich mit dem Neuen sehr schwer tun, in das Neue stellen und sich von dort Rat aus der Zukunft erteilen lassen. „Wie haben Sie das rückblickend geschafft, hier hinzukommen?", „Gibt es einzelne Schritte, die Sie identifizieren können?" Diese „Trittsteine" können mit Moderationskarten in das Prozessmodell auf dem Boden gelegt oder am Flipchart angeklebt werden. Auf diese Weise kann das Modell auch als Umsetzungsmodell eingesetzt werden.

Quellen, Literatur

- Bridges, W.: Managing Transitions. Making The Most Of Change. Boston: Da Capo Life Long Books 2009.
- Nohl, M.: Entwicklung von Übergangskompetenz in der Laufbahnberatung. Berlin: Dr. Köster 2009.

Die Übergangsbrücke bauen

Input: Säulen der Identität

Beschreibung und Hintergrund

Diese Methode ist eine Abwandlung der „Säulen der Identität" des Gestaltpsychologen Hilarion Petzold, die eher einem allgemeinen Überblick über das Leben dienen. In der hier vorgestellten Variante geht es darum, in der Phase der Zwischenzeit Überblick über die Säulen oder Pfeiler zu erhalten, die gewährleisten, dass ein Mensch im Übergang gesund und wohlbehalten durch den Prozess kommt.

Die Phase des „Nicht mehr" und „Noch nicht" ist durch ganz eigene Merkmale geprägt. Alles ist in Bewegung, nichts funktioniert mehr nach den alten Mustern. Neue Regeln und Verhaltensweisen sind noch unklar oder noch nicht etabliert. Menschen in Übergangsprozessen oder in deren Umfeld werden immer ungehaltener, weil der Prozess viel länger dauert, als sie dachten. Dabei ist es diese Phase, mit der das Gelingen oder Misslingen eines Veränderungsprozesses steht und fällt. Wenn es ein Bewusstsein dafür gibt, dass alles Neue eine Phase der Reifung benötigt und alle wirklich guten Ideen eine Inkubationszeit, bevor sie in Erscheinung treten, dann könnte diese Phase endlich so genutzt werden, wie es die Natur uns schon lange aufzeigt. Es muss Zeiten des Rückzugs, des vermeintlichen Stillstands geben, bevor die Zeit für etwas Neues reif wird. Diese Phase kann sich auch als eine Zeit der Kreativität erweisen, zu der das kreative Chaos und das Ausprobieren von Neuem gehört.

In dieser Phase ist es extrem wichtig, dass Ihre Klienten gut für sich sorgen, damit sie stabil und kräftig genug sind, die anstrengenden Aufgaben im Übergangsprozess auch bearbeiten zu können. Wenn das nicht der Fall ist, greifen sie in dieser Zeit oft zu unangemessenen oder für die Situation untauglichen Coping-Strategien wie Verdrängung, Ablenkung durch Essen, Alkohol, depressives Dauerfernsehen, Medikamente usw. zurück.

Vorgehensweise

In dieser Übung zeichnen ausnahmsweise nicht Sie, außer es gibt massiven Widerstand vonseiten des Klienten. Stellen Sie Ihrem Klienten ein größeres Blatt Papier (mindestens in DIN A3) zur Verfügung. Wachsmalstifte oder gröbere Marker in mehreren Farben sind als Zeichenwerkzeuge gut geeignet. Bitten Sie ihn, in beliebigen Farben und Formen sechs Pfeiler oder Träger, die seine Übergangsbrücke oder sein Bauwerk über das unruhige Wasser tragen, zu zeichnen und die Zwischenzeit zu symbolisieren. Durch die Dicke und Gestaltung der Pfeiler soll der Klient grafisch zum Ausdruck bringen, wie die folgenden Bereiche aktuell bei ihm aufgestellt sind:

1. Ernährung
2. Schlaf
3. Bewegung
4. Beziehungen
5. Kraftquellen (z.B. soziales Engagement, Spiritualiät, gelebte Leidenschaften)
6. Materielle und sonstige Sicherheiten

Abschließend sollten die Pfeiler zu einer Art Brücke verbunden werden.

Werten Sie dann gemeinsam aus:

- „Wenn Sie sich Ihre Brücke, die Sie über die aktuell für Sie schwierige Zeit trägt, so anschauen, was fällt Ihnen auf?"
- „Wie sehen die Pfeiler aus" (Größe/Dicke/Farbe/Struktur)?
- „Können die Pfeiler gemeinsam das Bauwerk halten, auch wenn stürmische Zeiten oder Hochwasser kommen und die Brücke unter Druck gerät?"
- „Was können Sie tun, um an einigen Stellen die Stabilität zu erhöhen?"

Anwendungsbereiche

- Klienten, die gerne möglichst schnell durch die Zwischenzeit hetzen möchten
- Burnoutgefährdete Klienten, die den Blick für sich selbst verloren haben
- Leistungsträger, die die Zähne zusammenbeißen und sich immer nur noch mehr fordern
- Coachees, die ihre Erschöpfung äußern, aber nicht genau wissen, was sie dagegen tun können.

Anwendungsbeispiel

Petra M. (38) befindet sich im Trennungjahr von ihrem Mann. Es ist völlig unklar, wo die Kinder ihren Lebensmittelpunkt haben werden, diese offene Frage zermürbt sie. Darüber hinaus ist sie als Lehrerin an einer Werkrealschule von den ständigen Kämpfen um Disziplin in ihren Klassen sehr erschöpft. Sie weiß einfach nicht, wie es weitergehen soll, für was sie sich aktuell einsetzen soll. Sie zeichnet ihr Säulen-Bild.

Ernährung (eine stabile Säule, an der sie eine ganze Weile arbeitet, das Thema ist ihr wichtig)	Sie achtet auf gesunde Ernährung für sich und ihre Kinder und hat da gute Rituale für sich installiert, darauf ist sie stolz.
Schlaf (eine dünne schwarze Säule, die sehr wackelig aussieht)	Sie schläft sehr unruhig, kann oft nicht einschlafen.
Bewegung (eine hohle Säule in einer kräftigen Farbe)	Sie macht wenig Sport, kann sich oft vor lauter Erschöpfung nicht aufrappeln, macht generell aber gerne Sport.
Beziehungen (eine Säule aus Schlangenlinien)	Sie befürchtet, ihren Freunden mit ihrer Jammerei auf die Nerven zu gehen. Sie ist sich unsicher, weil sich ihr gemeinsamer Freundeskreis gerade wegen der Trennung aufspaltet.
Kraftquellen, z.B. soziales Engagement, Spiritualiät, gelebte Leidenschaften (eine Säule, die sehr dünn, aber wunderschön gestaltet ist)	Sie singt und malt sehr gerne, hat das aber seit fast einem Jahr nicht mehr gemacht.
Materielle und sonstige **Sicherheiten** (eine stabile Säule, die gut ausgefüllt ist)	Sie lebt weiterhin im gemeinsamen Haus, das sie auch halten kann, das beruhigt sie. Auch ansonsten gibt es Rücklagen.

Die Frage nach Möglichkeiten, ihre aktuelle Stabilität im Übergang zu verbessern, ergibt:

- Guter Schlaf ist ihr Hauptziel. Sie nimmt sich vor, die letzten zwei Stunden abends nur noch angenehme Sachen zu machen, mit den Kindern oder alleine. Das könnte ihre Wohlfühlzeit werden. Sie möchte Entspannungsmusik zum Einschlafen ausprobieren, sie hat als Kind gerne Geschichten zum Einschlafen gehört, vielleicht lässt sich das reaktivieren.
- Sie wird sich mit einer Freundin, die abnehmen möchte, wieder zum Joggen verabreden. Damit hat sie auch das Gefühl, ihr nicht zur Last zu fallen, sondern auch etwas für sie zu tun.
- Sie erstellt eine Liste von Freundinnen, die ihr guttun und trifft sich mit einzelnen von ihnen einmal in der Woche und einmal am Wochenende und versucht, nicht nur über ihre Probleme zu reden, sondern gemeinsam schöne Dinge zu tun.

Sie beobachtet insgesamt, dass sie mit diesen Vorhaben mehrere Säulen gleichzeitig stärken kann und damit gleichzeitig ihre Nerven und ihr Standing im Beruf verbessern könnte.

Weiterführende Ideen und Variationen

- Bei Menschen, die gar nicht gerne zeichnen, können Sie auch erfragen, wie die Säule aussehen soll und diese für sie malen. Meist entsteht der Lerngewinn dann eher im Gespräch.
- Die Methode ist auch für erschöpfte Gruppen und Teams geeignet. Damit fühlen sich die Einzelpersonen sehr gut gesehen. Nach einer ersten Ideensammlung, was jeder für sich und sein Wohlbefinden selbst tun kann, wird in Kleingruppen ausgewertet, welche Aspekte in der Teamkultur und in den Arbeitsbedingungen geändert werden könnten, damit die Brücken wieder besser tragen.

Hinweise

Rechnen Sie damit, dass diese Übung auf Widerstände stößt. Alles andere ist wichtiger, als sich in dieser Phase mit der eigenen Gesundheit und dem Wohlbefinden zu befassen. Nach einiger Zeit stellt sich aber auch Erleichterung ein, wenn deutlich wird, dass hier der Weg aus dem Hamsterrad der Veränderung liegt. Wenn es gelingt, wieder mehr auf sich und die eigenen psychischen, sozialen und physischen Bedürfnisse zu achten, kann die Veränderung überhaupt erfolgreich sein. Denn der Neustart benötigt Kraft und Energiereserven, die in der Phase der

Zwischenzeit aufgebaut werden müssen. Niemand kann mit hängender Zunge einen kraftvollen Neustart hinlegen.

Quellen, Literatur

- Nohl, M.: Berufliche Übergänge gut bewältigen und kompetent gestalten. Arbeitshefte für (Selbst-)Coaching und Laufbahngestaltung. Norderstedt: BoD 2011.
- Petzold, H.: Methoden des therapeutischen Umgangs mit Symbolen und Symbolisierungsprozessen. [Vortrag auf dem 7. Deutschen Symposium für Kunsttherapie, 27.–30. November 1988], Hückeswagen: Fritz Perls Akademie 1988.

Veränderungsebenen verstehen

Input: Logische Ebenen

Beschreibung und Hintergrund

Robert Dilts, einer der Vorreiter auf dem Gebiet des Neurolinguistischen Programmierens (NLP) hat viele Methoden des NLP auch für das Coaching aufbereitet. Das Modell der Logischen Ebenen ist eines seiner bekanntesten und meist genutzten Modelle, das eine Weiterentwicklung eines Lern- und Veränderungsmodells von Gregory Bateson darstellt, der sich wiederum auf ein Modell des englischen Philosophen und Mathematiker Bertrand Russell bezieht.

Hier soll es als bewährter Klassiker kurz vorgestellt und in seiner Anwendung verständlich gemacht werden. Veränderung vollzieht sich nach Dilts auf verschiedenen Ebenen, die sich untereinander beeinflussen.

Die Logischen Ebenen sind hierarchisch organisiert, sodass die Veränderungen auf den oberen Ebenen auch die tiefer liegenden Ebenen schnell und nachhaltig verändern. Die Veränderung auf den unteren Ebenen hat eher eine Auswirkung auf die oberen Ebenen. Je höher die Ebene angesiedelt ist, desto komplexer und zeitaufwendiger kann allerdings die Veränderungsarbeit werden.

Um im Coaching eine effektive und nachhaltige Veränderung zu erreichen, wird gemeinsam herausgearbeitet, auf welcher Ebene das Problem, der Veränderungswiderstand oder Stagnationsaspekte liegen und auf welcher Ebene Klienten den Prozess wieder in den Fluss bringen oder direkt Lösungen finden könnten. Wenn es also um eine Verhaltensänderung geht, liegt der Schlüssel der Veränderung dazu voraussichtlich auf der Ebene der Denkstrukturen bzw. Fähigkeiten. Das Modell dient also gleichzeitig als Diagnose- und als Interventionsmodell. Sie gewinnen gemeinsam im Prozess den Überblick, wo es bei der Veränderung hakt und wo genau die effektivsten Ansatzpunkte für das Veränderungsvorhaben liegen. Dilts sieht seine Aufgabe im Coaching auch darin, Klienten mit der sechsten Ebene, mit ihrer persönlichen Vision zu verbinden. Finden Sie selbst für sich in der konkreten Arbeit mit dem Denkrahmen heraus, ob Sie so tief einsteigen möchten.

Vorgehensweise

Zeichnen Sie die Blanko-Pyramide. Entscheiden Sie je nach Anliegen und Klient, ob Sie die sechste Ebene „Sinn" mit dazuzeichnen.

Definieren Sie das aktuelle Veränderungsproblem Ihres Klienten. Gehen Sie nun ganz konkret für dieses Problem Schritt für Schritt von unten nach oben durch die Pyramide. Schreiben Sie den Begriff der Ebene dazu, stellen Sie die Fragen der Ebene und schreiben Sie die Ergebnisse stichwortartig daneben.

Wenn Ihrem Klienten zu seiner Problematik alles klar wäre, fände er auf allen Ebenen widerspruchsfreie Antworten. Bei Widersprüchen in den Antworten oder wenn sich Konflikte beispielsweise zwischen verschiedenen Werten zeigen, steigen Sie detaillierter ein, um die Konflikte auf der Ebene bewusst zu machen und suchen gezielt nach Lösungsmöglichkeiten auf der Ebene darüber. Die folgende Tabelle unterstützt Sie dabei:

Umgebung/Umwelt	*Konkrete Umfeldbedingungen* Wo? Wann? Wer? Mit wem?
Verhalten	*Beobachtbares Verhalten, konkretes Handeln, alle Aktionen und Reaktionen* Was? Was tun Sie? Was (genau)? Was könnte jemand von außen beobachten?
Fähigkeiten, Strategien	*Inneres Verhalten, das ein von außen beobachtbares Verhalten ermöglicht* Wie? Wie führen Sie die Tätigkeiten aus? Welche inneren Prozesse, Strategien und Programme laufen ab?
Werte, Glaubenssätze	*Werte: Ideale, Ziele, Motivatoren, Überzeugungen* Wofür? Was ist wichtig? Was haben Sie davon? Wofür tun Sie das? Was bringt es Ihnen? Oder: Was würde Ihnen fehlen, wenn Sie es nicht täten? Warum ist das wichtig? Warum in dieser Reihenfolge?
Selbstbild/Identität	*Die Ich-Identität, die sich Menschen selbst schaffen, evtl. auch die eigene Mission, in der sie unterwegs sind* Wer sind Sie? Was macht Sie aus? Was würden Sie von jemandem denken, der das macht?
Sinn/Spiritualität/Vision	*Bedeutung für das Ganze, Teil von etwas Größerem sein* Wozu? Warum macht das Sinn? Wozu sind Sie hier? Welche Bedeutung hat Ihr Tun für andere? Welche Auswirkungen hat Ihr Leben auf die Welt?

Anwendungsbereiche

- Veränderungsprozesse aller Art

Anwendungsbeispiel

Verena L. (47) ist unterfordert auf ihrer Stelle als Leiterin einer Kindertagesstätte. Sie sucht für sich nach neuen Optionen, sei es beruflich oder privat, um sich mehr ausleben und persönlich fordern zu können.

Ihre Problemforumulierung: „Ich will mich mehr beruflich oder privat fordern und meine Stärken mehr der Welt zur Verfügung stellen, weiß aber nicht wie und womit."

Umgebung/Umwelt	*Konkrete Umfeldbedingungen* Mein Arbeitsumfeld ..., die Kinder ..., die Kolleginnen ..., die Eltern ...
Verhalten	*Beobachtbares Verhalten, konkretes Handeln, alle Aktionen und Reaktionen* Ich arbeite, treffe viele Absprachen, führe Elterngespräche, bin oft genervt, möglicherweise wirke ich auch gelangweilt, weil ich das hier schon 15 Jahre lang mache.

Fähigkeiten, Strategien	*Inneres Verhalten, das ein von außen beobachtbares Verhalten ermöglicht* Ich fahre auf Autopilot, denke, alles schon zu können, alle Situationen schon erlebt zu haben. Da macht die Arbeit keinen Spaß mehr. Ich bin auch ungeduldig mit jungen Kolleginnen, die das alles noch nicht so kennen und sich teilweise an völlig falschen Stellen „verbeißen".
Werte, Glaubenssätze	*Werte: Ideale, Ziele, Motivatoren, Überzeugungen* Grundsätzlich halte ich meine Arbeit für sinnvoll. Aber ich kann hier nichts mehr erreichen. Es würde mich vielleicht motivieren, mein Wissen in größerem Umfang weiterzugeben, Konzepte für richtig gute Kitas zu entwickeln.
Selbstbild/Identität	*Die Ich-Identität, die sich Menschen selbst schaffen, evtl. auch die eigene Mission, in der sie unterwegs sind* Ich bin schon eine Leistungsträgerin. Ich brauche Entwicklung und muss sehen, dass ich etwas bewirke. Meine Mission könnte sein, konzeptionell in größerem Rahmen, vielleicht auch politisch, etwas zu erreichen.
Sinn/Spiritualität/Vision	*Bedeutung für das Ganze, Teil von etwas Größerem sein* Richtig gute Bedingungen für Kinder und Erzieherinnen liegen mir tatsächlich am Herzen. Das macht die Welt lokal ein Stückchen besser, richtungsweisende Entscheidungen werden aber anderswo getroffen.

Nachdem Coach und Klientin die Ebenen einzeln durchgearbeitet haben, hat sich Frau Ls Körpersprache deutlich verändert. Sie strahlt und rutscht aufgeregt auf ihrem Stuhl herum. Sie diagnostiziert selbst, dass ihr das Problem auf der Ebene der Fähigkeiten und Strategien klar wurde, dass ihr die tägliche Arbeit keinen Spaß mehr macht, weil sie hier auf Autopilot fährt. Die Erkenntnis lag für sie in der Ebene darüber, auf der sie plötzlich angefangen hat, größer zu denken. Hier kam ihr die Idee, sie könne konzeptioneller arbeiten und ihre Konzepte auch weitergeben. Bisher hatte sie keinerlei Kontakte mit Verbänden oder Ausbildungsstätten für Erzieherinnen.

Gefragt nach den Auswirkungen der Erkenntnis auf ihre aktuelle Alltagssituation und damit auf die Problemebene, antwortet sie: „Ich habe die Idee, dass ich hier neuen Spaß und Schwung entwickeln könnte. Schließlich will ich das Konzept meiner Kita als Musterkonzept verbreiten, da sind sicher noch Baustellen offen, die auch tägliche Herausforderungen bieten. Außerdem muss ich ja sozusagen jetzt immer auf der Metaebene schauen, was steht dahinter, was tun wir, damit alles so gut klappt, wie es klappt. Ich glaube, das wird mich für eine Weile genug beschäftigen, sodass sich der Gedanke an eine Kündigung und vor allem die innere Kündigung erst mal erledigt hat."

Als Aufgabe erhält sie, sich konkret fünf Schritte zu überlegen, wie Sie die Fülle an Erkenntnissen in den kommenden Wochen umsetzen möchte.

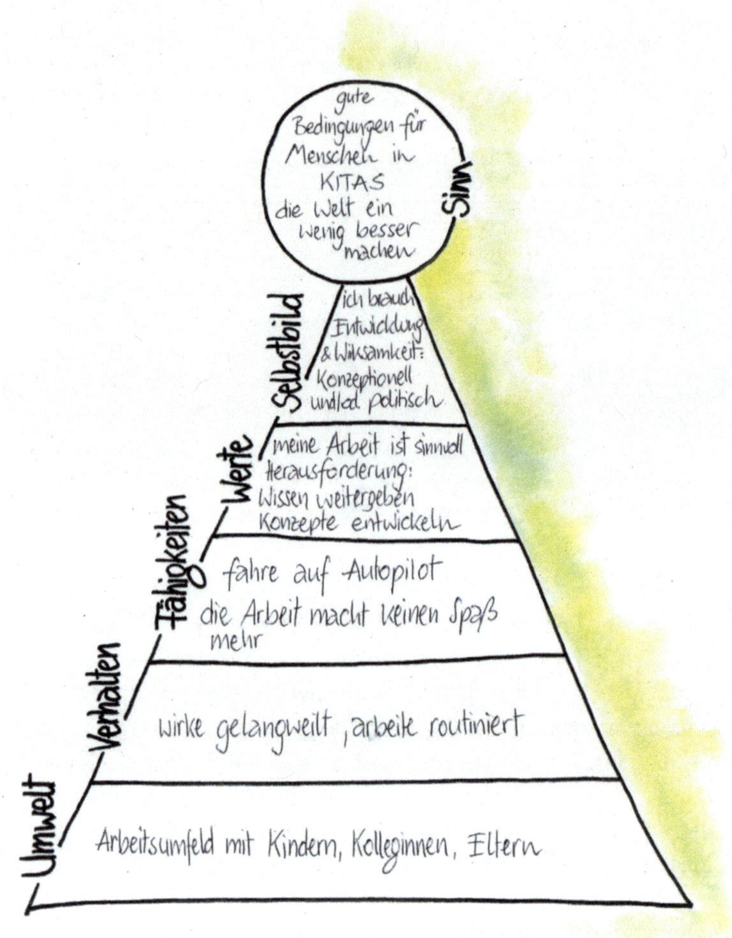

Weiterführende Ideen und Variationen

- Legen Sie die Pyramide von unten nach oben mit Moderationskarten vor Ihren Coachee und bitten Sie ihn, die Ebenen abzuschreiten, während Sie die Fragen stellen. Stellen Sie sich stützend daneben, aber treten Sie nicht in den fiktiven Raum der Pyramide des Klienten.
- Führen Sie am Anfang mit Ihrem Klienten doch ein kleines Experiment direkt nach der Problemdefinition durch: Bitten Sie ihn, den folgenden Satz zu sprechen, wenn er an sein Problem denkt: „Ich kann das jetzt hier nicht machen!" Achten Sie auf die Betonung und überprüfen Sie später, ob das Problem tatsächlich auf der betonten Ebene lag.

Ich	kann	das/jetzt/hier	nicht (können)	machen
V	III	I	IV	II
Identität	Fähigkeit	Kontext	Glaubenssatz	Verhalten

Hinweise

Das Modell ist kognitiv fordernd und sollte nur eingesetzt werden, wenn Klienten dafür wach genug sind und beispielsweise nicht erschöpft nach der Arbeit ins Coaching kommen.

Quellen, Literatur

- Lipkowski, S.: Das Werk von Robert Dilts. Türöffner für Trainer und Coachs. In: Training aktuell, 2/2015, S. 12–14.
- http://nlpportal.org/nlpedia/wiki/Logische_Ebenen, abgerufen am 3.11.2015.

Die Zeit abschreiten

Input: Timeline

Beschreibung und Hintergrund

Veränderungsprozesse haben immer eine zeitliche Dimension, deren Dynamik aus Vergangenheit und Zukunft deutlich mehr genutzt werden kann, als Klienten das meist bewusst ist. Durch die Visualisierung einer Timeline wird das digitale lineare Denken aufgegriffen, durch das Springen auf der Timeline und die Arbeit mit zusätzlichen analogen Medien lassen sich aber auch weitere Gehirnregionen aktivieren, die Ideen und Lösungsimpulse generieren. Die Methode wurde in Deutschland im therapeutischen Kontext vor allem durch Peter Nemetschek bekannt.

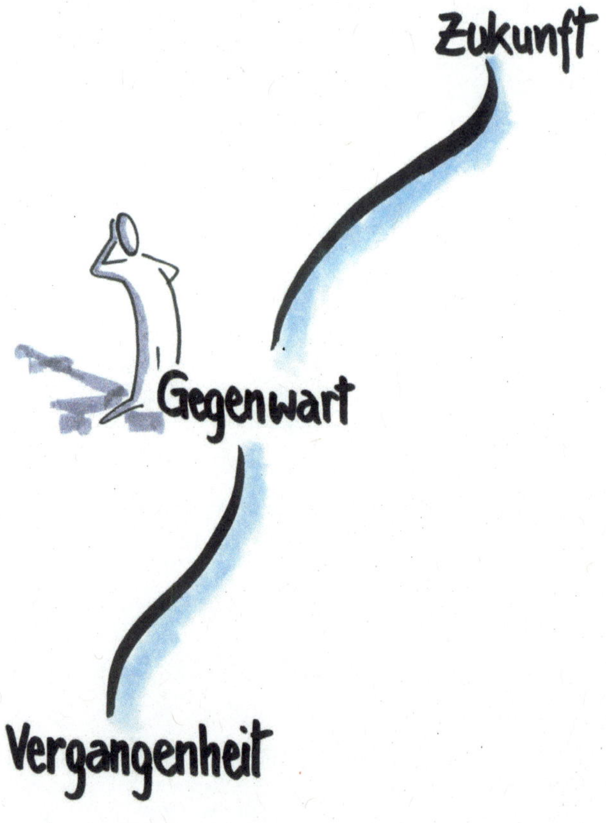

Das dynamische Arbeiten mit der Timeline bringt Klienten in Bewegung. In Bewegung wird es leichter, erstarrte innere Prozesse und ewig gleiche Wiederholungsmuster aufzubrechen und zum Fließen zu bringen.

Vorgehensweise

Legen Sie als Angebot ein Seil (ca. 2,5 bis 4 Meter) am Beratungsort aus. Sie können dem Coachee auch verschiedenfarbige Seile mit der folgenden Frage anbieten: „Welches ist Ihres?"

Sie definieren, wo die Vergangenheit, wo die Zukunft liegt. Richtung Fenster ist für die Zukunft besser geeignet. Die Ausgangsposition, an der Sie und Ihr Klient stehen, ist die Vergangenheit. Eventuell liegt auch links im Raum (von der Tür aus gesehen) die Vergangenheit und rechts die Zukunft. Dann definieren Sie mit Karten bereits gegangene wichtige Meilensteine im Veränderungsprozess. Lassen Sie auf dem Zeitstrahl beispielsweise mit einer Bildkarte oder einem Symbol definieren, wo sich Ihr Klient hier und heute befindet.

Bitten Sie den Klienten, sich auf den gegenwärtigen Punkt im Zeitstrahl zu stellen und zurückzuschauen. „Wie geht es Ihnen mit Ihrem bisher zurückgelegten Weg?" Verstärken Sie hier die Würdigung des Erreichten und Wertschätzung der eigenen Veränderungsleistung, wenn sie nur sehr zaghaft kommt.

Dann kann Ihr Klient sich in einem zweiten Schritt umdrehen und seine Frage formulieren. „Welche aktuelle Fragestellung haben Sie jetzt nach all dem Erreichten für die nächsten Schritte in Ihrem Veränderungsprozess?" Schreiben Sie die Frage mit, damit Sie sich darauf später beziehen können.

Bieten Sie dann an, dass Ihr Klient sich auf dem Zeitstrahl bewegen kann, um die Frage auszuloten, um zu schauen und zu spüren, was da im Weitergehen an Lösungsimpulsen kommt. Wenn er nur sehr kleinschrittig vorangeht und sich nicht viel zeigt, dann bitten Sie ihn, die Situation einmal vom Ende her zu betrachten. „Wo auf dem Zeitstrahl wäre Ihre Frage – gefühlt – gelöst? Wählen Sie auch hierzu ein Symbol oder eine Bildkarte, mit der Sie die Position kennzeichnen. Stellen Sie sich einmal darauf und blicken Sie zurück. Was ist jetzt anders? Wie sind Sie dahin gekommen?"

Wesentliche Ideen oder Schritte schreiben Sie auf Karten und lassen den Klienten diese auf oder in der Nähe des Zeitstrahls positionieren. Laden Sie dann ein, dass sich Ihr Klient frei auf der Timeline bewegen, verschiedene Standorte miteinander vergleichen kann, die Richtung wechselt. Weisen Sie auch darauf hin, die Gefühle beim Gehen von oder zu einer Position zu achten.

Im letzten Schritt, der sogenannten Dissoziation, bitten Sie den Klienten, zu Ihnen neben den Zeitstrahl zu kommen. Regen Sie aus der Metasicht noch einmal zur Reflexion an: „Beschreiben Sie bitte, wie es der Person geht – in der Ausgangsposition, bei der Bewegung in die Vergangenheit, bei der Bewegung in die Zukunft.“, „Was oder wer würde einem Menschen an diesem Punkt helfen?“

Fragen Sie abschließend, ob der Klient sich noch einmal auf der Linie bewegen möchte, eine der Erfahrungen möglicherweise genauer nachvollziehen möchte.

Nehmen Sie gemeinsam Platz und legen Sie die beiden Bilder oder Symbole zur abschließenden Betrachtung zwischen sich. Fragen Sie dann zusammenfassend: „Wenn Sie nun noch einmal auf die gesamte Erfahrung bei dieser Übung blicken, was ist Ihnen dabei klar geworden?“, „Was beschäftigt Sie noch?“

Anwendungsbereiche

- Wenn Sie das Gefühl haben, Ihr Klient bräuchte eine Zäsur, um den Gesamtprozess nicht aus den Augen zu verlieren
- Bei Coachees, die viel gearbeitet und erreicht haben, denen das aber nicht so bewusst ist oder weil der Veränderungsprozess deutlich länger wird als gedacht
- Bei Klienten, die plötzlich verwirrt sind auf dem Weg und keine Idee mehr für die nächsten Schritte haben

Anwendungsbeispiel

Frederik W. (33) hat einen Burnout nach zehn Jahren aufreibender Tätigkeit als Unternehmensberater. Er kommt ins Coaching, um für sich Klärung zu finden, wie es danach weitergehen könnte, schließlich denkt er vorausschauend. Erst einmal aber stehen mindestens sechs Wochen Klinikaufenthalt an.

Die Gegenwart kennzeichnet er fast am Anfang des Seils. Als Meilensteine nennt er: „Krankheit erkannt", „Krankschreibung", „Gespräche mit Kollegen und Chefin", „Klinikzeit organisiert", „neue Gewohnheiten installiert". Man merkt, dass er gewohnt ist, ergebnisorientiert und zielstrebig zu arbeiten. Die Karten drängen sich am unteren Ende des Seils. Er blickt zurück und ist erstaunt, dass er schon so viel geschafft hat. Auf Nachfrage des Coachs will er die Gegenwart doch ein Stück weiter in die Zukunft verlegen. Aktuell fühlt er sich getrieben, als hätte er noch ganz viel zu erledigen, nimmt sich als sehr erschöpft wahr. Er wählt das Bild einer schimmligen Paprika.

Als ersten bereits gesetzten Schritt legt er den „Klinikaufenthalt", der in zwei Wochen beginnen wird und stellt sich lange darauf. Er äußert viele Erwartungen und Befürchtungen, hat keine Lust auf „Gruppengedöns und schräge Typen". Dann schreibt er eine Karte für die Zeit „nach der Klinik", fühlt sich dort befreit, aber in der neuen Freiheit sehr unsicher und haltlos. Für ihn sei ja auch noch völlig offen, wie es danach weitergehen könne. Er müsse sich stark zurückhalten, um nicht aus der Klinik schon Bewerbungen zu schreiben.

Der Coach gibt die Anregung, eine Karte mit „Orientierungsauszeit" für die Zeit nach der Klinik zu beschriften, auf die er sich probehalber stellen könne. Die Idee fühlt sich für ihn gut an. Er nennt von selbst Ressourcen, die er für diese Auszeit mobilisieren könnte. Mit einem Mal weiß er auch schon, dass er sie auf einer Alm in Teilzeit jobbend verbringen würde.

Dann möchte er noch einen Schritt weitergehen und schreibt „neuer Job", stellt sich auf diese Karte und blickt von dort zurück auf den Weg. Plötzlich spürt er eine starke Verbindung zwischen der Auszeit und dem neuen Job, als müsse er erst in die Auszeit auf die Alm, weil sich erst dort dann die weiteren Dinge ergeben würden. Auch das Bild des neuen Jobs ist ein Bergbild.

Der Coach bittet ihn, noch mal zurückzugehen auf seine Position heute und den Klinikaufenthalt, ob sich dort etwas verändert hätte. Er sei jetzt ruhiger, hätte nicht mehr so ein Affenkarussell im Kopf. Er wisse nun, warum er den Klinikaufenthalt mache, vorher sei das so eine Kopfsache gewesen. Jetzt habe er selbst das Ziel mit möglichst wenig Ballast in seine Auszeit zu starten, der Burnout-Klinikaufenthalt sei quasi zum Loslassen und Aufräumen des Alten. Seine Widerstände gegen die therapeutischen Gruppen sinken, weil sie jetzt mehr Sinn machen.

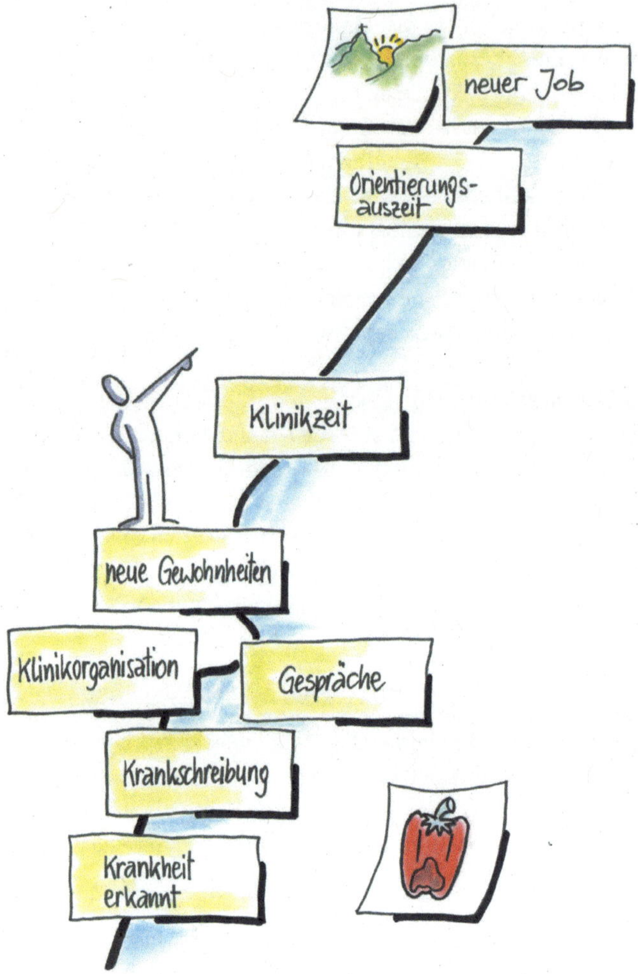

In der Abschlussreflexion äußert er: „Mir ist jetzt erst klar geworden, wie marode mein Leben tatsächlich ist. Der Kontrast von heute zu einer geheilten Zukunft ist unglaublich viel größer, als ich dachte. Aber das macht auch Hoffung (er kämpft mit den Tränen), dass es wirklich ein gutes Danach für mich geben kann und dass es vermutlich ganz anders ist, als ich mir das jetzt schon vorstellen kann. Insofern macht es wirklich keinen Sinn, mir jetzt schon Gedanken zu machen. Das habe ich vermutet, aber noch nicht wirklich geglaubt. Ich werde wohl echt loslassen müssen und dann wird's kommen. Und das Bergbild arbeitet natürlich schon in mir. Das würde ich gerne in die Klinik mitnehmen. Mir fällt gerade ein, ich habe sogar darauf geachtet, dass die Klinik in Bergnähe ist, das passt doch!"

Weiterführende Ideen und Variationen

- Sie können die Arbeit mit der Timeline intensivieren, indem Sie an jeder Position die somatischen Marker abfragen, dazu müsste das Konzept für den Klienten aber kurz eingeführt werden oder bereits aus anderen Sitzungen bekannt sein.
- Sie können Klienten auch anbieten, die Timeline in Stille oder mit Entspannungsmusik zu durchlaufen, wenn Ihren Klienten das Grundprinzip des Ausprobierens der verschiedenen Standorte klar ist. Sie können dabei unauffällig Änderungen in Mimik und Körperhaltung beobachten und in der Abschlussrunde mitteilen.

Hinweise

- Betreten Sie niemals selbst den Zeitstrahl, Sie können aber gerne unterstützend neben der Timeline mitlaufen.
- Die Arbeit mit der Timeline ist wie systemische Aufstellungsarbeit auch voraussichtlich anstrengend für Sie als Coach, weil sie „den Raum halten" werden. Führen Sie sie deswegen nur durch, wenn Sie gerade nicht selbst sehr erschöpft sind. Sorgen Sie auch während der Durchführung gut für sich, trinken Sie ausreichend Wasser, bewegen Sie sich und entspannen Sie immer wieder aktiv Ihre Körperhaltung.

Quellen, Literatur

- Nemetschek, P.; Theuretzbacher, K.: Coaching und systemische Supervision mit Herz, Hand und Verstand. Handlungsorientiert arbeiten, Systeme aufbauen. Stuttgart: Klett Cotta – Leben lernen 2011.
- James, T.; Woodsmall, W.: Time Line. NLP-Konzepte zur Grundstruktur der Persönlichkeit. Paderborn: Junfermann 1991.

Innere Leitplanken finden

Input: Arbeit mit Werten

Beschreibung und Hintergrund

In unsicheren Zeiten, wenn die äußeren Sicherheiten wegbrechen, ist es sinnvoll, sich auf innere Sicherheiten zu besinnen. Klienten erleben es als ungemein hilfreich, ihre „Leitplanken" in Form von grundlegenden Werten und Orientierungssystemen klar zu erkennen. Diese Arbeit kann von den wenigsten Menschen in Selbstreflexion durchgeführt werden, deswegen sind Sie als Coach hier als gute Werte-Hebamme gefragt.

Werte sind laut John Erpenbeck „Leuchtfeuer des Handelns". Sie dienen so nicht nur als Leitplanken, sondern auch als Leuchttürme, mit deren Hilfe man auf bewegter See den Kurs halten kann.

Vorgehensweise

Sammeln Sie mit Ihrem Kienten Werte, die in der Kindheit vermittelt wurden und die ihm heute noch für sein Leben wichtig sind. Wenn es sehr viele sind, dann lassen Sie ihn priorisieren und beginnen mit dem wichtigsten. Schreiben Sie diesen Wert auf eine DIN-A5-Karteikarte. Fragen Sie nach: „Woran würden Außenstehende merken, dass das ein wichtiger Wert für Sie ist?", „Wofür ist dieser Wert gut, was bewirkt er bei Ihnen und bei anderen?" Schreiben Sie die Antworten in Stichworten zu dem Wert dazu. Achten Sie hier darauf, dass es sich um tatsächlich aktuell gelebte Werte handelt. Ideale Werte sind oft nur durch die Eltern vorgegeben und tauchen in der Lebenspraxis nicht auf.

Führen Sie diesen Prozess mit fünf bis sieben Werten in gleicher Weise durch.

Zeichnen Sie dann die zwei Leitplanken an ein Flipchart, schreiben Sie links die Begriffe „Sicherheit, Bodenkontakt" und rechts „Öffnung, Entwicklung" dazu. Ich erkläre die Pole gerne mit dem Goethezitat, dass wir Menschen beides brauchen, Wurzeln und Flügel. Das Zitat steht zwar im Kontext von Kindererziehung, aber schließlich waren wir ja alle mal Kinder.

Fragen Sie nach dem allerwichtigsten Wert: „Wenn es nur einen einzigen Wert geben dürfte, welcher Wert wäre das bei Ihnen? Welcher Wert ist für Sie essenziell oder vielleicht auch Ihr Ur-Grund?" Hängen Sie diese Karte unten in die Mitte zwischen den Leitplanken und schreiben Sie hier „Ur-Grund, Fundament" dazu.

Bitten Sie Ihren Klienten nun, die anderen Werte den beiden Leitplanken Sicherheit und Öffnung zuzuordnen.

Treten Sie gemeinsam einen Schritt zurück und überlegen Sie gemeinsam, was diese Leitplanken für den aktuellen Veränderungsprozess bedeuten. „Wo sind sie hilfreich, wo geraten Sie aber möglicherweise durch Ihre Werte in Konflikte?"

Bearbeiten Sie die sich hier zeigenden Themen nicht mehr in der gleichen Sitzung.

Anwendungsbereiche

- Für Coachees, die noch einmal genauer hinter die Kulissen schauen möchten
- Für Klienten, die werteorientiert leben und arbeiten möchten
- Für Klienten, die vermuten, dass hinter ihrer Veränderungsproblematik oder -stagnation vielleicht ein Wertekonflikt steht

---

Anwendungsbeispiel

Vera I. (55) ist seit einigen Jahren freiberuflicher Coach und Trainerin und befindet sich gerade im Profilfokussierungsprozess, weil ihr Business nur mäßig läuft. Sie hat das Gefühl, hier seit geraumer Zeit auf der Stelle zu treten. Sie möchte für sich klären, welche Rolle ihre Werte tatsächlich in ihrem Berufsleben bisher spielten und welche Möglichkeiten es für sie gibt, noch wertorientierter zu arbeiten.

Folgende Werte erarbeitet sie für sich:

Sinn	Ich arbeite werte- und visionsorientiert. Tiefere Fragen haben immer einen Platz bei mir. ▶ Ich kläre mit anderen ihr Warum, sie sind neu motiviert. ▶ Ich brauche das Gefühl, etwas zum großen Ganzen beizutragen.
Freude	Ich lache viel und stecke andere damit an. ▶ Die Stimmung hebt sich. ▶ Alle arbeiten produktiver.
Kreativität	Ich bin ständig am ausprobieren und herumbasteln, meine Wohnung und meine Praxis sind sehr bunt und lebendig gestaltet. ▶ Meine Coachings und Trainings sind abwechslungsreich und laden zum Sich-selbst-Ausprobieren ein. ▶ Ich kann mich entfalten in all meiner Vielseitigkeit.
Gemeinschaft/ Verbundenheit	Ich treffe mich oft mit Freundinnen und Kolleginnen. ▶ Mein Netzwerk hat mir schon oft weitergeholfen. ▶ Ich bin eine gute Zuhörerin.
Authentizität	Ich zeige mich so, wie ich bin. ▶ Die anderen wissen, woran sie sind. ▶ Ich darf ich sein (befreiend) und die anderen dürfen auch sie selbst sein, das genießen sie in meiner Gegenwart.

Ihr Wurzelwert ist Sinn. Als eher sichernde Werte sieht sie Authentizität und Verbundenheit, ihre öffnenden Werte sind Freude und Kreativität. Diese Zuordnung treffen ihre Klienten. Der gleiche Wert kann entweder als sichernd oder als öffnend erlebt werden.

Danach gefragt, welche Werte aktuell in ihrer beruflichen Praxis „bedient“ und von ihr gelebt würden, antwortet sie: Ihren Grundwert

„Sinn“ erlebe sie durch ihre unterschiedlichen Aufträge als sehr gut bedient. Es freue sie, dass hier also keine Zweifel „an der Basis“ bestehen.

Sie arbeite auch sehr authentisch, sie bekommt von Klienten immer wieder zurückgemeldet, dass diese sich dadurch auch mehr die Erlaubnis zur Authentizität geben. Wenn sie die anderen Werte „Freude“, „Kreativität“ und „Gemeinschaft“ betrachte, werde sie eher traurig. Hier könne noch viel mehr in ihre Arbeit mit einfließen.

Spontan sammeln Coach und Coachee folgende Ideen:

- Über Lach-Yoga informieren
- Kreative Visionstage anbieten
- Mehr Gemeinschaftsprojekte mit anderen Coachs und Trainern durchführen. Nächste Gelegenheit: gemeinsamer Messestand mit Workshop

Auf die Rückfrage, was ihr Profilthema, mit dem sie in den Coachingprozess gekommen ist, mit den weniger gelebten Werten zu tun hat, antwortet sie spontan:

- Es kommt in meinem Außenauftritt überhaupt noch nicht rüber, dass ich ein lebenslustiger, kreativer und kooperativer Mensch bin, das muss ich bis in die Farben und Logogestaltung gründlich ändern.
- Meine Kernthemen, mit denen ich aktuell auf den Markt trete, sind noch viel zu trocken, sie brauchen Pep, ein eigenes Markenzeichen und viel mehr Mut, zu mir zu stehen. (Siehe da, die Authentizität.)
- Ich könnte das Thema Sinnfindung mit kreativer Lebensfreude verbinden, bei anderen kommt die Thematik oft so ernst oder esoterisch rüber, das kann ich anders!

Über die mentale Integration der öffnenden Werte, die in den letzten Jahren möglicherweise im „ernsten Businessaufbau" eher auf der Strecke geblieben sind, kommt es zu neuer Dynamik im Profilierungsprozess. Vera I. hat nun Leitplanken, an denen sie sich auch praktisch weiterhangeln kann.

Hinweise

- Achten Sie auf ausreichend Zeit, diese Übung sollte nicht mittendrin abgebrochen werden.
- Wenn sich Ihr Klient schwertut, spontan Werte zu finden, gibt es viele vorbereitende Werteübungen, die Sie vorbereitend mitgeben können, damit eine kleine Werteliste bereits vor der Übung vorliegt, sie darf sich aber auch gerne noch verändern. Beispielsweise, indem Sie bei abstrakten oder generischen Werten nachfragen, um einen genaueren Wertebegriff zu finden. Beim Begriff „Idealismus" geht es vielleicht um „Welt verbessern", bei „Spiritualität" um „Gelassenheit" oder „innere Zufriedenheit" oder bei „Macht" um „Respekt" oder „Stärke".

Quellen, Literatur

- Ich habe die Übung in einem Werte-Weiterbildungsseminar für Laufbahnberaterinnen von Dagmar Winner kennengelernt und setze sie sehr gerne ein.
- Winner, D.: Werteübung, unveröffentlicht 2006, Variation von Ursel Stapelfeldt (Danke!).

In Kontakt mit der Veränderung gehen

Input: Kontaktzyklus nach Perls

Beschreibung und Hintergrund

Diese Intervention ist angelehnt an den Gestalt- oder Kontaktzyklus, der von den Gestalttherapeuten Frederick S. Perls, Ralph Hefferline und Paul Goodman beschrieben wurde. Sie beobachten dabei auch das An- und Abschwellen der Veränderungsenergie. Klienten können diesen Prozess bewusst nachvollziehen und visualisieren.

Der Begriff „Kontakt" bezeichnet in der Gestaltpsychologie den Austausch zwischen der Person und seinem Umfeld an der sogenannten Kontaktgrenze. Genau an dieser Kontaktgrenze findet dann auch die eigentliche Veränderung statt.

Der Kontaktprozess erfolgt über die sensorischen, mentalen und motorischen Wahrnehmungen. Über diese Wahrnehmungen entscheidet der Mensch, was für ihn im Vordergrund steht, das ist alles, was aktuell von Interesse ist und bildet die „Figur", der Rest der Wahrnehmungen tritt zurück und bildet den „Grund". Diese Wirklichkeitsauswahl ist höchst subjektiv. Ziel im Coaching wird immer sein, diese Subjektivität bewusst zu machen. Alles könnte auch ganz anders sein. Und über dieses Bewusstsein können dann Erlebens- und Möglichkeitsräume in Veränderungsprozessen gezielt erweitert werden.

Veränderung kann nur in dem Moment entstehen, wenn die Kontaktgrenze durchlässig wird, das geschieht in der Phase des vollen Kontakts. In Phase eins bis vier bildet sich die Figur und demnach die Vorstellung von der anstehenden Veränderung, die Energie steigt an, die Kontaktgrenze wird durchlässiger. In Phase fünf bis sieben zerfällt die Figur wieder, der Energiepegel sinkt ab, die Kontaktgrenze schließt sich, man benötigt nichts mehr von der Außenwelt. Es wird als dauerhaft unbefriedigend empfunden, wenn ein Kontaktzyklus nicht abgeschlossen werden kann, die Figur oder auch Gestalt bleibt dann offen, die Veränderung ist nicht vollständig erfolgt.

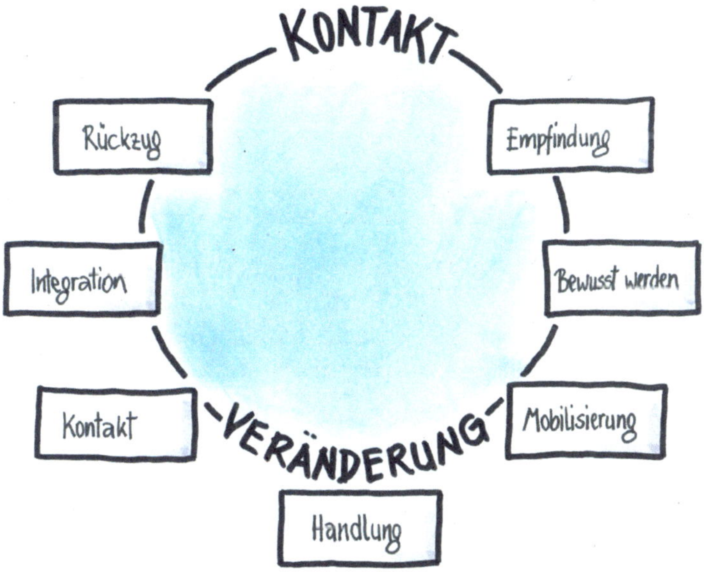

Die sieben Phasen sind:

1. Empfinden	Innere und/oder äußere Unruhe.
2. Bewusstwerden	Irgend etwas stimmt nicht, ich muss wohl etwas verändern.
3. Mobilisierung (der Veränderungsenergie)	Was genau ist es und wie könnte ich es genau tun?
4. Handlung	Ich entscheide mich für einen ersten Schritt und setze mich in Bewegung.
5. Kontakt	Ich führe den ersten Veränderungsschritt aus („Ich beiße zu").
6. Integration	Ich schaue, wie sich der erste Schritt anfühlt.
7. Rückzug	Ich entscheide: Das war jetzt genug Veränderung. Oder Schritt eins bis sechs beginnen von vorne.

Wir verwenden den Kontaktzyklus hier als Weg in den Kontakt.

Vorgehensweise

Erklären Sie Ihrem Klienten die sieben Schritte auf dem Kontaktweg und legen Sie sie mit vorbereiteten Phasenkarten auf den Boden.

Formulieren Sie anhand dieser Schritte noch einmal gemeinsam mit dem Klienten dessen aktuelles Veränderungsanliegen – und das kann gerne klein sein. Heben Sie hier immer auf den ersten möglichen Schritt ab.

Bitten Sie nun Ihren Klienten zu überlegen, wo er vermutlich gerade steht. Geht es um erste Annäherungsschritte an die Veränderung, sozusagen um ein Beschnuppern aus der Ferne? Oder steht Ihr Klient eigentlich direkt vor dem Zubeißen und traut sich nicht so richtig? Genau an dieser Stelle ist das Prozessmodell mit nachhaltigen Ergebnissen einsetzbar.

Nachdem der Standort gemeinsam geklärt wurde, bitten Sie Ihren Klienten, nun probehalber den nächsten Schritt zu tun: „Nur mal angenommen, Sie würden den nächsten Schritt tun, was wäre anders?", „Was hält Sie innerlich oder äußerlich davon ab, den Schritt tatsächlich zu tun?"

Ähnlich wie bei der Arbeit mit der Timeline (S. 164 ff.) ergibt es Sinn, hier ein wenig zu spielen. Bitten Sie den Klienten, einmal vor- und zurückzugehen, auf Rückmeldungen seines Körpers zu achten, der oft sehr genau zeigt, wo etwas noch nicht stimmig ist. Dann arbeiten Sie daran weiter.

Schauen Sie auch zurück und nach vorne und versuchen Sie, den Energiefluss des bisherigen Prozesses zu ergründen. Oft wird ein Energieabfall deutlich, der in der Phase des Kontakts das „Zubeißen" definitiv verhindert. Gehen Sie den Ursachen für diesen Energieabfall auf den Grund.

Vermitteln Sie Ihrem Klienten niemals das Gefühl, dass der Schritt in die nächste Phase des Kontaktwegs unbedingt im Coaching geschehen muss. Das wäre natürlich befriedigend, wir wollen ja alle etwas „leisten" für unser Geld ... Aber Sie wissen ja, wir können niemanden verändern, auch wenn die „Lösung" noch so offensichtlich auf dem Tisch liegt. Klienten gehen eher zu Recht in die Defensive, wenn sie den impliziten oder expliziten Anspruch des Coachs in diese Richtung merken.

Anwendungsbereiche

- Zur Auftragsklärung, um das Veränderungsanliegen besser fassen zu können
- Für Coachees, die ihre Veränderungshaltung und ihr Veränderungsverhalten besser kennenlernen wollen
- Zur Energetisierung oder Entschleunigung von Veränderungsprozessen
- Zur Bearbeitung der Schwelle vor der Kontaktphase, wenn es um einen „Durchbruch" geht

Anwendungsbeispiel

Frieda C. (24) überlegt, ob sie berufsbedingt umziehen soll. Sie hat ein gutes Angebot als Optikermeisterin in einer Kleinstadt. Sie kann sich aber schwer von Berlin und ihrem bisherigen Umfeld lösen. Tatsächlich müsste sie aber in Berlin weiterhin auf einer Gesellenstelle arbeiten, weil es ein Überangebot an erfahrenen Meistern gibt. Sie möchte sich in wenigen Jahren selbstständig machen und braucht diese Meister-jahre nun zum Sammeln von wertvollen Erfahrungen. Ihr Veränderungsanliegen ist: Sie will sich etwas trauen und herausfinden, warum sie sich nicht entscheiden kann.

Sie durchläuft ihren Kontaktweg und bleibt bei Phase fünf hängen. Diese ist irgendwie noch nicht vollständig, hier kommt sie nicht weiter.

1. Empfinden	Sie ist unzufrieden und sauer, dass sie sich in einer so großen Stadt wie Berlin anscheinend nicht weiterentwickeln kann.
2. Bewusstwerden	„Ich muss mich wohl entscheiden oder warten, dass sich in Berlin eine Chance ergibt."
3. Mobilisierung (der Veränderungsenergie)	Sie will nicht warten, sondern sich ausprobieren. Ihre Bewerbung hat ja bereits Ergebnisse gezeigt.
4. Handlung	Sie war auch schon zum Bewerbungsgespräch. Das Geschaft gefällt ihr, die Kleinstadt ist auch o.k. Sie hätte Personalverantwortung für einen älteren Gesellen und einen Azubi.
5. Kontakt	Sie steckt seit drei Wochen fest und weiß nicht, ob sie bereit ist, die neue Stelle anzunehmen. Sie weiß nicht, was ihr wichtiger ist: Karriere oder ihre Wohlfühlstadt inklusive Freunde und Lifestyle.

Der Coach schlägt ihr vor, ihre Veränderung, also die neue Stelle in der Kleinstadt, im Raum zu visualisieren: Sie sieht ein braunes Etwas – kartoffelartig und klumpig – und möchte es gar nicht näher kennenlernen. Ihre somatischen Marker melden Alarm auf allen Ebenen, ihr Magen krampft sich zusammen, sie wird ganz kribbelig, möchte gerne wegrennen. Sie hat die Assoziation, dass ihr diese „Hausmannskost" noch nie geschmeckt hat.

Die beiden definieren die Veränderung um: Sie bleibt in Berlin auf ihrer jetzigen Stelle. Auch wenn das nicht die eigentliche Veränderung wäre, visualisiert sie diese Option. Sie schließt die Augen, entspannt sich sichtlich, ein paar Tränen kullern und sie sagt: „Ich darf hierbleiben, niemand zwingt mich in die ‚Pampa'. Ich habe alle Zeit der Welt." Dazu beschreibt sie ein lichtes, warmes Gebilde, auf das sie gerne zugehen und es umarmen würde.

Damit ist die Entscheidung gefallen. Ihr langfristiges Ziel tritt in den Hintergrund, sie vermutet nun, dass es eher von außen kam, weil ihre Geschwister gerade alle Karriere machen.

6. Integration	Stelle absagen. Lernerfahrung in die „Erfahrungskiste stecken“.
7. Rückzug	Rückzug in die Clique, „das ist wie Heimkommen“.

Sie sagt die neue Stelle ab, verbucht die Aufregung als Lernerfahrung (Integration) und zieht sich fröhlich in ihre Clique zurück, die natürlich sehr begrüßt, dass sie dableibt. Ein Blick auf ihr Veränderungsanliegen ergibt, dass sie sich jetzt etwas traut, aber ganz anders als gedacht.

Weiterführende Ideen und Variationen

In Anlehnung an hypnosystemische Ansätze könnten Sie die Veränderung auch konkret als Gestalt im Raum visualisieren lassen. Diese Weiterarbeit ist besonders dann geeignet, wenn Sie das Gefühl haben, Ihr Klient steckt auf dem Kontaktweg fest und der Prozess stagniert. Fragen Sie hierzu beispielsweise: „Stellen Sie sich vor, Ihre Veränderung steht oder liegt da irgendwo vor Ihnen. Wie weit ist sie entfernt? Wo im Raum nehmen Sie sie wahr? Wie groß ist sie ungefähr? Aus welchem Material ist sie beschaffen? Ist sie eher fest, dicht oder weich, durchlässig? Was hindert Sie, sich einen Schritt näher auf sie zuzubewegen? Was würden Sie sich von ihr wünschen? Wie müsste sie ihre Gestalt verändern, dass Sie gerne mit ihr in Kontakt gehen würden? Können Sie sie in dieser neuen Form visualisieren? Möchten Sie einmal probehalber in Kontakt mit ihr gehen und spüren, wie sie sich anfühlen würde?“

Hinweise

Wenn Sie gestalttherapeutisch oder gestaltpädagogisch ausgebildet sind, wollen Sie sicher mit dem Kontaktzyklus im Original arbeiten. Die Abwandlung als Kontaktweg ersetzt natürlich nicht die professionelle Arbeit mit dem Kontaktzyklus.

Quellen, Literatur

- Perls, F.; Hefferline, R.; Goodman, P.: Gestalttherapie. Zur Praxis der Wiederbelebung des Selbst. Stuttgart: Klett-Cotta 2007.

V

Neue Landschaften erkunden

Neue Landschaften erkunden

In diesem Kapitel erfolgt nun die Hinwendung zum Neuen, zu möglichst vielfältigen Möglichkeiten. Noch stehen Entscheidungen nicht direkt an, noch darf gespielt und fantasiert werden. Ziel dieser Interventionen ist es immer auch, Klienten die Gestaltungshoheit und Verantwortung für ihr Leben zu verdeutlichen und diese noch stärker zu aktivieren.

Den Möglichkeitsraum erweitern – S. 184

Erkunden Sie hier mit Ihren Klienten, wie es wäre, wenn der Fokus mehr auf Gestaltungsmöglichkeiten als auf Hindernisse und mehr auf Chancen als auf Risiken gelegt würde. Machen Sie durch die Visualisierung bewusst, dass wir zu jedem Zeitpunkt der Veränderungsreise tatsächlich die Wahl haben.

Die Wegweiser sichten – S. 189

Diese Storytelling-Intervention mit Wegweiser-Visualisierung zeigt Klienten implizit, dass sie Autoren oder Regisseure ihres eigenen Lebens sind und ihre Geschichte nun in unterschiedlichen Versionen weiterschreiben könnten. Doch sie haben die Wahl, welche Version sie sich zum jetzigen Zeitpunkt zutrauen möchten.

Belastungspentagramm erstellen – S. 196

Durch das Modell mit seinen Eckpunkten Wollen, Müssen, Sollen, Kompetenzen und Ressourcen wird noch einmal deutlich, wo Selbst- und Fremdbeauftragungen Ihrer Klienten liegen. Sie sind damit sehr schnell an dem Punkt, dass sich Klienten bewusst werden, wo sie sich für ihr Eigenes entscheiden dürfen und können – wenn sie das wollen.

Eine Runde auf dem Erwartungskarussell fahren – S. 200

Veränderungen finden immer in Systemen statt. In dieser Karussell-Visualisierung wird deutlich, dass Ihre Klienten mit Erwartungen der unterschiedlichsten Akteure konfrontiert werden. Sie können mit der Intervention deren Ansprüche und Wünsche sortieren und entscheiden, wem sie auf welche Art und Weise gerecht werden möchten und wem eben auch nicht.

Die gangbare Mitte definieren – S. 205

Mit dieser Übung kommt die passende Schnittmenge zwischen eigenen und von außen an Ihre Klienten herangetragene Bedürfnisse und Wünsche in den Blick. Klienten erkennen und erarbeiten auf diese Weise sehr schnell brauchbare, pragmatische Lösungen, die zügig Anklang in der Realität finden.

Das Horror- und das Wunsch-Ich erfinden – S. 210

Diese Visualisierung mit hypnosystemischer Herkunft ermöglicht Ihren Klienten, unterschiedliche Zukunftsszenarien zu erstellen. Sie grenzen sich von Horrorszenarien ab und begeben sich innerlich und äußerlich auf Wege, die mit hoher Wahrscheinlichkeit zu den gewünschten Szenarien führen.

Dem Ruf aus der Zukunft lauschen – S. 218

Die Zukunft schon im Jetzt wahrzunehmen, ermöglicht dieses Visualisierungsangebot, das intuitive Vorstellungen und implizites Wissen auf symbolischer oder metaphorischer Ebene ans Tageslicht bringt. Ihre Klienten werden verblüfft sein, wie deutlich ihnen vieles bereits war, bevor es verbal durch die Übung zugänglich wurde.

Den Möglichkeitsraum erweitern

Input: Handlungshorizont-Tabelle

Beschreibung und Hintergrund

In krisenhaften Veränderungsprozessen geschieht es schnell, dass die Ereignisse und Anforderungen über den Köpfen Ihrer Klienten zusammenschlagen. Es ist zu beobachten, dass diese immer mutloser werden und einen Tunnelblick bekommen. Dieser Tunnelblick zeichnet sich dadurch aus, dass sie ihre Möglichkeiten zunehmend verengt und als immer weiter von außen beschnitten wahrnehmen. Das Empfinden, immer mehr eingeschränkt zu sein, kann wie ein Sog bis zum Gefühl von Ohnmacht und absoluter Handlungsunfähigkeit führen, schlimmstenfalls sogar in depressive Zustände.

Im Veränderungscoaching geht es darum, Klienten zur Gegenbewegung und zum Wechsel ihrer Blickrichtung anzuregen – zum Beispiel weg vom Gefühl der Ohnmacht hin zum Wahrnehmen der sich bietenden Möglichkeiten, und damit an der Öffnung und Weitung ihres Möglichkeitsraums und Handlungshorizonts zu arbeiten. Das geht nicht von heute auf morgen und erfordert ein ungemein behutsames Vorgehen im Coaching. Manchmal erscheint es mir so, als ginge es darum, zum Richtungswechsel zu locken und zu verführen.

Vorgehensweise

Bitten Sie Ihren Klienten, den folgenden Fragebogen möglichst ehrlich anzukreuzen und sich damit zwischen den Polen zu positionieren.

	2	1	0	1	2	
Ich kann viel mitreden im Veränderungsprozess.						Ich habe dazu nichts zu sagen.
Die Menschen hören auf mich.						Kaum jemand ist an meiner Meinung interessiert.
Meine Vorschläge kommen gut an.						Ich werde nicht beachtet.
Ich habe viele Ideen für meine Zukunft.						Ich will, dass alles beim Alten bleibt.
Ich habe Lust, Neues auszuprobieren und anzupacken.						Es reicht. Ich will nur noch meine Ruhe.
Die Veränderungsprozesse lassen sich Schritt für Schritt von mir beeinflussen.						Ich kann da nichts tun.
Das System ist gar nicht so starr wie ich dachte.						An den Umständen kann ich sowieso nichts ändern.
Ich sehe jeden Tag kleine und größere Handlungsspielräume für mich.						Ich fühle mich eingeschränkt und überwacht.

Fragebogen im Download-Bereich

Fragen Sie dann: „Inwieweit glauben Sie, dass Sie Ihre derzeitige Situation verändern und beeinflussen können?" Wenn daraufhin eine eher eingeschränkte Sichtweise kommt, fragen Sie weiter: „Nur mal angenommen, Sie würden Ihr Veränderungs-Ich an den Start lassen, das mutig ist, Lust auf Veränderungen hätte und Ihr Leben einfach aktiv in die Hand nehmen würde, indem es das Beste für Sie und aus Ihnen herausholt. Wie würden Sie die Kreuze dann setzen?"

Ermutigen Sie Ihren Klienten dann, in einer zweiten Farbe das Profil noch einmal auszufüllen.

- „Was hat sich verändert? Bei welchen Aussagen gibt es die größten Abweichungen?“
- „Was hindert Sie daran, Ihr Veränderungs-Ich oder Ihr mutiges Selbst an den Start zu lassen?“

Legen Sie dann die von Ihnen vorbereitete Bojen-Visualisierung zwischen sich. Sprechen Sie mit viel Fingerspitzengefühl darüber, dass wir uns als Menschen jeden Tag, jede Stunde und jede Minute entscheiden können, in welche Richtung wir blicken und worauf wir aktiv zusteuern. Die Energie folgt der Aufmerksamkeit. Befassen wir uns mit Einschränkungen, verpassten Möglichkeiten, verengt sich unser Handlungsspielraum immer mehr. Achten wir auf Freiräume, kleine Chancen und nutzen wir jede Lücke, um eine Situation zu unseren Gunsten zu verändern, erleben wir uns als selbstwirksam und nehmen zunehmend mehr Möglichkeiten wahr. „Im Gedankenspiel mit dem Veränderungs-Ich eben haben Sie sich entschieden, sich einmal auf das Experiment einzulassen, was wäre, wenn Sie die Blickrichtung hin zu Ihren Möglichkeiten und Chancen ausrichten würden? Lassen Sie uns doch einmal weiterspinnen, wie der morgige Tag dann ablaufen würde.“

Planen Sie dann ganz konkret und realistisch für ein bis zwei kritische Situationen in der kommenden Woche mit dem Klienten durch, wie er sich anders verhalten und auftreten würde.

Wenn Sie merken, dass sich Ihr Klient immer noch mit der konkreten Vorstellung eines mutigen Veränderungs-Ichs schwertut, vertiefen Sie die Übung. Bieten Sie eine kleine Fantasiereise oder Visualisierungsübung an, indem Sie Ihren Klienten einen Veränderungsmantel oder -anzug beschreiben lassen. Dieser unterstützt und ermutigt, die andere Haltung und Sichtweise einzunehmen. Es kann beispielsweise ein königlicher Mantel sein, ein Superhelden-Anzug oder auch ein Schutzanzug. Sie können dann für Ihren Klienten einen Kreis auf dem Boden markieren, in den der Klient eintritt und diesen Mantel „im Geiste“ anzieht, der gleichzeitig Mut gibt und in der konkreten Veränderungssituation schützt. Lassen Sie die körperlichen Veränderungen ausführlich beschreiben, die das Tragen des Veränderungsmantels auslösen. Ermutigen Sie Ihren Coachee, diese Visualisierung in kritischen Situationen anzuwenden. Im nächsten Coaching kann ausgewertet werden, ob die Visualisierung in der konkreten Situation geholfen hat.

Anwendungsbereiche

- Für Menschen, die „eigentlich" einsehen, dass Veränderungen anstehen, aber nicht glauben, dass sie da viel tun können
- Für introvertierte, zurückhaltende Menschen, die daran zweifeln, ob sie im Veränderungsspiel wirksam mitspielen können
- Für Entmutigte, die an der Schwelle stehen, ihre Veränderung wirklich anzupacken, aber den inneren Rubikon noch nicht überschritten haben

Anwendungsbeispiel

Hannah (24) arbeitet als medizinisch-technische Assistentin in einem Pharmakonzern. Ihre Kollegin ist seit einiger Zeit krank und Hannah kommt trotz erhöhten Arbeitseinsatzes nicht mehr mit der zusätzlichen Arbeit zurecht. Sie überlegt zu kündigen, möchte aber vorher noch mit ihrer Chefin sprechen. Sie ist ins Veränderungscoaching gekommen, weil sie sich dieses Gespräch nicht so recht zutraut. Als sie die Tabelle für sich ausgefüllt hat, fängt sie an zu weinen, weil sie selbst merkt, wie sie in den letzten Monaten resigniert hat.

Ihr Veränderungs-Ich ist immer noch sehr zurückhaltend, die meisten Kreuze bewegen sich höchstens eine Spalte näher zum anderen Pol. Es wird deutlich, dass für Hannah erst einmal kleine Schritte wichtig sind.

Bei der Visualisierung ihres Schutzmantels für ihr anstehendes Gespräch mit ihrer Chefin wählt sie ein Lara-Croft-Kostüm, das biete zwar wenig Schutz, zeige für sie aber gerade durch die Verletzlichkeit viel Stärke. Es stellt sich heraus, dass sie gerne Computer spielt und wir sind uns einig, dass Lara Croft in Tomb Raider jede Menge Bewährungsproben zu bestehen hat. Im Vergleich dazu dürfte das Gespräch mit ihrer Chefin ein Klacks sein. In der Lara-Croft-Montur fühlt sich Hannah den Veränderungen besser gewachsen.

Sie klärt für sich:

- „Ich achte darauf, wie ich stehe und dass ich aufrecht sitze. Ich blicke meine Chefin klar und mutig an.
- Ich weiß, dass sie auf mich angewiesen ist, so schnell findet sie niemanden mit meiner Erfahrung, deswegen kann ich auch Bedingungen stellen. (Sie möchte die Überstunden besser bezahlt bekommen und eine vorübergehende Hilfskraft oder Assistentin, falls die Kollegin weiterhin ausfällt.)
- Im schlimmsten Fall, wenn sie mich rauswirft, kann ich mir wenigstens in die Augen sehen, dass ich mich mutig vertreten habe."

Abschließend werfen Coach und Klientin noch einmal einen Blick auf die Tabelle und sie korrigiert einige Kreuze hin zum positiven Pol. Der Coach regt an, dass sie sich eine Action-Figur von Lara Croft in ihrem Arbeitsumfeld aufstellt. Sie freut sich, dass sie endlich einen Grund hat, sich solch eine Figur zu gönnen.

Weiterführende Ideen und Variationen

Die Übung ist auch für die Teamsupervision geeignet. Formulieren Sie vorher klar, um welche Veränderungsaspekte oder welches Veränderungssetting es genau geht. Erheben Sie das aktuelle Veränderungsempfinden der Einzelpersonen in einer (!) vergrößerten Tabelle, indem Sie das Team mit Klebepunkten oder Ankreuzen ihre Tendenz festhalten lassen. Dann werden hier direkt kritische Aspekte sichtbar, beipielsweise, dass sich Teammitglieder mit ihren Vorschlägen nicht gehört fühlen. Sie können dann bereits hier an konkreten Maßnahmen weiterarbeiten. Sie können zusätzlich auch eine Art Kokon, Haus oder einen anderen visualisierten Schutz für das Team, der möglicherweise für den Außenkontakt relevant ist, in Kleingruppen malen oder erarbeiten lassen.

Hinweise

Es gibt Klienten, die sich sehr leicht manipuliert fühlen, wenn sie eine andere Perspektive einnehmen sollen. Machen Sie deutlich, dass es nur ein hypothetisches Handeln ist und das Festhalten an alten Verhaltensformen den Klienten natürlich unbenommen ist.

Quellen, Literatur

▶ Nohl, M.: Berufliche Übergänge gut bewältigen und kompetent gestalten. Norderstedt: BoD 2011.

Die Wegweiser sichten

Inputs: Storytelling – Heldenreise

Beschreibung und Hintergrund

Wir alle erzählen uns fortwährend unsere Geschichte. Im Veränderungscoaching bieten wir nun die Möglichkeit, dass Klienten ihre Geschichten neu und proaktiv weiterschreiben. Dies schärft ihr Profil und die Selbstverständlichkeit, mit dem eigenen Profil aufzutreten, hilft ihnen dabei, ihre Wünsche und Träume für die Zukunft umzusetzen. Zur Einleitung können Sie auf das Erzählmuster der Heldenreise, das in jeder guten Geschichte steckt, verweisen (siehe Infokasten).

Hier ein verkürztes Erzählmuster der Heldenreise nach dem Märchen- und Mythenforscher Joseph Campbell, das sich als Grundlage vieler Drehbücher und Romane bewährt hat. Wenn im Veränderungscoaching Geschichten neu geschrieben werden, kann es hilfreich sein, Klienten auf diese Erzählstruktur hinzuweisen.

▶ **Call to adventure**
Der Held bekommt einen „Ruf". Ein Abenteuer wartet auf ihn. Seine Normalität wird unterbrochen, er erhält ein wertvolles Ziel vorgestellt. Tatsächlich ist er aber erst einmal verwirrt, verweigert sich und will gar kein Held sein.

▶ **Mentor**
Ein Mentor (das sind oft wir Coachs im Veränderungscoaching) begleitet und unterstützt ihn dabei, die Aufgabe bzw. den Ruf doch anzunehmen.

▶ **Challenge**
Der Held wird mit einigen Problemen und Herausforderungen konfrontiert, die seine Kräfte herausfordern und trainieren.

▶ **In the Belly of the Whale**
Der Held wird mit dem größten Gegner konfrontiert oder vor die endgültige, gefährlichste aller Prüfungen gestellt. Hier entscheidet sich, ob er die Heldenrolle nun aktiv ergreifen möchte oder nicht. Meist gibt es so etwas wie eine „Nacht der Seele“, in der das alte Ich ein Stück weit stirbt.

▶ **Transformation**
In der Identität des Helden findet eine wesentliche Veränderung statt. Das neue Ich wird geboren. Er erhält nun eine Vision, findet einen Schatz oder den heiligen Gral und verkörpert nun einen echten Helden.

▶ **Return with the elexier**
Der Held bringt das Wertvolle, das er gefunden hat in die Gemeinschaft zurück.

▶ **Deliver**
Gerade noch rechtzeitig rettet er damit viele Leben oder löst ein großes Problem der Gemeinschaft.

Vorgehensweise

Regen Sie Ihren Klienten an, in wenigen Sätzen seine bisherige Geschichte zu formulieren. Ermutigen Sie ihn dazu, einfach und in bildhafter Sprache zu erzählen, gerne auch mit dem Satzanfang „Es war einmal …“.

Wenn Ihr Klient in der Geschichte bei der Gegenwart angekommen ist, arbeiten Sie mit der Wegweiser-Visualisierung weiter: „So weit, so gut. Stellen Sie sich nun vor, sie stehen an einem Scheideweg. Hier finden Sie einen Wegweiser mit sechs verschiedenen Richtungen. Lassen Sie uns diese doch mal gedanklich durchspielen.“

Zeichnen Sie dazu die Wegweiser-Visualisierung (s. Folgeseite) an ein Flipchart und schreiben Sie außen die Weg-Alternativen dazu. Schreiben Sie die Geschichte des Klienten gemeinsam in mehreren Variationen weiter und überlegen Sie anschließend, welche Optionen für Ihren Klienten am attraktivsten erscheinen. Fragen Sie dann, welche Informationen, welche Unterstützung und Hilfestellung Ihr Klient von wem bräuchte, um für sich zu klären, welche der Optionen er tatsäch-

lich weiterverfolgen möchte. Sie können die Übung auch zur Entscheidungsübung vertiefen (s. weiterführende Ideen).

1. Der bekannte Weg: Der Weg, den ich schon einmal in der Problemlösung gegangen bin und der sich als gut erwiesen hat.

2. Der kühnste Weg: Bei diesem Weg kann ich nur noch nervös kichern, weil er mir so vermessen erscheint und ich mir bis jetzt nicht vorstellen kann, wie ich ihn jemals realisieren soll.

3. Der lockende Weg: Der Weg, der mich reizt, den ich schon immer einmal ausprobieren wollte.

4. Der vernünftige Weg: Zu diesem Weg würden mir Menschen raten, die mich kennen und deren Urteil mir wichtig ist.

5. Der unbekannte Weg: Das ist ein Weg, an den ich noch nie gedacht habe. (Hier können Sie als Coach ein paar konkrete Ideen hineingeben.)

6. Der Weg zurück: Das ist der Weg des Alltags, den ich bisher gegangen bin. Er ist mir vertraut, hat sich auch irgendwie bewährt.

Anwendungsbereiche

- Personen, die größere Veränderungsfragen für sich klären möchten und erst einmal den größeren Überblick und Zusammenhang suchen
- Menschen, die ganz unverbindlich verschiedene Optionen für sich ausloten möchten
- Personen, die denken, sie wären auf einen Weg oder eine Option festgelegt, mit diesem aber unzufrieden sind

Anwendungsbeispiel

Klaus H. (46) kommt ins Coaching, weil er unzufrieden mit seinem Werdegang ist und nach Optionen sucht, sein Hobby noch stärker zu leben. Diesen Wunsch packt er in eine Geschichte. Unter dem Stichwort „Kapitän seines Lebens" erzählt er: „Es war einmal im fernen Hamburg, da stand ich schon als Kind immer am Hafen und habe sehnsüchtig den Schiffen nachgeschaut. Später wollte ich zur See fahren, doch meine Familie fand, das sei kein ‚vernünftiger' Beruf. So bin ich Lehrer für Biologie und Chemie geworden."

Klaus' Wegweiser-Ideen:

1. Der Weg, den ich schon einmal gegangen bin: Ich könnte noch mal in den großen Ferien auf einem Binnenschiff anheuern und für Kost und Logis mitfahren.

2. Mein kühnster Weg, bei dem ich nur noch nervös kichern kann: Doch noch ein eigenes Boot kaufen und einmal um die Welt segeln.

3. Der Weg, der mich lockt, den ich schon immer einmal ausprobieren wollte: Seminare zu Meeresbiologie und Umweltbewusstsein auf einem Kreuzfahrtschiff anbieten.

4. Der vernünftige Weg, zu dem mir Menschen raten würden, deren Urteil mir wichtig ist: Mich weiterhin an meinem Hobby zu erfreuen und ab und zu ein Segelboot in den Ferien mieten.

5. Der unbekannte Weg, an den ich noch nie gedacht habe: Quereinsteiger für bestimmte Fächer in einer Seemannsschule werden.

6. Der Weg zurück: Mich weiterhin sehnsüchtig mit Bildbänden und Fernsehdokumentationen über Wasser halten, bis ich pensioniert bin.

Klaus H. markiert für sich den kühnsten Weg, der ihn sehr stark bewegt. Er möchte in der Community nach Menschen suchen, die ihm erzählen, wie sie es geschafft haben, ihren Weltumrundungstraum zu verwirklichen. Er will einen klaren Finanzierungs- und Zeitplan aufstellen, um sich diesen Traum zu erfüllen und denkt über ein Sabbatjahr nach, damit er nicht weitere zwanzig Jahre auf die Erfüllung warten muss.

Darüber hinaus reizt es ihn, sich in Hamburg nach Möglichkeiten umzutun, ob er nicht tatsächlich mit seiner Fächerkombination und seiner Expertise in Meeresbiologie und Nautik an einer Seemannsschule unterrichten kann.

Weiterführende Ideen und Variationen

- Die reizvollsten Optionen aus Sicht Ihres Klienten können Sie mithilfe von Seilen und Moderationskarten auf dem Boden legen und diese durch aktives Begehen erspüren und konkretisieren lassen. Benennen Sie gemeinsam Hindernisse, die überwunden werden müssen, lassen Sie Ihre Klienten diese möglicherweise symbolisch überschreiten. Auch der Blick und die Planung vom Zielpunkt aus ist hier sehr hilfreich: „Was raten Sie Ihrem jetzigen Ich aus der Zukunft heraus? Worum sollte es sich zuerst kümmern? Was ist wirklich wichtig für die Zielerreichung?" Diese Vorgehensweise ist auch hilfreich, wenn sich Ihr Klient zwischen zwei Optionen nur schwer entscheiden kann, aber eine Entscheidung treffen möchte.

- Die Verankerung des Ziels im Alltag kann durch ein großes Wegweiser-Bild mit hineingeschriebenem Ziel, durch Fotomontage oder reales Anfertigen eines Schildes verstärkt werden.

- Möglicherweise möchten Sie dem Klienten auch den Begriff des Reframing im Kontext des Storytelling erklären: Durch Umdeutung und dadurch, dass wir unserem bisherigen Leben einen neuen Rahmen geben, entscheiden wir, worauf wir den Fokus und den Ausschnitt der Wirklichkeit legen möchten, der für unser zukünftiges Leben relevant wird. Zeichnen Sie, um diesen Aspekt zu verdeutlichen, ein winziges Fenster irgendwo auf ein großes Flipchart-Blatt und erläutern Sie Ihrem Klienten, dass das der Ausschnitt der kognitiven Wahrnehmung ist, den wir in jedem Moment haben, während eine riesige Menge an Informationen über unsere Sinne empfangen wird, die in diesem Wirklichkeitsausschnitt kaum Beachtung finden. Es ist also durchaus möglich, das Fenster etwas zu verschieben, ohne dass wir die Unwahrheit erzählen. Denn unsere bisherige „Wahrheit" war auch immer nur ein sehr kleiner Teil der Wirklichkeit.

Hinweise

Storytelling ist eine wunderbare Möglichkeit, um im Veränderungscoaching Klienten zu verdeutlichen, dass sie tatsächlich Gestalter, Schriftsteller, Choreografen oder Drehbuchautoren ihres eigenen Lebens sind. Es ist von Vorteil, wenn Sie anhand eines eigenen kleinen Beispiels aus Ihrem Leben darstellen können, wie unterschiedlich man sich selbst ein und dieselbe Begebenheit erzählen kann.

Quellen, Literatur

- Budde, C.: Mitten ins Herz – Storytelling im Coaching: Die Kraft von Storytelling für Coaching und Beratung nutzen. Bonn: managerSeminare 2015.
- Campbell, J.: Der Heros in tausend Gestalten. Frankfurt am Main: Insel-Verlag 1999.
- Krogerus, M.; Tschäppeler, R.: 50 Erfolgsmodelle. Kleines Handbuch für strategische Entscheidungen. Zürich: Kein & Aber 2008.
- Heß, H. (Hrsg.): Erzählbar. 111 Top-Geschichten für den professionellen Einsatz in Seminar und Coaching. Bonn: managerSeminare 3. Aufl. 2015.
- Nohl, M.: Wer bin ich? Selbsterkenntnis und Persönlichkeitsentwicklung leicht gemacht. Norderstedt: BoD 2013.

Belastungspentagramm erstellen

Input: Belastungspentagramm

Beschreibung und Hintergrund

Mit dem Pentagramm wird einerseits deutlich, inwiefern sich Klienten zu einer Veränderung oder Aufgabenstellung gezwungen fühlen, und andererseits, inwieweit sie sich der Herausforderung gewachsen sehen. Durch die klare Unterscheidung zwischen Wollen, Können und Müssen wird die Übernahme von Eigenverantwortung gefördert. Diese kann dann selbstbewusst kommuniziert werden.

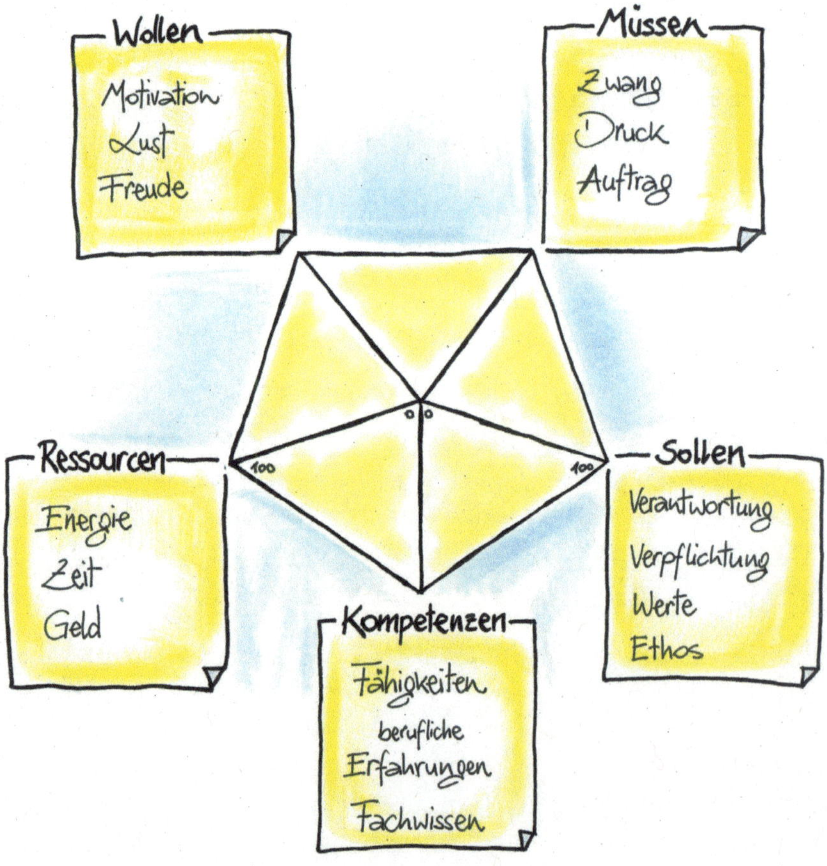

Vorgehensweise

Zeichnen Sie das Pentagramm einschließlich der Unterbegriffe an das Flipchart, während Sie das Modell erläutern.

Reichen Sie Ihrem Klienten mit den folgenden Worten einen Marker. „Wenn Sie sich nun die kommende Veränderung oder Herausforderung vor Augen führen, wie hoch ist jeweils aus dem Bauch heraus die Skala von 0 bis 100 bei den einzelnen Aspekten ausgeprägt? Wobei 100 für ‚sehr stark' und 0 für ‚gar nicht' steht. Bitte markern Sie, ohne viel nachzudenken, den gefühlten Stand in dem Schaubild an."

Beobachten Sie das Einzeichnen. Wo zögert Ihr Klient, wo schaltet sich vermutlich direkt der Kopf mit dazu?

- **Wollen:** Motivation, Lust, Freude
- **Müssen:** Zwang, Druck, Auftrag
- **Sollen:** Verantwortung, Verpflichtung, Werte, Ethos
- **Kompetenzen:** gesammelte Fähigkeiten, Fachwissen und berufliche Erfahrungen
- **Ressourcen:** aktuell verfügbare Ressourcen, Energie, Zeit, Geld

Anwendungsbereiche

- Wenn Ihr Klient vermutet, dass mit der Veränderung starke Belastungen verbunden sind
- Bei Entscheidungen, die relativ kurzfristig getroffen werden müssen
- Wenn eine neue Aufgabe, ein neuer Job oder ein Projekt ansteht und Ihr Coachee nicht so genau weiß, ob er sich das zutrauen möchte und kann

Anwendungsbeispiel

Frieder A. (39) ist einer von drei Vorstandsmitgliedern bei einem mittelständischen Automobilzulieferer. Der Vorstand steht vor der Entscheidung, ob er ein weiteres Unternehmen dazukaufen will, das kurz vor dem Konkurs steht. Die beiden anderen Vorstandsmitglieder, darunter sein Vater als Vorstandsvorsitzender, sehen Frieder A. als die treibende Kraft bei der Unternehmensübernahme, da er deutlich jünger ist und eine Weiterbildung im Bereich Change Management absolviert hat.

Frieder A. ist nach seinem Empfinden jetzt schon grenzwertig belastet und sieht seine Familie immer weniger bei Tageslicht. Er möchte für sich im Coaching klären, ob er seine Kompagnons mit einem klaren Nein konfrontiert oder ob die Aufgabe doch noch für ihn machbar wird, da sie vermutlich eine gute Zukunftsinvestition in das Unternehmen darstellen würde.

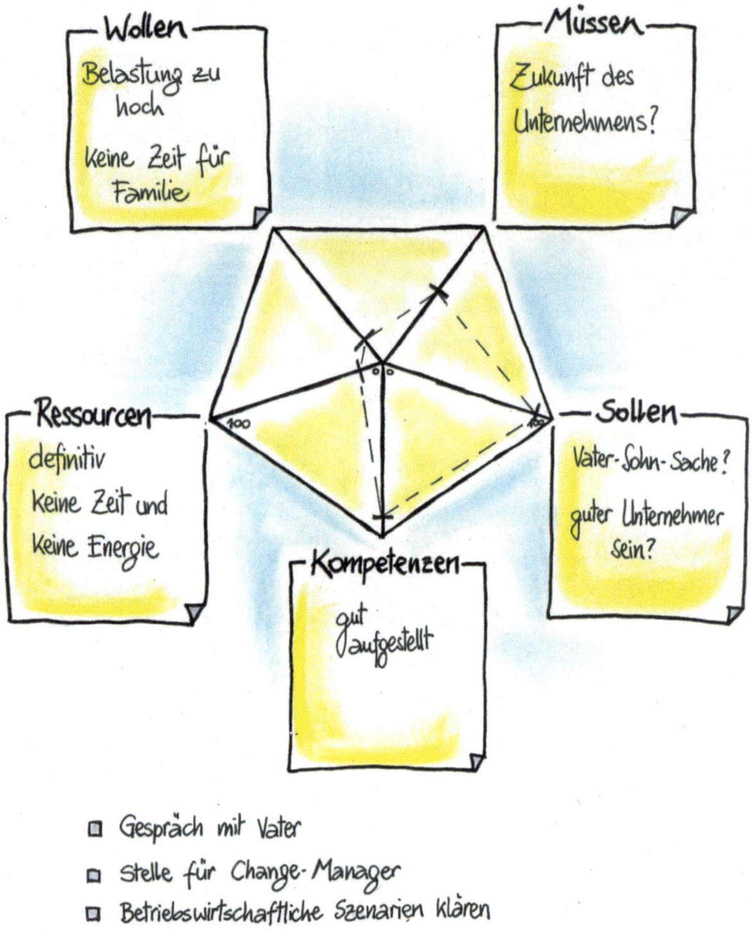

Bei Herrn A. wird deutlich, dass die Skalen im Bereich „Kompetenzen" und „Sollen" stark gefüllt sind. Im Bereich „ Ressourcen" und „Wollen" liegt der Wert sehr niedrig, bei „Müssen" schwankt er, weil er nicht weiß, ob er damit die Zukunft des Unternehmens zu stark beeinträchtigt. Auf die Nachfrage, was ihn dazu führt, dass er eine so starke Anforderung im Bereich Sollen ausmacht, wird sehr schnell die Vater-Sohn-Problematik deutlich. Schließlich möchte er in den Augen seines Vaters ein guter Unternehmer sein und er hat gelernt, dass gute Unternehmer expandieren, wenn sich ihnen die Möglichkeit bietet.

Er beschließt, ein offenes Vier-Augen-Gespräch mit seinem Vater zu führen, der auch kein Interesse daran haben kann, dass sein Sohn die gleichen Fehler macht wie er, da er in der Kindheit von Frieder A. auch sehr wenig präsent war. Vielleicht gäbe es die Möglichkeit, eine neue Stelle für einen Change Manager zu schaffen, der an Frieder A. berichtet, ihn aber auch entlastet. Möglicherweise ist der Kauf des anderen Unternehmens aber auch gar nicht so existenziell, hier möchte Frieder A. noch einmal gemeinsam mit seinen Partnern einige Szenarien durchspielen.

Weiterführende Ideen und Variationen

Kennzeichnen Sie die fünf Ecken des Pentagramms mit beschrifteten A4-Blättern auf dem Boden. Bitten Sie Ihren Klienten, sich auf jedes Blatt zu stellen und eine passende Körperhaltung im Bezug zu seiner Veränderungsaufgabe oder Herausforderung einzunehmen (inkl. Gestik und Mimik, wenn möglich). Sprechen Sie anschließend über die inneren Eindrücke und Gefühle des Klienten und Ihre äußeren Wahrnehmungen bei den jeweiligen Aspekten. Die Ergebnisse können Sie auf den A4-Blättern mitnotieren und als Erinnerungshilfe mitgeben.

Quellen, Literatur

- Ehinger, W.; Henning, C.: Methodenkoffer für Supervision und Coaching. Tübingen: CreaSys 2009.

Eine Runde auf dem Erwartungskarussell fahren

Inputs: Erwartungskarussell, Perspektivwechsel

Beschreibung und Hintergrund

Wir alle sind in Veränderungssituationen nicht nur mit unserer inneren Stimmenvielfalt konfrontiert, sondern darüber hinaus gibt es noch die verschiedensten Erwartungen aus unserem Umfeld. Wären wir ein Unternehmen, würden wir diese Anspruchsgruppen „Stakeholder" nennen – und es ist nicht leicht, allen Stakeholdern gerecht zu werden. Diese Übung eignet sich sehr gut dazu, einen Überblick zu gewinnen, welche Anspruchsgruppierungen und Einzelpersonen Erwartungen an Ihre Klienten richten. Auch kann daran gearbeitet werden, ob diese Erwartungen real sind oder nur vermutet bzw. „gefühlt".

Eine wichtige Veränderungskompetenz, die in dieser Übung gefördert wird, ist die Anpassungskompetenz. Anpassung verstehe ich hier im Sinne der Individualpsychologie als gelingende Interaktion mit dem Umfeld.

Vorgehensweise

Zeichnen Sie das Drehrad an das Flipchart, schreiben Sie die erfragten Anspruchsgruppen am äußeren Rand dazu. Lassen Sie hier immer noch zwei bis drei Leerstellen, da üblicherweise noch weitere Umfeldstimmen im Laufe des Gesprächs auftauchen. Kennzeichnen Sie nun mit einem Marker oder farbigen Stift jeweils die Position, an die sich das Karussell gerade hindreht.

Fragen Sie dann:

- „Welche Haltung vertritt diese Person, diese Gruppe?
- Welche Anforderungen und Erwartungen stellt sie an Sie?
- Wieso sollten Sie diese Forderungen berücksichtigen? Was ist an der Beziehung wichtig für Sie?
- Welche Reaktion zeigt sich bei Ihnen auf diese äußere Anforderung?"

Notieren Sie die Ergebnisse auf Moderationskarten und hängen Sie sie zu den jeweiligen Anspruchsgruppen dazu.

Wenn Ihr Coachee sich schwertut mit dem Perspektivwechsel in die Anforderungsgruppe, können Sie als Coach auch in die Bresche springen: „Ich kann mir vorstellen, dass diese Gruppe Sie für ... gewinnen/einspannen möchte. Auch wäre denkbar, dass sie sich von Ihnen wünscht, dass ..."

In der folgenden Auswertung wird mit dem Coachee dann an folgenden Fragestellungen gearbeitet:

- „Welche Äußerungen, Forderungen und Erwartungen haben Sie vorrangig wahrgenommen?
- Was hat Sie überrascht, womit haben Sie nicht gerechnet?
- Welche Anspruchsgruppe oder Einzelperson hat mit ihrer Argumentation am meisten emotional bei Ihnen ausgelöst, worauf führen Sie das zurück?
- Was könnten Sie konkret in der Situation tun, um die einzelnen Anspruchsgruppen zu ‚bedienen'?
- Welcher Gruppe oder Person möchten Sie ein klares „Nein" zu ihren Forderungen erteilen und wie könnten Sie das in der Praxis angehen?
- Wie möchten Sie sich mit Ihrer eigenen Meinung/Einstellung/Haltung in Zukunft gegenüber den Anspruchsgruppen positionieren. Benötigen Sie da ein klares Signal? Möchten Sie dafür ein Symbol finden?"

Anwendungsbereiche

- In Teamcoachings und Coaching von Führungskräften
- Wenn Klienten es mit vielen unterschiedlichen und widerstreitenden Anforderungen und Erwartungen aus dem Umfeld zu tun haben
- Für Klienten im Konflikt zwischen eigenen Zielen und Erwartungen ihres Umfelds

Anwendungsbeispiel

Lea H. (42) leitet die Personalabteilung in einem Unternehmen der Telekommunikationsbranche. Sie steht vor der Entscheidung, ob sie ihre Stelle reduzieren soll oder ob sie noch mal einen Karrieresprung innerhalb des Unternehmens wagt. Das klingt erst einmal verrückt, aber diese beiden Optionen haben sich innerlich bei ihr herausgebildet. Alles sei besser, als sich gerade zwischen allen Fronten zu „zerreiben".

Sie identifiziert für sich folgende Anspruchsgruppen: Ihre acht direkten Mitarbeiterinnen, die 95 Mitarbeiter, für die sie mit ihrer Abteilung in Personalfragen zuständig ist, deren Vorgesetzte, das Board und ihren direkten Vorgesetzten, die Kunden, ihre Kinder, ihren pflegebedürftigen Vater, ihren Lebenspartner und ihren Chor.

Beispielhaft sei hier die Reflexion mit drei Anspruchsgruppen mit Lea H. durchgeführt:

	Einträge auf den Moderationskarten	Reaktion von Frau H. (mündlich)
Acht Mitarbeiterinnen	Wir lieben Dich als Chefin, Du hältst uns den Rücken frei, ohne Dich können wir nicht effektiv arbeiten, für uns ist das kleinere Übel, dass Du Deine Arbeitszeit reduzierst und uns mehr delegierst, als dass Du uns verlässt ... Du arbeitest doch auch gerne mit uns, oder?	Na klar wollen sie, dass ich bleibe, ich schütze sie bisher wirklich sehr vor dem Druck von oben. Wenn ich allerdings reduziere, kann ich ihnen nicht mehr so viel abnehmen. Ob sie mich dann immer noch als Chefin behalten wollen? (Sie lacht.) Ich denke schon.
Kinder	Du bist so viel weg. Oft rufst Du an, dass es schon wieder später wird. Wir wollen nicht, dass Du noch mehr arbeitest. Wir brauchen Dich.	Tja, das übliche schlechte Gewissen einer Karrieremutter springt natürlich sofort an. Aber die Kinder haben vielleicht recht, jetzt sind es nur noch wenige Jahre, dass sie überhaupt etwas von mir wissen wollen, da sollte ich vermutlich nicht durch noch mehr Abwesenheit glänzen. Ich will doch auch mehr bei ihnen sein.
Das Board	Wir schätzen Sie als kompetente Führungskraft. Sie wissen, wir suchen weibliche Führungskräfte, die bereit sind, auch größere Herausforderungen anzunehmen. Wir haben da ein exklusives Förderprogramm für Sie zusammengestellt. Sie müssen sich nur für Ihre Karriere entscheiden, dann stehen Ihnen alle Wege offen.	(Sie seufzt.) Es ist einfach zu verlockend. Auf der anderen Seite spüre ich keinerlei persönliche Verbindlichkeit gegenüber dem Board. Ich bin hier niemandem etwas schuldig. Nur weil sie die Quote erfüllen müssen ... Wenn ich allerdings mit meiner Teilzeit-Anfrage komme, bin ich erst einmal weg von der Liste ... Aber wenn sie mich wirklich schätzen, dann gilt das Angebot vielleicht auch noch in ein paar Jahren? Wenn nicht, werden sich andere Wege finden.

Sie sehen, zu welcher Entscheidung Lea H. tendiert, obwohl die anderen Gruppen noch gar nicht angeschaut wurden.

Weiterführende Ideen und Variationen

- Diese Übung ist wunderbar in der Gruppe durchzuführen. Jeweils zwei Personen stellen die Anspruchsgruppen dar. Der Coachee, die Führungskraft oder der Supervisand stellen sich in die Mitte. Die Anspruchsgruppen formulieren mit den oben genannten Fragen die Erwartungen und Forderungen. Hilfreiche Formulierungen sind: „Ich stehe hier stellvertretend für …, ich vertrete die Haltung von …, uns ist wichtig dass Sie (die Person in der Mitte) …; wir erwarten von Ihnen in Ihrer Funktion als/in Ihrer Rolle als Mensch/als weibliche Führungskraft/als Vertreterin von … Folgendes: …; wir sollten Gehör finden, weil …; wir sind wichtig für Sie, da …"
- Die Auswertungsfragen können dann im weiteren Verlauf von oben übernommen werden.

Hinweise

Die Übung ist durchaus anspruchsvoll und anstrengend. Das Verschieben der eigenen Perspektive zu einer Perspektive auch von Konfliktpartnern benötigt einen hohen Energieeinsatz und sollte nur mit Klienten durchgeführt werden, die nicht schon völlig verausgabt ins Coaching kommen.

Quellen, Literatur

- Ehinger, W.; Henning, C.: Methodenkoffer für Supervision und Coaching. Tübingen: CreaSys 2009.

Die gangbare Mitte definieren

Input: Win-win-Lösungen

Beschreibung und Hintergrund

Anpassung soll im Veränderungscoaching verstanden werden als die gelingende Balance zwischen äußeren Anforderungen und inneren Bedürfnissen. Sie sehen schon, es geht um aktive Anpassung im Gegensatz zur reaktiven Form. Aktives Anpassen heißt, dass ich bereit bin, alte Muster zu verlernen. Die neuen Muster, an denen ich mich orientiere, müssen der aktuellen Situation gerecht werden und auch innerlich machbar sein. Manchmal geht es eben auch darum, einen für den derzeitigen Zeitpunkt befriedigenden, gangbaren Weg zu entwickeln und nicht auf die endgültige und optimale Lösung zu warten.

Die Psychologin Verena Kast weist darauf hin, dass leider gerade in krisenbehafteten Situationen die notwendige Flexibilität im Umgang mit dem Leben fehlt. Wenn es nun in der schwierigen Veränderungssituation gelingen würde, die Forderung nach Flexibilität nicht als Forderung von außen, also als fremdgesteuert aufzufassen, wenn Flexibilität stattdessen etwas wäre, das sozusagen als natürlicher Prozess auch das eigene Bedürfnis erfüllen würde, dann würden sich Ihre Klienten mit der Anpassung doch leichter tun, oder?

Resilienz

Der Begriff der Resilienz beschreibt ein Bündel an Einstellungen und Fähigkeiten, die Menschen aufweisen, die auch in Belastungssituationen handlungsfähig bleiben, weil sie gangbare Wege finden:

- Diese Menschen betrachten Krisen und Übergänge als zum Leben dazugehörig und als lösbares Problem.
- Sie nehmen eine Langzeitperspektive ein und lassen sich nicht kurzfristig verunsichern.
- Sie akzeptieren die verwirrenden und unangenehmen Gefühle, die mit dem Prozess verbunden sind und lassen sich Zeit bei der Bewältigung.

- Sie können ihre Situation aushalten und reflektieren und spontane emotionale Impulse kontrollieren.
- Sie nehmen eine mehrdeutige Situation, die sie nicht spontan lösen können, erst einmal gelassen hin.
- Diese Menschen besitzen eine Art elastische Widerstandsfähigkeit, durch die sie flexibel und situationsangemessen auf die augenblicklichen Anforderungen reagieren.

Gelingende Anpassungsprozesse zwischen äußeren Anforderungen und inneren Bedürfnissen äußern sich oft in Win-win-Situationen.

In der folgenden Visualisierung finden sich diese Win-win-Lösungen im Bereich der Schnittmenge.

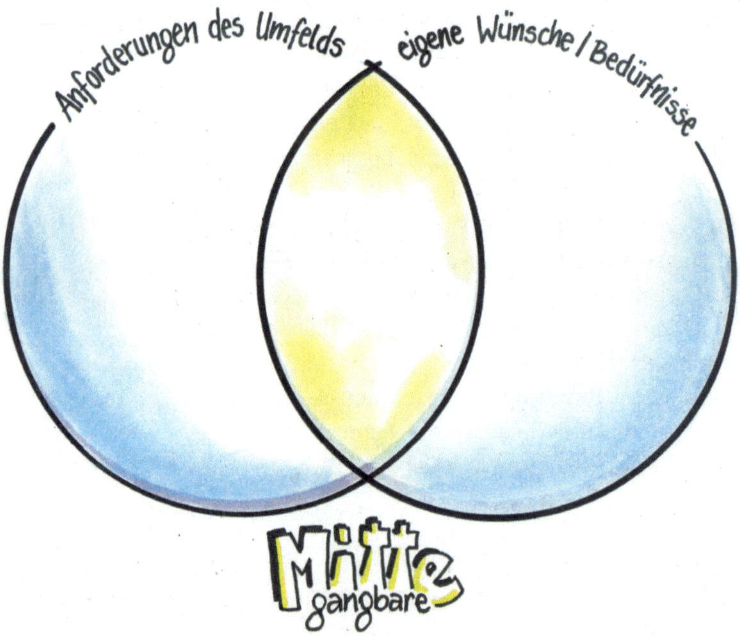

Vorgehensweise Zeichnen Sie die beiden Kreise oder Ellipsen auf ein Flipchart-Blatt, das Sie gerne auch quer an die Wand hängen. Achten Sie darauf, dass der mittlere Bereich etwa genauso groß ist, wie die Außenzonen.

Sammeln Sie dann auf Stattys (statische Haftfolien, www.stattys.com) oder Moderationskarten die Anforderungen von außen in der Situation sowie die Wünsche und Bedürfnisse Ihres Klienten im Veränderungsprozess.

Geben Sie Ihrem Klienten dann die Karten in die Hand und lassen Sie ihn diese im Modell positionieren, die Moderationskarten kleben Sie mit einem Stück Patafix oder Kreppband fest, die Stattys haften von alleine. Sobald neue Ideen für die Schnittmenge entstehen, schreiben Sie diese auf neue Karten.

Wenn die Karten nur in den beiden äußeren Zonen positioniert werden, und Ihr Klient keine Ideen für die mittlere Zone bekommt, dann kombinieren Sie bewusst konträre Anforderungen, um zu kreativen Lösungen zu kommen.

Eine Frage aus dem Fallbeispiel von Marvin F.: „Wie können Sie die anderen mehr in die Pflicht nehmen, dadurch weniger arbeiten und trotzdem mit Ihrer Kompetenz hilfreich sein?" So entstand die Idee für die Projektmanagement-Workshops.

Oder: „Wie können Sie Ihren Stress reduzieren und dennoch keinen plötzlichen finanziellen Einbruch erleiden?" Hier findet Herr F. zu seiner Idee der 4-Tage-Woche, die er finanziell noch verkraften könnte.

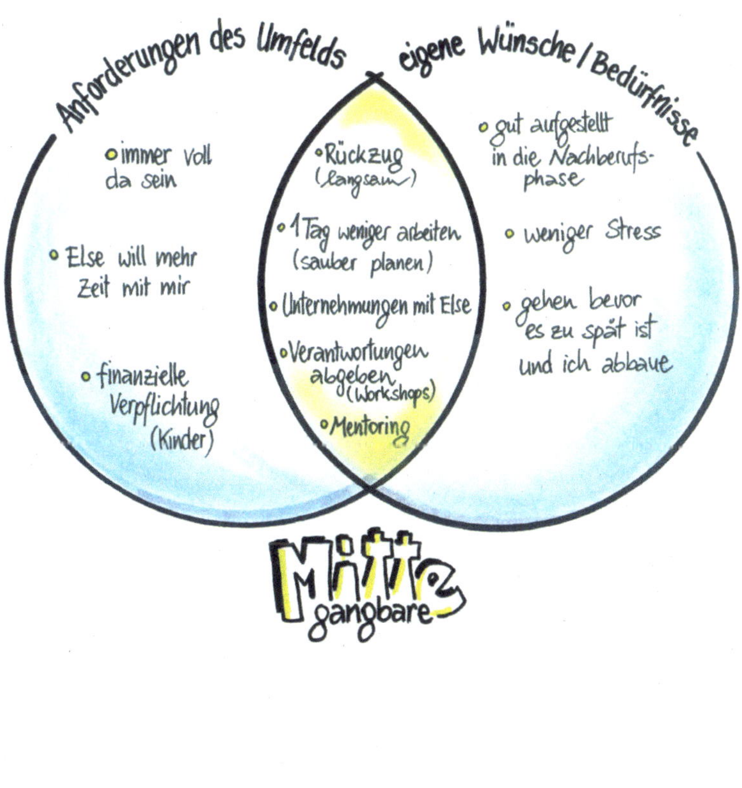

Anwendungsbereiche

- Klienten, die handlungsunfähig sind, weil sie zwischen äußeren Anforderungen und eigenen Wünschen keinen Weg sehen
- Klienten, die starr an ihrer Position festhalten und sich wundern, warum sie keine Unterstützung aus dem Umfeld erhalten
- Coachees, die bereits einige Sitzungen in Veränderungscoaching durchlaufen haben und an der Schwelle zur Lösungsfindung stehen

Anwendungsbeispiel

Marvin F. (61) ist einer der seltenen „alten Hasen" in einer größeren Werbeagentur. Seine Kollegen schätzen seine ruhige Art, mit der er die stressigsten Projekte managt und seine langjährige Kundenerfahrung. Marvin F. überlegt allerdings, ob er in der nächsten Zeit aufhören soll, so lange er noch voll dabei ist, denn er merkt, dass er bei dem Tempo nicht mehr lange mithalten wird.

Anforderung von außen	Gangbarer Weg in der Mitte	Wünsche in seiner aktuellen Situation
Sei wie immer voll dabei und für uns da (Agenturkollegen und Chef)	Langsamer Rückzug, angestrebter Renteneintritt in zwei Jahren (da sind dann auch die Kinder hoffentlich mit dem Studium fertig)	Eigener Anspruch: finanziell gut aufgestellt in die Nachberufsphase zu gehen
Ich will mehr Zeit von Dir (Frau, bereits im vorzeitigen Ruhestand)	Ein Tag weniger arbeiten (diesen Tag jeweils einen Monat im Voraus mit seinem Chef planen), er zeigt damit seine Flexibilität und kann auch mit seiner Frau noch Unternehmungen planen	Weniger Stress, es reicht, er hat so lange alles gegeben, jetzt sind die Jüngeren mal dran
Finanzielle Verpflichtungen: Zwei Kinder studieren noch	Hauptverantwortung für Projekte auch einmal an Jüngere delegieren (Begleitung als Mentor bei Kunden), evtl. kleine Workshops zu Projektmanagement, in denen er seine Expertise an Jüngere weitergibt	Zu gehen, bevor es zu spät ist und die anderen merken, dass er nicht mehr so mithalten kann

Marvin F. ist zufrieden mit den Win-win-Ergebnissen in der Mitte und wird sie mit seinem Chef, seiner Frau und seinen Kindern besprechen.

Weiterführende Ideen und Variationen

- Wenn Klienten mit den Ideen in der Mitte noch nicht so ganz zufrieden sind, können Sie mit der Affektbilanz arbeiten (S. 238). Fragen Sie dann: „Was bräuchten Sie, damit die negativen Empfindungen hier weiter heruntergehen?", „Oder was könnte Ihren Spaß, Ihre Lust an der Lösungsidee weiter steigern und die positiven Empfindungen hier nach oben bringen?"
- Wenn Sie mit dem Konstrukt der Resilienz die Arbeit vertiefen möchten, können Sie Ihren Klienten bitten, sich in die Lösung hineinzustellen, indem Sie die Lösungskarten auf den Boden legen. Visualisieren Sie dann mit ihm einen Baum, der fest verankert ist, sich von Gegenwind nicht so schnell umwerfen lässt, aber flexibel genug ist, um auf Anregungen von außen angemessen zu reagieren, wenn er mit den soeben gefundenen Lösungen nach draußen „in die freie Wildbahn" geht.

Hinweise

Wenn es Ihnen hilfreich erscheint, sprechen Sie mit Ihrem Klienten über das, was wir von resilienten Menschen lernen können. Sie können aber auch erst nach der Übung auf den Begriff eingehen, um Ihrem Klienten wertschätzend bewusst zu machen, dass er gerade eine sehr resiliente Lösung für sich gefunden hat.

Quellen, Literatur

- Nohl, M.: Berufliche Übergänge gut bewältigen und kompetent gestalten. Norderstedt: BoD 2011.

Das Horror- und das Wunsch-Ich erfinden

Input: Berg-Wege-Modell

Beschreibung und Hintergrund

In krisenhaften Veränderungssituationen malen wir uns oft Horrorszenarien aus, über die aber selten gesprochen wird. Ein Teil des Schreckens kann gebannt werden, wenn diese einmal bewusst „durchdekliniert" werden. Das ist ein positiver Nebeneffekt dieser Intervention. Das zentrale Ziel dieser Methode ist es aber, die Reflexion für gangbare Wunschvorstellungen zu verstärken. Die Zielbildung erfolgt in heftigen Veränderungsprozessen oft überhöht, im Sinne eines „Sehnsuchtsziels", an dem Klienten zwangsläufig mangels Ressourcen oder durch äußere Restriktionen scheitern werden.

Wenn Sie mit Klienten realistischere Wege konkret werden lassen, die mit jeder einzelnen Handlung unter den Füßen entstehen, wenn klar wird, dass jeder Schritt und jede kleine Entscheidung vorwärtsträgt in Richtung Wunsch-Ich oder Horror-Ich, dann wird der eigene Einfluss gerade auch in schwierigen Situationen wieder deutlicher. Damit gewinnen Klienten ein Stück ihrer Selbstwirksamkeit zurück. Diese Übung ist angelehnt an eine komplexe Intervention, die auf imaginativen Methoden Milton Ericksons und deren hypnosystemischer Weiterentwicklung durch Gunter Schmidt beruht. Die konkrete Visualisierung verstärkt ihre Wirkung.

Vorgehensweise

Zeichnen Sie die Wegelandschaft auf ein Flipchart, während Sie die Übung erläutern. Achten Sie darauf, dass Sie zwei bis drei Hügel oder Berge und eine deutliche Sackgasse oder einen Abgrund vorsehen, auf die oder den die verschiedenen Ichs positioniert werden können. Lassen Sie ausreichend Wege zu diesen Punkten hinlaufen.

Definieren Sie mit Ihrem Klienten einen Zeitpunkt in der Zukunft, den sie jetzt gemeinsam bereisen werden. Dann gehen Sie mit ihm zuerst auf die Reise zu seinem Wunsch-Ich. Leiten Sie Ihren Klienten an, dieses möglichst auf allen Sinneskanälen zu imaginieren. Machen Sie sich Notizen, um später Formulierungen Ihres Klienten wieder aufgreifen zu können:

- „Wie sehen Sie sich in der Zukunft, wie sind Sie gekleidet, wie stehen Sie da? Gibt es Farben, die Sie erkennen können, in welches Licht ist die Szene getaucht? Können Sie noch andere Menschen dort sehen, wie stehen diese in Beziehung zu Ihrem zukünftigen Ich? Sehen Sie sich gerade bei einer Tätigkeit?
- Wenn Ihr Zukunfts-Ich etwas sagen würde, wie würde seine Stimme klingen? Was sagt Ihr zukünftiges Ich über sich selbst? Was wäre anders als jetzt? Gibt es einen besonderen Sound, ein musikalisches Genre, das Sie in der Zukunft repräsentieren würde?
- Wenn Sie sich in die Person hineinversetzen, wie würde sie sich fühlen? Scannen Sie doch einmal Ihre wichtigsten Körperteile, wie fühlt sich die zukünftige Person im Kopf, im Oberkörper, in den Armen, im Bauch, in den Beinen an? Wie steht sie da, wie sieht ihre Körperhaltung aus?
- Was riecht oder was schmeckt sie, wenn sie das tun würde? Etwas Angenehmes, etwas Unangenehmes?

- Was denkt sie über sich? Und was verbirgt sie vielleicht sogar vor sich selbst, weil sie es nicht zu denken wagt? Worüber freut sie sich? Was bereitet ihr Sorgen? Was denkt sie über andere?“

Wenn Sie so gemeinsam das konkrete Bild des ersten Wunsch-Ichs erarbeitet haben, fragen Sie Ihren Klienten, wo auf der Visualisierung das Wunsch-Ich stehen soll. Bieten Sie dann an, dass Ihr Klient selbst sein Ich zeichnet. Die meisten lehnen das dankend ab, dann tun sie es bestmöglich, ohne zu sehr auf die genannten Details einzugehen.

Dann begeben Sie sich mit den gleichen Fragen in die zweite Visualisierungsrunde zum Horror-Ich. Ermutigen Sie Ihren Klienten, hier ruhig deutlich zu werden, versuchen Sie aber Schicksalsschläge oder Krankheiten auszuklammern. Lassen Sie auch dieses Ich wiederum in der Visualisierung positionieren.

Erklären Sie dann für den nächsten Schritt, dass es nun darum geht, die einzelnen Wege zu den beiden Ichs zu gehen. Fragen Sie aber vorher, ob inzwischen noch ein weiteres Ich entstanden ist, das Ihr Klient ebenfalls noch kennenlernen möchte. Vielleicht gibt es auch noch ein drittes. Mehr sollten es aber nicht sein, sonst wird die Übung zu unübersichtlich.

Gehen Sie dann auf Wanderschaft zu den verschiedenen Ichs. Beginnen Sie mit dem Horror-Ich und halten Sie die Zeit, die Sie darauf verwenden, deutlich kürzer als bei den anderen Wegen. Manche Coachs möchten die Wegimagination zum Horror-Ich gerne weglassen. Ich denke dennoch, dass hier auch so mancher „Groschen fallen“ kann, wenn man sich einmal darauf einlässt, sich auf diese Abwege zu begeben. Als Kreativitätshilfe zur Imagination dient hier die Kopfstandmethode:

- „Was müssten Sie tun, um möglichst schnell und zielstrebig zu Ihrem Horror-Ich zu kommen?
- Was wünscht sich Ihr Horror-Ich von Ihnen, das Sie fühlen, denken und sagen sollen?
- Welche Wegmarken oder Weggabelungen sehen Sie auf dem Weg zu Ihrem Horror-Ich? Welchen Ratschlag würde Ihnen Ihr Horror-Ich dort jeweils geben?“

Auch wenn dabei viel gelacht wird, ist diese Übung doch beklemmend. Bitten Sie deswegen Ihren Klienten, sich einmal auszuschütteln und die Vorstellung des Horror-Ichs von sich abzustreifen, bevor es an die Weiterarbeit mit dem Wunsch-Ich geht.

Wenn Sie möchten, können Sie am Ende der Methode die Ergebnisse dieses Teils noch einmal „umdrehen“ und mit den positiven Ergebnissen des Wegs zum Wunsch-Ich abgleichen. Möglicherweise kommen hier noch einmal neue, kreative Aspekte mit ins Spiel.

Dann wenden Sie sich dem Wunsch-Ich zu. Wenn es mehrere Wunsch-Ichs gibt, bitten Sie Ihren Klienten das auszuwählen, das er zuerst kennenlernen möchte. Fragen Sie dann:

- „Welcher Weg würde zu diesem Ich führen? Wie ist der Weg beschaffen? Leicht, steil, steinig, langweilig? Inwieweit ist Ihr aktuell eingeschlagener Weg hilfreich, um zu diesem Ich zu kommen?
- Gibt es da Weggabelungen auf dem Weg, die Sie heute schon sehen können, wo Sie aufpassen müssen?
- Welche Alltagshandlungen und kleinen Entscheidungen würden Sie mehr auf den Weg zu diesem Ich führen?
- Welche Handlungen würden auf das Konto dieses Ichs einzahlen? Welche Einstellungen oder Haltungen würden dieses Ich bestärken?
- Möchte das Wunsch-Ich aktuell etwas mit Ihnen zu tun haben? Was müsste geschehen, damit es Ihnen gerne begegnen möchte?
- Mit welchen Botschaften könnte dieses Ich Sie motivieren, näher zu kommen, wie könnte es Sie „verführen“, den langen Weg zu ihm auf sich zu nehmen?
- Was würden Sie gerne tun oder sagen, wenn Sie beim Wunsch-Ich angekommen sind?
- Hat das Wunsch-Ich möglicherweise ein Geschenk für Sie? Wenn ja, was wäre es, wie sieht es aus? Können Sie es verstehen und annehmen?“

Schreiben Sie wichtige Nennungen stichwortartig an den Weg oder ergänzen Sie die Landschaft mit kleinen Hinweisschildern.

Bitten Sie Ihren Klienten abschließend, sich vom Wunsch-Ich zu verabschieden. Überlegen Sie dann gemeinsam, ob noch ein anderer Weg zu einem anderen Wunsch-Ich im Vergleich beschritten werden soll. Erarbeiten Sie diesen ebenfalls mit den gleichen Fragen.

Wenn es um ein Entscheidungsanliegen geht, sprechen Sie anschließend über die Entscheidungstendenz.

Wenn nur ein Weg bereist wurde, gehen Sie in die Dissoziation und schauen Sie auf die Ergebnisse:

- „Wie ist es Ihnen auf den Wegen ergangen? Was wurde Ihnen klar? Was beschäftigt Sie in Bezug auf die einzelnen Ichs gerade noch?"
- „Was nehmen Sie sich als nächsten Schritt mit, den Sie auf Ihrem Alltagsweg in Richtung Wunsch-Ich gehen möchten?"
- „Wie können Sie sich in regelmäßigen Abständen mit Ihrem Wunsch-Ich treffen, um zu klären, ob Sie noch auf dem richtigen Weg sind? Schließlich wird es immer wieder Herausforderungen auf dem Weg geben." Lassen Sie hier nicht locker, bis sich Ihr Klient auf konkrete Dauer-Termine festgelegt hat. Überlegen Sie auch gemeinsam, wie dieses Transfermeeting gestaltet werden kann, beispielsweise kann der Klient in einen schriftlichen Dialog mit seinem Wunsch-Ich gehen. Möglicherweise möchte er Ihnen auch per Mail kurz Bericht erstatten über das Ergebnis des Meetings.

Anwendungsbereiche

- Bei krisenhaften Veränderungsprozessen, wenn schon eine Weile am Veränderungsprozess gearbeitet wurde, der entscheidende „Durchbruch" in Richtung Zukunftsgestaltung aber noch nicht erfolgt ist
- Für Klienten, die vor großen Herausforderungen oder schwierigen Entscheidungen stehen
- In der beruflichen Neuorientierung, hier geht es weniger um konkrete berufliche Optionen, als um den Gesamteindruck des Wunsch-Ichs, der dann später mit den konkreten neuen Jobideen abgeglichen werden kann

---

Anwendungsbeispiel

Frederik P. (26) hat aufgrund einer schweren Beinverletzung seine Karriere als Sportler im Basketball aufgeben müssen. Er sucht nun nach neuen Herausforderungen, ist aber insgesamt noch sehr am Hadern mit seinem Schicksalsschlag. Er steht tatsächlich aktuell an einer Weggabelung zwischen Horror- und Wunsch-Ich. Ich entscheide mich intuitiv, mit ihm tatsächlich zuerst zum Horror-Ich zu reisen.

Sein Horror-Ich beschreibt er folgendermaßen:

„Da steht ein gebrochener Mann in schwarzen Klamotten, man sieht ihm an, dass er zu viel raucht und trinkt. Er reißt schlechte Witze und ist als Zyniker bekannt. Sein Geld verdient er mit Gelegenheitsjobs, die ihm seine ehemaligen Sportkumpels aus Mitleid zuschanzen, allerdings ist er auch immer in Geldnot. Er fühlt sich beschissen, hängt aber den

Coolen raus. Irgendwie will er noch dazugehören, alle möchten aber eigentlich nichts mehr mit ihm zu tun haben, weil er sie runterzieht. Der Sound ist echt düster, so richtige Depri-Musik. Er stinkt so nach Rauch, dass sich schon lange kein Mädel mehr mit ihm eingelassen hat. Er denkt, dass er ein verdammter Loser ist. Und er wagt nicht zu denken, dass dieses Leben vielleicht so sinnlos ist, dass er es eigentlich beenden sollte."

Er ist nach dieser Schilderung richtig betroffen, sodass es Zeit wird, die Perspektive zu wechseln. Wir machen eine Pause, lüften, schweigen und ich gieße ihm ein neues Glas Wasser ein.

Sein Wunsch-Ich kann er folgendermaßen beschreiben: „Ich sehe einen Mann, vielleicht Mitte 30 mit zwei kleinen Kindern und einer Frau. Er sieht ganz lässig gekleidet und zufrieden aus, hat einen großen Freundeskreis. Alte Kollegen aus dem Sport, aber auch unbekannte Gesichter sehe ich da. Mir ist nicht ganz klar, womit er sein Geld verdient, aber es könnte etwas mit Verkaufen oder Marketing im Sport zu tun haben. Jedenfalls ist er sehr aufgeschlossen und kontaktfreudig, man will gerne etwas mit ihm zu tun haben. Der Typ klingt eher rockig, vielleicht auch in Richtung Kuschelrock, aber nicht zu stark. Er riecht gut, natürlich, scheint auch viel draußen zu sein. Er hört lebendige Stadtgeräusche und er denkt, dass er gerne lebt und froh ist, noch mal ein neues Leben nach dem Sport angefangen zu haben. Er ist dankbar für das, was er so um sich herum sieht und wagt nicht daran zu denken, was er verpasst hätte, wenn er sich nicht noch mal auf den Weg gemacht hätte."

Als Herr P. zum Ende kommt, schweigen wir erneut. Er äußert, dass er sich das nicht so krass vorgestellt hat, wie unterschiedlich das Leben für ihn doch noch verlaufen könne. Und ihm sei klar geworden, dass er alle Energien aktivieren will, um die positive Vorstellung Wirklichkeit werden zu lassen. Wir schauen uns daraufhin nur den Weg zum Wunsch-Ich an:

- Er will sich erkundigen, ob er sein abgebrochenes BWL-Studium noch mal aufnehmen und evtl. den Schwerpunkt auf Marketing setzten kann.
- Er spricht mit seinem Bankberater und seinen Eltern wegen der Finanzierung.
- Er werde sich endlich auf Frauensuche begeben, schließlich hindere ihn der Leistungssport jetzt nicht mehr an einer festen Beziehung.
- Und er hätte gerne wieder mehr Musik in seinem Leben. Er wolle ja schon immer anfangen, Gitarre zu spielen. Vielleicht könne er darüber ja auch neue Menschen außerhalb des Sports kennenlernen.

Er sprudelt über vor Ideen. Wir erarbeiten noch gemeinsam eine Rückfall-Strategie, was er tun wird, wenn er erkennt, dass er vom Weg abkommt und wieder in Richtung Horror-Ich läuft. Er erarbeitet drei Merkmale für sein „Frühwarnsystem" und konkrete Strategien, wie er gegen einen Rückfall angehen wird.

Weiterführende Ideen und Variationen

Wenn zwei oder drei Wunsch-Ichs zur Disposition stehen und Klienten sich tatsächlich nicht entscheiden können, regen Sie an, dass sich Ihr Klient jeweils einen Tag reserviert, um getreu des indianischen Sprichworts in den Mokassins des Wunsch-Ichs zu laufen, also jeweils so zu tun, also ob er bereits dieses Wunsch-Ich wäre und abends seine

Erfahrungen schriftlich festzuhalten, wie sich dieses „So-tun-als-ob-Spiel" angefühlt hat. Anschließend können Sie im Coaching gemeinsam auswerten, welche Option die stimmigere ist und den Weg dorthin vorbereiten.

Hinweise

Sie sehen, dass die Arbeit mit dem Horror-Ich und die Choreografie der Intervention einiges an Fingerspitzengefühl benötigt. Gehen Sie hier nur so weit, wie Sie den Raum für Ihre Klienten halten können.

Quellen, Literatur

- Dollinger, A.: Change-Trainings erfolgreich leiten. Bonn: managerSeminare 2014.
- Schmidt, G. et. al.: Gut beraten in der Krise. Bonn: managerSeminare 3. Aufl. 2014.

Dem Ruf aus der Zukunft lauschen

Input: Metaphorische Arbeit – das Flussufer

Beschreibung und Hintergrund

Diese Übung ist im Veränderungscoaching im Rahmen eines Live-Coachings entstanden, in dem wenig Zeit für die Arbeit mit den Klienten gegeben war, aber maximale Ergebnisdichte erwartet wurde. Sie greift auf die Annahme zurück, dass Klienten immer schon viel mehr über ihre Optionen wissen, als sie sich aktiv zugestehen. Die metaphorische Arbeit erleichtert den Zugang zu diesem intuitiven Wissen und aktiviert die somatischen Marker. So wird verdeutlicht, welche Optionen überhaupt reizvoll sind und genügend Anziehungskraft für einen Klienten besitzen, sodass ihre Umsetzung auch wahrscheinlich genug ist.

Vorgehensweise

Zeichnen Sie das Flussufer auf ein Flipchart (Folgeseite). Schreiben Sie die Begriffe „Heute“ und „Zukunft“ an die beiden Ufer. Zeichnen Sie eine Stellvertreter-Figur für Ihren Klienten an das „Heute-Ufer“. Führen Sie Ihren Klienten kurz in eine Entspannung, indem Sie ihn bitten, die Augen zu schließen, einige Male tief in den Bauch zu atmen, bewusst seine Schultern und die Partie zwischen den Augenbrauen zu entspannen und die Spannung im Kiefer zu lösen. „Stellen Sie sich nun vor, Sie stehen am Ufer eines größeren Flusses. Drüben warten Ihre unterschiedlichen Zukunftsmöglichkeiten auf Sie. Diese werden sich Ihnen ganz konkret in Form von Bildern zeigen. Können Sie die verschiedenen Optionen vielleicht als unterschiedliche Personen sehen? Sind es möglicherweise auch verschiedene Tiere, die da am Ufer stehen? Oder sind es unterschiedliche Pflanzen? Welche Bilder entstehen bei Ihnen? Lassen Sie sich Zeit, um Ihre ganz eigenen inneren Bilder für Ihre verschiedenen Möglichkeiten zu finden.“

Bleiben Sie unbedingt im Metaphernraum, den Ihr Klient hier anbietet. Eine Klientin hat hier einmal unterschiedliche Städte gesehen, auch mit dieser Metapher konnte erfolgreich weitergearbeitet werden. Wichtig ist, dass jedes Bild anschließend auch insofern personifiziert werden kann, dass es etwas zu Ihrem Klienten sagt.

Bitten Sie dann Ihren Klienten, das Äußere der unterschiedlichen Optionen zu beschreiben: „Wie sieht die Person/das Tier/die Pflanze aus? Wie wirkt sie/es stimmungsmäßig auf Sie?"

Nun kann Ihr Klient die Augen wieder öffnen. Versuchen Sie, die Optionen am anderen Ufer bestmöglich zu visualisieren. Lachen Sie einfach gemeinsam, wenn der Panther mehr aussieht wie ein Hund, Ihre Klienten können das vertragen. Wenn Sie die Optionen nicht frei zeichnen mögen, dann nehmen Sie die Grundversion, indem Sie nur Karten mit den Begriffen beschriften (siehe Abb.).

„Stellen Sie sich nun vor, die verschiedenen Optionen werben um Sie. Sie wollen alle, dass Sie sich auf den Weg genau zu ihnen machen. Angenommen, sie würden Ihnen eine Botschaft aus der Zukunft schicken, wie lautet diese?“

Schreiben Sie die verschiedenen Sätze evtl. stichwortartig in die Sprechblasen.

Fragen Sie dann nach der spontanen Reaktion Ihres Klienten auf die unterschiedlichen Optionen. Wo zieht es ihn hin? Welche Option wirkt einladend, sympathisch und solide genug, ihr vertrauen zu können?

Wenn Sie dann noch Zeit haben, zeichnen Sie Trittsteine in den Fluss oder verwenden Sie ovale Moderationskarten. „Überlegen Sie einmal grob, welche Schritte, von hinten her gedacht, notwendig wären, damit diese Option Sie tatsächlich zu sich holen kann? Was müsste sie für Sie tun?“

Drehen Sie zum Schluss den Spieß um. Fragen Sie, ob diese Option so reizvoll für Ihren Klienten ist, dass er der Option ebenfalls dabei helfen würde, ihr von der anderen Seite des Flusses entgegenzukommen. „Was wären die nächsten Schritte, die Sie tun könnten, damit Sie und die Option auch wirklich zusammenkommen?“

Anwendungsbereiche

- Für Menschen mit Fantasie, die sich gerne einmal auf unkonventionelle Übungen einlassen
- Für Kurzzeitcoachings, in denen es um konkrete motivierende Handlungsideen geht
- Zur Erweiterung des Möglichkeitshorizonts, wenn Klienten sich kognitiv schwer tun, verschiedene Optionen für sich zu benennen (obwohl Sie als Coach wissen, dass es ganz viele Möglichkeiten gäbe)

Anwendungsbeispiel

Ellen Z. (56) ist eine Powerfrau. Sie hat schon viel in ihrem Leben „gestemmt“. Sie hat vier Kinder alleine großgezogen, ist Besitzerin einer Mode-Boutique und gibt am Wochenende Kurse zu Partnermassage. Sie sucht nach neuen Herausforderungen, „damit's mir nicht langweilig wird“. Frau Z. ist eine „Hands on“-Frau, die tatsächlich weniger mentale Unterstützung benötigt als die nächsten Handlungsimpulse. Die Umsetzung bekommt sie gut alleine hin.

Nach einer kurzen Entspannung sieht sie folgende Tiere am zukünftigen Ufer auf sie warten:

Metapher	Wirkung/Stimmung	Botschaft	Reaktion
Känguru	Macht sie fröhlich, hüpft da ganz gemütlich seine Runden.	„Komm, wir erleben noch was zusammen – und zwar jetzt!“	„Natürlich, das ist sicher meine Reise nach ‚Down under‘, die ich schon seit Jahren vor mir her schiebe.“
Giraffe	Wirkt erhaben, majestätisch, sie hat Respekt vor ihr.	„Mach mal etwas mit Weitblick, die Gesellschaft braucht Dich.“ Ihr fällt das Thema Flüchtlinge dazu ein.	„Okay. Irgendwie ist mir die Nummer gerade zu groß. Wahrscheinlich ist das mein besseres Ich, das meint, ich müsste mal ...“
Stachelschwein	Wirkt nicht so freundlich, aber sie findet es trotzdem sympathisch und irgendwie reizvoll, weil es so eigen und hässlich ist.	„Ich bin das Sperrige, das ein bisschen hässlich ist, aber Du weißt, wir kommen schon noch zusammen.“ Spontan kommt ihr in den Sinn, mit eher unattraktiven Menschen zu arbeiten, die sie umfassend im Äußeren und für ein selbstbewussteres Leben beraten könnte.	„Wow, das ist es! Da habe ich wirklich so viel zu geben. Und das hat mir schon immer viel Spaß gemacht, das Beste aus jemandem herauszuholen. Vielleicht brauche ich aber dazu noch eine Coachingausbildung, was meinen Sie?“
Kaninchen	Kann sie nicht so richtig ernst nehmen, ganz süß, aber mäßig attraktiv.	„Komm, spiel mit uns.“	Sie lacht und meint: „Das sind sicher meine Enkel. Aber Sie sehen ja schon, meine Kinder wollen da mehr von mir, ich bin aber vielleicht doch nicht die geborene Oma.“

Als Trittsteine vom Stachelschwein aus nennt sie: „Ich werde ein wenig freundlicher und piekse Dich nicht, damit Du auch gerne mit mir zusammenarbeitest“, „Ich schaffe für uns einen Raum, damit wir bei der Arbeit geschützt sind“, „Ich mache Werbung für Dich und gebe mich auch als Maskottchen her“, „Ich stelle Dir meinen Humor zur Verfügung“ und als Abschlussmotivator nennt das Stachelschwein: „Du weißt, Du liebst mich, denn Du liebst Herausforderungen.“

Ellen Z. ist sich bewusst, dass sie hier ein heikles Thema angeht. Aber sie hat große Lust, mit dem Stachelschwein Wege zur Zusammenarbeit zu finden und es ihrerseits auf der Suche nach den geeigneten Werbeformaten und einem geschützten Raum zu unterstützen.

In der Umsetzung entsteht folgendes Bild:

Frau Z.s Fazit:

- Noch in den nächsten Tagen macht sie sich an die Planung ihrer Neuseeland-Reise.
- Darüber hinaus wird sie ein „Personal Coaching" für wenig attraktive Menschen anbieten, das sie in ihrer Boutique und in ihren Seminaren bewirbt. Spaßeshalber wird sie die unattraktivsten Bilder aus ihrer Vergangenheit heraussuchen, um hier bei den Klienten anzuknüpfen. Sie wird sich mit einer befreundeten Grafikerin zusammensetzen und erste humorvolle Werbematerialien mit Stachelschwein entwickeln. Nach den ersten praktischen Erfahrungen wird sie sehen, ob sie für die Arbeit mit ihrer neuen Klientel noch eine Life-Coaching-Ausbildung braucht.

Weiterführende Ideen und Variationen

Sie können diese Übung auch in der Gruppe in Seminaren zum Thema berufliche Orientierung oder Visionsfindung einsetzen. Die Teilnehmer malen ihr Bild mit den verschiedenen Optionen. Die Trittsteine erarbeiten sie dann im Zweiergespräch gemeinsam, allerdings vom Heute-Ufer aus zur Option hin, nicht vom Zukunfts-Ufer aus, da die Arbeit vom Zukunfts-Ufer aus etwas komplizierter ist und Coachingerfahrung des Gesprächspartners voraussetzt.

Hinweise

Die Übung macht den meisten Klienten großen Spaß und bringt sie direkt in eine Aufbruchsstimmung. Achten Sie hier sensibel darauf, ob Klienten möglicherweise noch deutlich weiter vorne im Veränderungsprozess stehen und beispielsweise die Arbeit an inneren Hindernissen angemessener wäre. Sonst kann es passieren, dass Ihre Klienten zwar hoch motiviert nach Hause gehen, aber noch nicht in der Lage sind, konkrete Schritte umzusetzen.

Quellen, Literatur

- Nohl, M.: Seminarunterlagen Visuelles Coaching (unveröffentlicht).

VI

Sich für die kommende Route entscheiden

Sich für die kommende Route entscheiden

Mit den Coachingangeboten in diesem Kapitel unterstützen Sie Ihre Klienten darin, tragfähige und nachhaltige Entscheidungen zu treffen. Weiterhin sensibilisieren Sie sie dafür, dass immer auch schon das Jetzt lebenswert ist und der aktuelle Veränderungsprozess immer nur einen Ausschnitt auf einem größeren Weg darstellt.

Trittsteine setzen – S. 228

Auch wenn manche Entscheidung noch nicht gefällt ist, können Klienten in dieser Prozessphase oft bereits erste Schritte umsetzen. In der Visualisierung der Trittsteine findet das tastende Handeln seinen Platz. Nichts muss perfekt sein, alles ist „Work in Progress".

Entscheidungsdilemmata lösen – S. 234

Klienten sind gerade bei Veränderungen, die die Identität stark in Frage stellen, gefangen zwischen dem Zug nach vorne und der Bindung an das Alte. Hier wird diese Erfahrung noch einmal in der Coachingsituation erlebbar gemacht, um sich dann bewusst daraus zu lösen.

Die Entscheidungskräfte aus dem Bauch nutzen – S. 238

Im Interventionsinventar des Zürcher Ressourcen Modells finden sich viele Ansatzpunkte, wie Klienten die innere Schwelle der Entscheidung überschreiten können. Hier wird einerseits mithilfe der somatischen Marker weitergearbeitet und andererseits mit der Affektbilanz, um abzuschätzen, wo die verbleibenden Aspekte sind, die im Veränderungscoaching noch bearbeitet werden sollten.

Das Reisemotto entwickeln – S. 244

Um kraftvoll über den Rubikon in einen neuen Lebensabschnitt nach der Veränderung gehen zu können, hilft ein Mottoziel. Wie Sie dieses mit Ihren Klienten finden und noch deutlicher ausarbeiten können, erfahren Sie in dieser Intervention.

Auf Spurensuche im Jetzt für Zukunftswunder – S. 250

Wenn wir im Sinne der lösungsorientierten Kurzzeitberatung davon ausgehen, dass immer schon Elemente der gewünschten Zukunft im Jetzt vorhanden sind, gilt es, diese Spuren zu finden und mit Ihren Klienten im Hinblick auf die gewünschte Zukunft zu verstärken. Die kleine magische Visualisierung hilft dabei.

Näher zum Ziel reisen – S. 255

Mit der Visualisierung einer Zielscheibe wird einerseits deutlich, dass die Annäherung an das Ziel schrittweise erfolgt. Andererseits soll Klienten mit dieser Übung bewusst werden, dass wir uns immer auf einem Wegabschnitt befinden, der wiederum auch Ziel ist.

Trittsteine setzen

Input: Metapherarbeit – Zwischenschritte planen

Beschreibung und Hintergrund

In dieser Intervention widmen wir uns ausführlich der Ausarbeitung der Trittsteine. Klienten, die zwar für sich geklärt haben, wo sie hinmöchten, aber noch sehr verunsichert, wenig selbstbewusst oder nicht sehr umsetzungsstark sind, erhalten hier die notwendige Sicherheit, um tatsächlich ins Handeln zu kommen.

Vorgehensweise

Den aktuellen Standort und das Ziel haben Sie in vorherigen Sitzungen geklärt. Nun geht es darum, Hilfestellungen für den Weg dorthin zu erarbeiten.

Zeichnen Sie einige Steine von unten nach oben aufsteigend auf das Flipchart oder beschriften Sie runde Moderationskarten.

„Stellen Sie sich vor, Sie können den Weg vor sich noch nicht sehen, weil vielleicht alles im Nebel liegt oder es stark regnet. Zudem ist der Untergrund möglicherweise sehr schlammig und Sie möchten nicht ausrutschen, das heißt, Sie tasten sich von Trittstein zu Trittstein. Manchmal müssen Sie auch den nächsten Trittstein erst hinlegen, weil Sie noch keinen sehen. Was wäre der erste Trittstein auf Ihrem Weg in die Zukunft, auf den Sie sich sicher hinstellen könnten, um von dort aus weiterzugehen?"

Wenn Ihr Klient nun einen sehr großen Schritt nennt, fragen Sie nach Zwischenschritten. Zerlegen Sie diese beispielhaft parallel auf dem Arbeitsblatt in konkrete Einzelaufgaben, z.B. XY anrufen, zum Thema YZ recherchieren, im Baumarkt Holz zuschneiden lassen etc. Wichtig ist, zu jeder kleinsten Handlungseinheit ein aktives Verb zu formulieren. Wenn Sie mögen, können Sie diese Schritte auch im Kalender Ihrer Klienten bereits fest terminieren und die konkrete Dauer einplanen. Bei eher unselbstständigen Klienten machen Sie auch einen E-Mail-Termin zur Rückmeldung aus. Und ja – es geht im Coaching immer auch um die Eigenverantwortung und diese wird durch die aktive Planungshilfe gefördert, da hier Selbstmanagmentkompetenzen trainiert werden, die manche Klienten nicht im benötigten Umfang mitbringen.

Wenn Sie einige größere Schritte geplant haben und merken, dass es zu viel würde, den Weg zum Ziel ganz durchzuplanen, dann hören Sie mit Ihrem Klienten an dieser Stelle auf. Es genügt, beispielsweise einen Monat auf diese Weise zu planen.

Legen Sie nun den Weg mit beschrifteten Bodenankern, um ihn abschreiten zu lassen. Bitten Sie Ihren Klienten, sich in jeden Schritt hineinzufühlen und zu spüren, ob es trotz der guten Planung vielleicht noch ein mögliches inneres oder äußeres Hindernis gibt. Sammeln Sie diese Hindernisse in der Visualisierung und besprechen Sie abschließend Unterstützungsmaßnahmen, wie diese Hürden überwunden werden könnten.

Anwendungsbereiche

- Für eher zurückhaltende, schüchterne, wenig selbstbewusste Klienten
- Für Klienten, die eigentlich wissen, wo es hingeht, aber den Wald vor lauter Bäumen nicht sehen, vielleicht auch weil sie durch ihr Umfeld wieder auf ihrem Weg verunsichert wurden
- Für Klienten, die eher in den Tag hineinleben und einen engmaschigen Umsetzungsplan benötigen, weil sie sonst nicht ins zielorientierte Handeln kommen
- Für jüngere Klienten, die noch nicht sehr vertraut sind mit der Umsetzung größerer Ziele

---

Anwendungsbeispiel

Linda B. (34) ist eine sehr bescheidene Frau, die ihre langjährige Stelle als Sachbearbeiterin in einem mittelständischen Logistikunternehmen verloren hat. Sie ist auf Anraten einer Freundin im Veränderungscoaching, weil sie sich seit einiger Zeit erfolglos bewirbt und ihr Selbstbewusstsein auf dem Tiefstand ist. Nach einer ausführlichen Ressourcenarbeit, durch die sie wieder mehr Selbstvertrauen gewinnt, machen sich Linda und ihr Coach an die Arbeit mit ihrem Handlungsplan.

Sie nennt als nächste Trittsteine:

1. Entscheidung, ob sie in der Region bleiben oder sich auch überregional bewerben möchte. Der Coach empfiehlt ihr, sich dazu eine extra Coachingsitzung zu nehmen, da diese Entscheidung nicht in fünf Minuten getroffen werden kann.

2. Neue Bewerbungsstrategien ausprobieren: Die beiden unterteilen diesen großen Stein in die kleineren Trittsteine, der Coach gibt dazu aktiv Input als Bewerbungsberater.

Sie entscheidet sich für folgende Maßnahmen:

- Eine Liste meiner alten Kontakte erstellen
- Zehn Menschen erzählen, dass ich gerade auf Jobsuche bin
- Mit meinem Freund, der Mediengestalter ist, einen Bewerbungsflyer erstellen, der auch optisch auf Logistikunternehmen zugeschnitten ist

3. Am Selbstbewusstsein arbeiten. Der Coach empfiehlt ihr einen individualpsychologischen Ermutigungskurs an der Volkshochschule.

4. Am Erscheinungsbild arbeiten. Zusätzlich möchte sie ihren „Look" behutsam verändern.

Der Coach hält sie davon ab, weiterzuplanen, da diese Trittsteine genug Einzelaufgaben für den kommenden Monat mit sich bringen und möglicherweise dadurch das Ziel einer neuen Stelle bereits erreicht wird. Diese Einzelaufgaben planen die beiden akribisch durch. Sie möchte sich nicht noch mal in die Schritte einfühlen, um Hindernisse vorwegzunehmen und ist sehr zuversichtlich, dass sie mit dieser Liste weiterkommen wird. Da Frau B. es gewohnt ist, klar definierte Aufgaben für sich zu bearbeiten, fühlt sie sich für die Umsetzung ausreichend motiviert.

Schritt	Aufgabe	Dauer	Wann?	Noch zu klären
Entscheidung	Coachingtermin ausmachen	90 Min.	In zwei Wochen, Termin wird fixiert	Kostenzuschuss von Verwandtschaft?
Neue Bewerbungsstrategien	Liste alter Kontakte erstellen	30 Min.	heute	
	Personen auf XING suchen und anschreiben	3 Std.	Dienstag	XING-Profil anlegen?
	Liste von 10 Menschen, denen ich erzählen werde, dass ich jobsuchend bin; überlegen, wo und wann ich diese voraussichtlich treffen werde	30 Min.	Mittwoch	
	Konkrete Einleitung dazu ausdenken und aufschreiben	30 Min.	Donnerstag	
	Text für Bewerbungsflyer formulieren, mit ehemaligem Chef durchsprechen (der auch entlassen ist)	3 Std.	Freitag	Wann hat mein Chef für ein Gespräch Zeit?
	Mit Partner an der Gestaltung arbeiten	2 Std.	Wochenende	Vorher fragen, nettes Essen kochen?
Selbstbewusstsein (innerlich)	Kursangebot recherchieren, anmelden	30 Min.	Etc.	Ob Anna vielleicht mitgeht?
Erscheinungsbild (äußerlich)	Termin mit begabter Freundin	3 Std., ich werde sie zum Essen einladen		Steht ihr Angebot noch?
	Friseurtermin	60 Min.		
	Shoppen mit Freundin (Secondhand, Kleidertauschbörse?)	Halber Tag		Wie geht's möglichst ohne viel Geld?

Weiterführende Ideen und Variationen

Sie können diese Übung Klienten ans Herz legen, die zwar umsetzungsstark sind, sich aber gerne verzetteln und gelegentlich auch überschätzen. Geben Sie dazu einfach das Arbeitsblatt zur Bearbeitung zwischen zwei Coachingsitzungen mit. Bei Bedarf können Sie die Ergebnisse beim nächsten Coachingtermin gemeinsam auswerten.

Hinweise

Vielleicht kommt Ihnen diese Übung trivial vor. Möglicherweise möchten Sie sie einmal als Selbstcoaching-Übung ausprobieren zu einem Projekt oder Vorhaben, das Sie schon sehr lange vor sich herschieben, um ihre Wirksamkeit selbst zu erfahren?

Entscheidungsdilemmata lösen

Input: Gummiband-Modell

Beschreibung und Hintergrund

Es gibt immer wieder Entscheidungssituationen, in denen beide Optionen gleich reizvoll oder gleich unbefriedigend angesehen werden. Nun hilft es nicht, hier ausschließlich kognitiv daran zu arbeiten. Über das körperliche Spüren der Bindung an die Situation oder Option werden oftmals intuitive Muster oder alte Glaubenssätze deutlich, die dann im Coaching thematisiert werden können.

Vorgehensweise

Zeichnen Sie das Gummiband-Modell an das Flipchart. Schreiben Sie die beiden Optionen, um die es geht, an die beiden Endpunkte der Visualisierung. Bitten Sie dann Ihren Klienten, in das erste Gummiband einzusteigen. Geeignet sind dazu stabile bunte Bänder, die Kinder für Springspiele nutzen oder zwei stabilere Gummibänder von ca. fünf bis sechs Zentimeter Breite und einer Länge von drei Metern.

Stellen Sie zwei Stühle im Abstand von drei Metern auf, Ihr Klient steht in der Mitte. Sie setzen sich auf den Stuhl mit der ersten Option, die der Klient vorher benannt hat.

Während Ihr Klient nun das Gummiband spannt, bitten Sie ihn, sich erst zurück zum Stuhl, auf dem Sie sitzen, zu wenden und das Gummiband-Gefühl zu beschreiben. Dazu stellen Sie die Frage: „Was hält mich bei Option 1?", fragen Sie dann noch nach den somatischen Markern und notieren Sie das Genannte stichwortartig mit.

Dann soll Ihr Klient zur anderen Option (Option 2) schauen, Sie wechseln den Stuhl, und das zweite Gummiband wird nun gespannt. Sie fragen wieder nach dem Gummiband-Gefühl von der anderen Seite und danach: „Was zieht mich?" und vertiefen ebefalls das Genannte durch die Frage nach den somatischen Markern.

Meist wird eine Tendenz nach diesem Durchgang deutlich, die bei der rein kognitiven Auseinandersetzung so nicht erkennbar war.

Anwendungsbereiche

- Für Dilemmata aller Art
- Wenn Klienten sich entscheiden müssen, ob sie im Job bleiben oder gehen wollen

Anwendungsbeispiel

Sabine W. (59) möchte für sich klären, ob sie das Angebot ihres Arbeitgebers, vorzeitig mit einer Abfindung in den Ruhestand zu gehen, annehmen möchte. Allerdings arbeitet sie sehr gerne und würde ungern ihre Kolleginnen alleine lassen. Aber ein solch attraktives Abfindungsangebot gibt es eben auch nicht alle Tage.

Was hält mich?	Was zieht mich?
Sie spannt das Gummiband und es fühlt sich vertraut an, aber vielleicht auch schon ein wenig ausgeleiert. **Mich hält:** ▶ Gewohnheit, ein vertrauter Tagesablauf ▶ Richtig liebe Kolleginnen und ein Chef, mit dem ich gut klarkomme ▶ Das gesellschaftliche Image, noch dazuzugehören ▶ Das Gefühl, meine Kinder und mein Mann sehen mich sonst nicht mehr als „vollwertig" an	Sie spannt das Gummiband und ist doch überrascht, wie stark es sie zur anderen Option hinzieht. **Mich zieht:** ▶ Meine Abenteuerlust, was es in der möglichen Freiheit alles zu entdecken gibt ▶ Ich habe lange genug gearbeitet, weil ich auch schon so früh angefangen habe, sodass es eigentlich auch reicht ▶ Ich habe viele Träume, die ich aber bisher eher zurückgeschoben habe ▶ Vielleicht bin ich auch etwas Besonderes, wenn ich meine Träume dann in die Tat umsetze?

Grafisch umgesetzt:

Sabine W. ist sehr überrascht über das Ergebnis. Aus dem Bauch erscheint nun die Entscheidung klar. Sie möchte noch einmal mit einer vertrauten Arbeitskollegin und mit ihrem Mann und den Kindern darüber sprechen, wie diese ihre Lage wirklich sehen – nicht dass sie sich da etwas einbildet. Sie will weiterhin eine Liste der bisher ungelebten Träume anlegen und schauen, ob diese Träume so stark sind, dass sie sie tatsächlich noch leben möchte. Vielleicht sucht sie sich einen heraus und kommt damit noch einmal ins Coaching, um dessen Verwirklichung anzugehen.

Weiterführende Ideen und Variationen

In Teams, die in einem Change-Prozess stehen, kann für jedes Teammitglied mithilfe des Gummibands in Selbsterfahrung erlebt werden: „Was zieht mich in Richtung Veränderung?", „Was hält mich beim Alten?" Hier bilden jeweils zwei Personen die beiden Eckpunkte für den Dritten in der Mitte. Sie können als Feedback ebenfalls Ihre Gummiband-Erfahrung in Stellvertretung der „Bewahrer" und „Veränderungsbefürworter" schildern (Seite 47 ff.). Beispielsweise: „Es ist schade, dass Du gehst, aber ich verstehe Deine Beweggründe." Oder: „Wir brauchen Deine Kompetenz hier vorne ganz dringend." Alternativ können die Partner auch Rückmeldung an die Person in der Mitte geben, was sie von deren Körperhaltung, Mimik und Gestik während der Einfühlungsübung wahrgenommen haben.

Hinweise

Wenn Ihr Klient ein Schwergewicht ist und Sie selbst wenig Gewicht auf die Waage bringen, sollten Sie nach einer anderen Lösung als der Stuhllösung suchen. Vielleicht gibt es einen schweren Schrank, den Türgriff oder Ähnliches, der dem Zug standhält? Probieren Sie das vorher aus.

Quellen, Literatur

- Krogerus, M.; Tschäppeler, R.: 50 Erfolgsmodelle. Kleines Handbuch für strategische Entscheidungen. Zürich: Kein & Aber 2008.

Die Entscheidungskräfte aus dem Bauch nutzen

Inputs: Somatische Marker, Affektbilanz

Beschreibung und Hintergrund

Der Neurowissenschaftler Antonio Damásio hat entdeckt, dass unsere Entscheidungsprozesse tatsächlich von zwei Gehirnen gesteuert werden: unserem Verstand und unserem „Bauchhirn", dem emotionalen Erfahrungsgedächtnis. Dieses gibt innerhalb von Sekundenbruchteilen körperliche Rückmeldungen, in denen alle bisherigen Erfahrungen und ein umfassendes intuitives Wissen in Körpersignalen „kondensiert" sind. Mit Klienten ist es immer empfehlenswert, nach dem kognitiven Informationssammeln dieses emotionale Entscheidungssystem abzufragen.

Die Arbeit mit somatischen Markern im Coaching ergibt Sinn, wenn Klienten auch nach dem Einholen vieler Informationen in ihrem Entscheidungsprozess nicht weitergekommen sind und immer verunsicherter werden. Häufig trauen sie ihrem intuitiven Entscheidungssystem nicht oder halten es für unseriös. Dann können Sie mit ihnen daran arbeiten, dass Kognition und Intuition in Form des emotionalen Erfahrungsgedächtnisses ein gutes Team für nachhaltig tragfähige Entscheidungsprozesse bilden.

Mit einigen Klienten muss der Zugang zu den Körpersignalen auch erst geübt werden, da diese Signale im Alltag oft nicht mehr wahrgenommen werden. Wichtig ist auch der Hinweis, dass wir gleichzeitig positive und negative Gefühle haben können, die sich in unterschiedlichen Markern zeitgleich äußern! Gefühle funktionieren eben nicht wie ein Schieberegler auf einer Skala zwischen positiv und negativ, das macht die emotionale Lage bei Entscheidungen ja so komplex. Dieses Phänomen wird im Instrument der Affektbilanz sehr schön deutlich und löst nicht selten einen Aha-Effekt bei Klienten aus.

Vorgehensweise

Zur Erklärung der Thematik zeichnen Sie zwei größere Männchen auf ein Flipchart-Blatt. Lassen Sie dort als Vorübung mit verschiedenen Farben (z.B. Rot für unangenehm, Grün oder Gelb für angenehm) die

Körpergefühle einzeichnen, die bei dem Wort „Stress" bzw. beim Begriff „Urlaub" entstehen. Fragen Sie dazu die verschiedenen Sinnesebenen ab und lassen Sie die Wahrnehmungen konkret benennen, z.B. das Licht im Kopf, das Kribbeln in den Schultern, das Weichwerden in den Knien, der Stein im Bauch, das Schwitzen der Hände etc. Ob das Signal positiv oder negativ ist, kann nur Ihr Coachee selbst entscheiden.

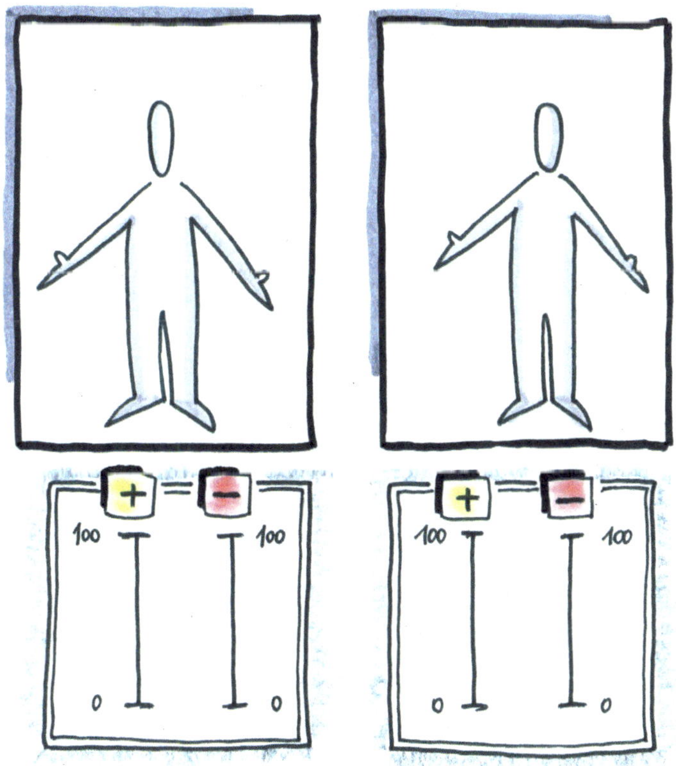

Die gleiche Vorgehensweise können Sie dann für unterschiedliche Entscheidungsoptionen wählen: Zeichnen Sie je Option ein Stellvertreter-Männchen für Ihren Klienten auf das Flipchart. Verwenden Sie für jede Option ein eigenes Flipchart-Blatt, auf dem Sie das Männchen etwa in das obere Drittel zeichnen. Sie können mehrere Flipchart-Papiere nebeneinander mit Klebestreifen an die Wand hängen, damit die Optionen im Vergleich sichtbar werden.

Sollten die Ergebnisse wenig eindeutig sein, arbeiten Sie für jede Option mit der Affektbilanz weiter, indem Sie die Positiv- und die Negativ-Skala dazu zeichnen. Diese sollte etwa das mittlere Drittel des Blattes einnehmen. Die Skala wird bewusst nicht in metrische Schritte unterteilt, um das logische Denken nicht auf den Plan zu rufen, sprechen Sie eher von „gefühlten Füllungswerten". Bitten Sie Ihren Klienten hier auch wieder, intuitiv die Skalierung der positiven Gefühlslage und der negativen Gefühlslage einzuzeichnen.

Arbeiten Sie dann intensiv mit folgenden Fragen weiter:

- „Was fehlt Ihnen noch, damit beispielsweise die Rest-Unsicherheit geringer werden könnte oder die restlichen negativen Gefühle gegen null gehen würden?
- Was brauchen Sie, damit Sie noch positiver durchstarten könnten und die positiven Körpersignale für Ihre Entscheidung noch verstärkt werden könnten?"

Sammeln Sie die Ergebnisse stichwortartig im unteren Drittel des jeweiligen Flipchart-Blattes.

Laut der Psychologin Maja Storch, die Theorie und Praxis der somatischen Marker in ihrem Zürcher Ressourcen Modell weiter ausgearbeitet hat, hat eine Entscheidung erst dann gute Chancen, als konkretes Ziel tatsächlich über den inneren Rubikon (Seite 244 ff.) zu kommen, wenn die Werte bei der entsprechenden Option bei negativ 0 und positiv 90+ liegen. Diese klaren Werte erfordern harte Arbeit und es muss im Veränderungscoaching kleinteilig an den verbliebenen inneren und äußeren Blockaden gearbeitet werden – weswegen die Intervention auch erst an dieser späten Stelle im Prozess angesiedelt ist, auch wenn auf die Theorie der somatischen Marker in früheren Kapiteln bereits verwiesen wurde.

Anwendungsbereiche

- Für schwierige Entscheidungsprozesse aller Art
- Bei Klienten, die ihre Entscheidungen eher kognitiv treffen, damit aber bei ihrer aktuellen Veränderung nicht weiterkommen; gerade von diesen Klienten kommt sehr positive Rückmeldung zur Arbeit mit der Intuition

---

Anwendungsbeispiel

Thomas K. (45) ist als Qualitätsbeauftragter im Qualitätsmanagement bei der Deutschen Bahn beschäftigt. Diese Sonderstellung macht ihm einerseits Spaß, die Tätigkeit ist abwechslungsreich und er hat hier viele gute Ideen. Andererseits macht er sich bei seinen Kollegen mit dieser Tätigkeit eher unbeliebt, sie fühlen sich von ihm beobachtet und er fühlt sich bei seiner Arbeit zunehmend einsam und ausgegrenzt. Nun möchte er für sich entscheiden, ob er wieder eine „normale" Verwaltungsstelle im Team annehmen möchte, oder sich so weit von den unangenehmen Seiten seiner Tätigkeit freimachen kann, dass er seine Sonderstellung beibehält.

Stelle	Somatische Marker	Affektbilanz
Qualitätsmanagement	Ein „breites" Gefühl im Bauch, die Füße stehen sicher und fest, es kribbelt unangenehm im Schulterbereich, als würde er von hinten beobachtet, der Herzbereich fühlt sich warm an.	-50, +90
Verwaltung	Er muss sich setzen, weil er sich diese Tätigkeit nur sitzend vorstellen kann. Er sitzt gut und sicher, aber auch etwas zu schwer, fast schon lethargisch. Die ganze Körperhaltung ist eher unbeweglich, einzig sein Kopf kann sich frei drehen und der fühlt sich ganz o.k. an.	-40, +60

Als diese Ergebnisse auf dem Tisch liegen, sagt Herr K. selbst, dass sie das abbilden, was er sich auch so gedacht hat, aber sich noch nicht ganz eingestehen wollte. Die Verwaltungsstelle scheint keine echte Alternative zu sein. Er möchte gerne bleiben, aber die negativen Gefühle einfach weiter auf der Skala herunterbekommen.

Coach und Klient arbeiten dann dezidiert daran, wie und wodurch das geschehen könnte. Einige Ideen sind:

- Gespräche mit anderen Qualitätsbeauftragten führen, wie diese damit umgehen. Das Problem ist ein systemisches und er hat es sicher nicht als Einziger
- Gespräch mit zwei früheren Kolleginnen führen und die Bitte um offenes Feedback äußern, was sie an seiner Tätigkeit oder der Art und Weise, wie er sie ausführt, am meisten stört oder verunsichert
- An seinen Feedback-Kompetenzen arbeiten, damit er Feedback tatsächlich konstruktiv geben kann
- Sich jeden Tag vorbereiten, Kollegen auch gezielt Wertschätzung geben zu können
- Sich eine Weiterbildung im Bereich Konfliktmanagement suchen, um sich da sicherer zu fühlen

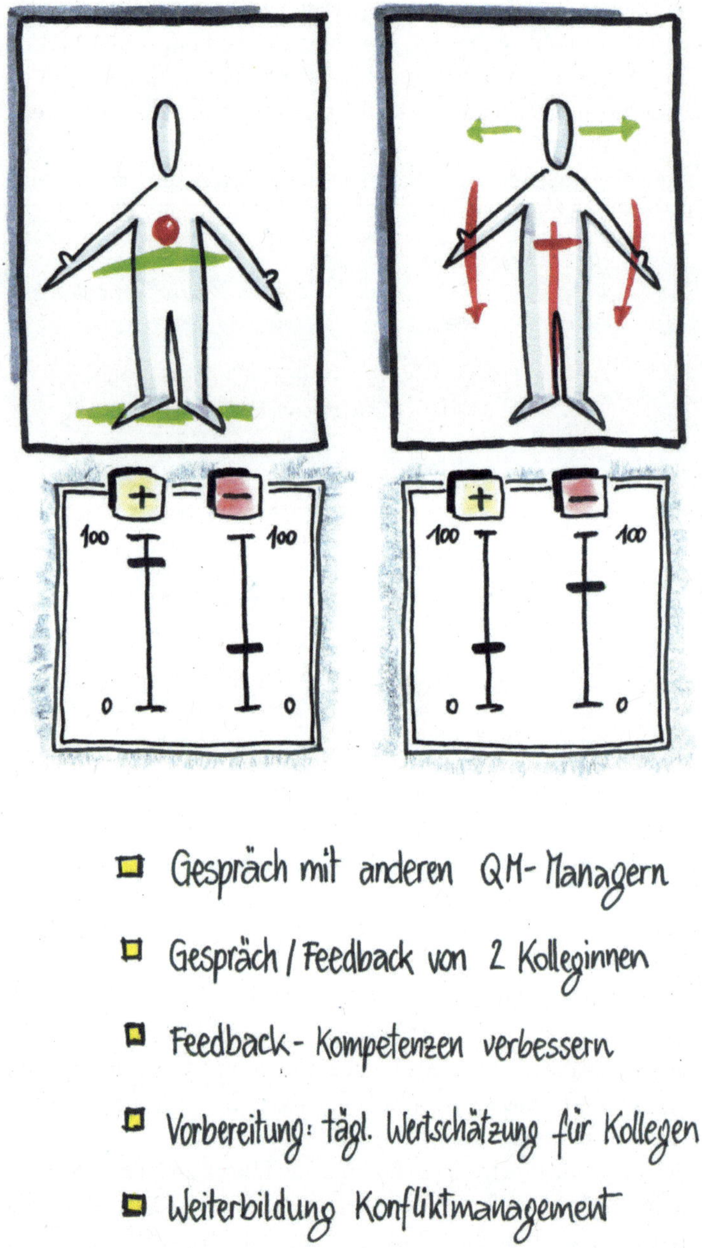

Weiterführende Ideen und Variationen

Sie können auch ein dauerhaftes Affektbilanz-Tool in Ihrem Beratungsraum an der Wand einrichten. Spannen Sie zwei kleine vertikale Seile und lassen Sie den „Füllstand" per Wäscheklammer anzeigen. Dann brauchen Sie die „Werte“ nur auf das Flipchart zu übertragen. Die haptische Komponente verstärkt noch den intuitiven Zugang.

Hinweise

Es gibt Klienten, die ihre somatischen Marker kaum wahrnehmen können. Es ist nicht Ihr Auftrag im Coaching, diese Verbindung zu schaffen, das würde einen umfangreichen therapeutischen Prozess erfordern. Finden Sie hier den richtigen Zeitpunkt, um beispielsweise mit Bildkarten weiterzuarbeiten. Vermitteln Sie diesen Klienten immer das Gefühl, dass es andere Wege gibt und dass diese völlig o.k. sind. Zur Vertiefung können Sie sich in das Focusing nach T. Gendlin einarbeiten.

Quellen, Literatur

- Storch, M.: Das Geheimnis kluger Entscheidungen. Zürich: Pendo 2003.
- Damásio, A.: Selbst ist der Mensch: Körper, Geist und die Entstehung des menschlichen Bewusstseins. München: Pantheon 2013.

Das Reisemotto entwickeln

Input: Rubikon-Modell

Beschreibung und Hintergrund

Die Psychologen Maja Storch und Frank Krause erklären in ihrem Zürcher Ressourcen Modell, wie aus einer ersten Zielidee ein Projekt wird, das dann auch konkret umgesetzt werden kann und nicht in guten Vorsätzen stecken bleibt.

Soll ein Ziel, eben das Neue, realisiert werden, beginnt der Prozess im Unbewussten, dort entspricht der vorbewusste Wunsch noch einem Bedürfnis. Wird das Bedürfnis bewusst, ist es zum Motiv geworden und kann damit gedanklich wahrgenommen werden. Allerdings wollen wir in diesem Stadium ein Ziel noch nicht bewusst, noch nicht mit unserer ganzen Person.

Das Ziel entspricht immer noch eher einer Art Wunsch. Damit nun nachhaltiges, zielrealisierendes Handeln erfolgen kann, muss dieser Wunsch den inneren Rubikon überqueren.

Der Rubikon ist der Fluss, den Cäsar nach einer schweren Entscheidungsnacht mit seinen Truppen überquerte. Ab dort gab es kein Zurück mehr, es musste gehandelt werden. Auch wir haben so eine innere Schwelle zwischen Wunschdenken und ernsthaftem Zielvorhaben. Ob der Wunsch dann den Rubikon überquert hat, kann mithilfe eines starken positiven, somatischen Markers diagnostiziert werden. Somatische Marker sind Signale des emotionalen Erfahrungsgedächtnisses, die über Körperempfindungen wahrgenommen werden können. Sie kennen sie bereits aus der vorhergehenden Intervention. Nur wenn die somatischen Marker deutlich positiv sind, ist das ein Hinweis darauf, dass die spezifische Zielvorstellung zur gesamten Person passt und dass sie damit von innen motiviert ist.

Was aber, wenn Ihre Klienten mit vielen Anforderungen von außen konfrontiert sind und ihnen Ziele vorgegeben werden, die nicht ihre eigenen sind, was besonders in betrieblichen Change-Mangement-Prozessen oft der Fall ist? Dann ist es wichtig und besonders empfehlenswert, das Gestaltungspotenzial, gerade in von außen vorgegebenen Übergängen, wie beispielsweise Entlassungen oder ungewollten Veränderungen der Tätigkeit, sehen zu lernen. Wenn das nicht gelingt, wird ein vorgegebenes Ziel nur halbherzig verfolgt und ist damit meistens zum Scheitern verurteilt. Arbeiten Sie mit Ihren Klienten daran, dass diese sich innerhalb ihres betrieblichen und persönlichen Spielraums Ziele setzen, die für sie als Person bedeutsam sind. Denn Veränderungsprozesse können erst dann zu einem für die betroffene Person positiven Abschluss geführt werden, wenn auch in der unfreiwillig eingegangenen Veränderung der Raum für das Eigene erkannt und genutzt wird.

Die meisten Menschen kennen nur die Kategorie der Handlungsziele. Haltungsziele oder Mottoziele, wie Maja Storch sie nennt, sind hingegen langfristige Ziele mit richtungsweisendem Charakter, sie werden auch als Identitätsziele bezeichnet. Wenn Ihre Klienten nun ein Ziel formulieren möchten, das sie über die innere Schwelle des Rubikons bringen soll, dann gelingt das meist nur mit entsprechenden Haltungszielen. Dafür gelten andere Regeln, als sie das gemeinhin für konkrete Zielformulierungen kennen (z.B. die SMART-Kriterien). Um Haltungsziele effektiv zu formulieren, benötigen wir starke Gefühle, die uns das emotionale Erfahrungsgedächtnis liefert. Dieser Teil lässt sich über bildhafte, metaphorische, manchmal sogar kitschige Formulierungen am besten ansprechen. Das Haltungsziel muss eindeutig positive Körperempfindungen auslösen, nur dann gelingt es, die innere Grenze vom Wunschdenken zur Zielbildung zu überschreiten.

Vorgehensweise

Führen Sie den Klienten in das Modell des inneren Rubikons ein, indem Sie es anzeichnen und kurz erläutern. Die meisten Klienten bestätigen Ihnen, dass sie schon eine Weile vor dem Rubikon lagern und nicht wissen, wie sie weitergehen sollen, weil ihnen der letzte innere Funke bzw. der letzte Motivationskick fehlt. Bieten Sie dann an, diesen Funken zu suchen oder die Motivation mithilfe eines Haltungsziels zu verstärken.

Doch wie formuliert man ein solches Haltungsziel? Am schnellsten und einfachsten funktioniert das über die Wahl einer Bildkarte. Bitten Sie Ihren Klienten, sich eine Bildkarte aus einer größeren Auswahl positiver Motive herauszusuchen. Es gibt inzwischen neben der Original-Bildkartei aus dem ZRM viele Bildkarteien auf dem Markt. Verwenden Sie in der Einzelarbeit mindestens 20 bis maximal 40 Bilder. Maja Storch regt an, genau die Karte zu nehmen, die einen regelrecht anspringt und fast schon hochhüpft, um zu einem zu kommen.

Formulieren Sie dann zusammen schriftlich mit dem Klienten eine Menge an Ideen als Wort-Steinbruch:

- Was assoziieren Sie mit dem Motiv?
- In welchen Kontext ist es eingebettet?
- Welche Gefühle löst es aus, an welche Werte oder Sprichwörter müssen Sie denken?

Bitten Sie Ihren Klienten in einem zweiten Schritt, die wichtigsten Wörter, die eine positive emotionale Reaktion bei ihm auslösen, in der Wortsammlung farbig zu markieren. Suchen Sie auch gemeinsam nach Begriffen, die wirklich sitzen, bei denen Ihr Klient sagt: „Ja, das ist es, das passt." Das erfordert sprachlichen Feinschliff, der von beiden Seiten etwas Geduld benötigt.

Dann formulieren Sie daraus eine kurze, knackige, gerne auch verspielte, blumige und dick aufgetragene Zielformulierung. Achten Sie dabei auf die Mimik Ihrer Klienten, oft entsteht ein Strahlen, ein Leuchten im Gesicht oder die Augen werden feucht, wenn das Ziel wirklich stimmig ist.

Schreiben Sie die gefundene Formulierung an das Flipchart. Und überprüfen Sie sie noch einmal mit der Affektbilanz. Unterstreichen Sie Wörter, die noch nicht so ganz passen, und suchen Sie nach Alternativen, bis Sie wirklich bei den Werten negativ 0 und positiv 90+ sind.

Anwendungsbereiche

- Für den letzten Motivationsschub, damit Klienten wirklich freudig in die Umsetzung gehen
- Bei Klienten, die ihre Entscheidung eigentlich schon gefällt haben, aber noch nicht so richtig sehen, was für sie dabei herausspringt

Anwendungsbeispiel

Heidemarie W. (43) ist Landschaftsarchitektin und wünscht sich einerseits ein Motto für ihre Dienstleistung, könnte aber auch noch einen Motivationsschub gebrauchen, damit sie ihre Teilselbstständigkeit endlich ernsthaft vorantreibt. Sie kommt mit folgendem vorformulierten Ziel in die Beratung:

„Ich will kreativer arbeiten und Kunden finden, die mir viel zutrauen und mich auch noch gut bezahlen. Vielleicht will ich mich auch noch weiterbilden in Gartengestaltung nach Feng Shui."

Das Bild, das sie aus einer Bildkartei aussucht, zeigt eine Zauberin/ Magierin.

Wir sammeln folgenden Wort-Steinbruch:

Hässliches in Schönes verwandeln, verzaubern, zauberhaft, anmutig und leicht, Schönes schaffen, die Dinge wundervoll gestalten, magische Verwandlung, lustvoll wirbeln, kreativ, kraftvoll, mit ganz viel Freude, Scheiße in Gold verwandeln, Kreationen entwickeln, Wunder vollbringen.

Der erste Formulierungsversuch aus diesem Wortmaterial am Flipchart ist: „Ich zaubere leicht und anmutig Gartenkreationen und lasse mich dafür bewundern."

Die Wörter „anmutig", „... -kreationen" und der Teil mit der Bewunderung lösen noch kein positives Gefühl bei ihr aus. Das endgültige Haltungsziel sieht dann nach einer Weile so aus: „Ich gestalte mit Freude Ihre zauberhaften Gartenträume (und werde dafür fürstlich entlohnt)."

Der zweite Teil ist nur für ihre innere Motivation. Sie hat ein starkes inneres Bild dazu, bei dem sie kraftvoll mit ihrem Zauberstab herumwirbelt und die Aufgaben spielerisch und lustvoll bewältigt.

Weitere Beispiele für Haltungsziele: „Ich strotze vor Kraft und packe es an.", „Ich lasse mich im warmen Wind hinübertragen.", „Ich schwimme spielerisch wie ein Delfin ins weite Meer.", „Ich galoppiere lustvoll ins Neue." – Sie sehen, damit es innen wirkt, muss es außen ein bisschen übertrieben und kitschig daherkommen …

Weiterführende Ideen und Variationen

- Lassen Sie Ihre Klienten das Ausgangsbild unbedingt mitnehmen. Auch das Mottoziel kann schön geschrieben, gerahmt und aufgehängt werden.
- Vielleicht wollen Sie Ihren Klienten zur Verstärkung auch symbolisch zum Abschluss über den Rubikon (ein blaues Tuch oder Seil) schreiten lassen, um zu sehen, ob es noch mögliche Hindernisse und etwas anderes zu bearbeiten gibt. Oder Sie führen das einfach als Probehandeln durch, um zu erleben, wie leicht es plötzlich wird.
- Wenn Sie diese Arbeit im Rahmen eines Teamcoachings oder eines Seminars durchführen, können Sie die Ideen in Form des von Maja Storch vorgeschlagenen Ideenkorbs sammeln: Mehrere Personen geben ihre Assoziationen zu der ausgewählten Bildkarte. Eine Person schreibt mit und die betroffene Person sitzt mit „Pokerface" da und lässt das Gesagte nur auf sich wirken und achtet auf ihre somatischen Marker.

Hinweise

Dieses Tool ist hilfreich, wenn Sie gerne mit Sprache arbeiten und Klienten einige Formulierungen anbieten können, da diese sich damit meist nicht so leichttun. Wenn Sie wissen, dass diese Formulierungsarbeit Ihnen weniger liegt, dann ist das vielleicht nicht Ihre Übung.

Quellen, Literatur

- Storch, M.; Riedener, A.: Ich packs! Selbstmanagement für Jugendliche. Ein Trainingsmanual für die Arbeit mit dem Zürcher Ressourcen Modell. Bern: Huber 2. Aufl. 2007.
- Zum Beispiel: Gut, J.; Kühne-Eisendle, M.: Bildbar – KartenSet I. Bonn: managerSeminare 2015.

Auf Spurensuche im Jetzt für Zukunftswunder

Input: Kurzzeitcoaching

Beschreibung und Hintergrund

Daniel Meier ist Experte für Kurzzeitcoachings. Mich hat an seiner Intervention die ultraschnelle Vorgehensweise fasziniert, in der er wie ein Adler in wenigen Minuten direkt auf die Landepunkte der Zukunft in der Gegenwart abzielt und damit erstaunliche Ergebnisse erreicht.

Manchmal haben wir nicht viel Zeit für längere Prozesse, auch wenn ich der Meinung bin, dass Veränderungsprozesse Reifungsprozesse sind, die normalerweise ihre Zeit brauchen. Und für diese kämpfen wir auch als Veränderungscoachs. Und doch geht alles auch anders. Daniel Meier stellt folgende These auf: Nimmt der Veränderungcoach an, dass Veränderungen ein schwieriges Geschäft sind, macht er diese auch dazu. Der kreative Akt hingegen, Lösungen im Kern der Veränderung zu erfinden, kann eine schnelle Sache sein: Testen Sie selbst.

Vorgehensweise

Fragen Sie, wie auch bei längeren Coachinggesprächen, am Anfang nach dem Anliegen – und fragen Sie ruhig groß (was ja im krassen Gegensatz dazu steht, was wir als Coachs an realistische Erwartungen für eine kurze Coachingdauer mitbringen): „Was wäre ein tolles Ergebnis für Sie, das Sie im Coaching erreichen wollen?", „Was ist Ihre größte Hoffnung für dieses Gespräch?" Oder noch deutlicher: „Was sind Ihre kühnsten Erwartungen an unser Gespräch?"

Nach der Anliegensformulierung lassen Sie Ihren Klienten wenige Minuten seine Situation bzw. Problematik erzählen. In manchen lösungsorientierten Coachings wird dieser Punkt gerne komplett weggelassen. Ich habe aber die Erfahrung gemacht, dass Klienten zumindest kurz auch das Problem schildern wollen, um sich damit ernst genommen zu fühlen. Greifen Sie allerdings steuernd ein, wenn es hier zu ausführlich wird. Geben Sie daraufhin zunächst Wertschätzung für das, was Ihr Klient aktuell bereits zur Lösungsfindung versucht hat und wie er sich generell bereits in der Veränderungsbewältigung engagiert hat. Und da finden Sie immer etwas!

Stellen Sie dann die Frage nach der Zukunft, in der sich das Problem über Nacht wie durch ein Wunder gelöst hat. Erklären Sie das mit der kleinen Visualisierung und schreiben Sie das Wunder in das große Sternchen. Lassen Sie diese Frage ganz konkret im Alltag beschreiben: „Wie verhalten Sie sich, was bemerken Ihr/e Partner/in, Ihre Kinder, Ihre Arbeitskollegen, was ist anders an Ihrem Tagesablauf?"

Die bewährte Wunderfrage aus dem lösungsorientierten Kurzzeitcoaching wird nun verbunden mit einem konkreten Funkenregen aus der Zukunft in der Gegenwart: Fragen Sie nach, welche Erfahrungen Ihr Klient ganz aktuell schon mit der Realisierung dieses Lösungsbildes im Alltag gemacht hat. Suchen Sie also den Beginn der Zukunft im Jetzt. Dahinter steht das Verständnis, dass Vergangenheit, Gegenwart und Zukunft im Jetzt zusammenfallen und von allem schon etwas da sein muss – und nur genau mit diesem, was sich hier zeigt, kann auch in die Zukunft gearbeitet werden! Stellen Sie sich vor, das ist wie das partielle Wegschieben eines Vorhangs oder einer nebligen Schicht, hinter der das Neue, Strahlende zum Vorschein kommt und vielleicht schon seit geraumer Zeit wartet, entdeckt zu werden. Alles, was Ihr Klient braucht, ist schon da.

Und hier kommt der zweite Schritt der Wertschätzung: Melden Sie zurück, was Sie schon wahrnehmen, was Ihr Klient bereits jetzt aus dem Lösungsbild mit den aktuell vorhandenen Ressourcen verwirklicht. Sie hören als Coach also mit dem Fokus auf die gewünschte Zukunft im Jetzt zu und filtern die Informationen und Rückmeldungsoptionen heraus, die jetzt schon in Richtung des Zukunftsbilds führen.

Fragen Sie anschließend nach der Zuversicht des Klienten im Jetzt und vermitteln Sie ihm, dass die gewünschte Option schon da ist. Damit bringen Sie Ihrem Klienten Vertrauen entgegen und ermächtigen ihn, auch jetzt schon die Hoheit über seine Zukunftsverwirklichung zu haben. Damit ermöglichen Sie den Klienten selbst, Sternensammler zu werden und auf magische Weise mehr Zukunft ins Jetzt zu holen.

Anwendungsbereiche

- Wenn Sie wenig Zeit haben, aber eine große Not beim Klienten spüren
- Als Erste-Hilfe-Maßnahme im Coaching, um die Zuversicht zu stärken

Anwendungsbeispiel

Jessica I. (39) ist frustriert. Sie ist alleinerziehend und hat wenig Zeit für ihre zwei Kinder. Ihr Ältester ist 15 und will gerade nicht mehr viel von ihr wissen. Sie weiß auch nicht, was er so wirklich nach der Schule treibt. Sie rackert sich als Sozialpädagogin in der Jugendhilfe ab, wird dafür nicht adäquat bezahlt und fühlt sich gegenüber ihren Kindern als pädagogische Versagerin.

Sie kommt kurz vor den Weihnachtsfeiertagen erschöpft in die Supervision. Beraterin und Klientin beschließen, dass sie heute dran ist und nicht die Probleme auf der Arbeit. Als kühnste Hoffnung für das Coaching äußert sie, dass sie dann wüsste, wie sie die kommenden Feiertage für sich und die Kinder als tolle Zeit gestalten könne.

Sie schildert den Tag nach dem Wunder folgendermaßen: „Wir stehen auf, jeder wann er Lust hat. Mein Kleiner ist schon wach, ich stehe in der Küche und mache Frühstück. Felix (der Ältere) setzt sich mit an den Tisch, ohne dass ich ihn bitten muss. Ich mache Musik an, über die sie nicht meckern. Wir reden nicht viel. Schließlich frage ich, was sie heute machen möchten und sage, dass ich Lust auf einen Bummel über den Weihnachtsmarkt habe. Paul (der Jüngere) will mitkommen. Ich schaue Felix an, er nuschelt, dass er mit seinen Kumpels etwas machen will. Ich biete an, dass sie Plätzchen backen könnten. Er schaut mich kopfschüttelnd an. Und dann lacht er: ‚O.k. Aber ich suche die Rezepte aus, komme mit zum Einkaufen und backe selber.' Ich grinse und entgegne: ‚Und ich darf probieren.' Wir gehen einkaufen und kriegen uns nicht in die Haare, ich stelle ihm die Backsachen raus und gehe entspannt mit Paul auf den Weihnachtsmarkt."

Sie strahlt. Auf die Frage, was anders ist, entgegnet sie: „Ich habe klar gesagt, was ich will, den beiden aber auch die Freiheit gelassen, dass sie meine Angebote nicht annehmen müssen, und ich dann nicht beleidigt bin. Und so fühlt es sich entspannt an. Ich sorge für mich und sie sorgen für sich. Und aus dieser Freiheit heraus scheint es ja Berührungspunkte zu geben. Nur eben nicht so, wie man das von einem harmonischen Familienleben erwartet." – „Wer ist man?", fragt der Coach. „Ich, wenn ich mal wieder meine Heile-Familien-Krise habe. Aber eigentlich bin ich stolz, dass es auch anders gut sein kann."

Die beiden sammeln Zeichen in der Gegenwart, wo sie diese Haltung jetzt bereits schon lebt und schreiben in die Sternchen:

- Mich abends dazusetzen und warten, was sie erzählen wollen
- Offen sein für ihre Kumpels, damit sie sich zu Hause wohlfühlen
- Mein Ding machen mittendrin im Chaos
- Lachen und gut gelaunt sein, nicht so viel meckern
- Offene Angebote machen und es auch so meinen

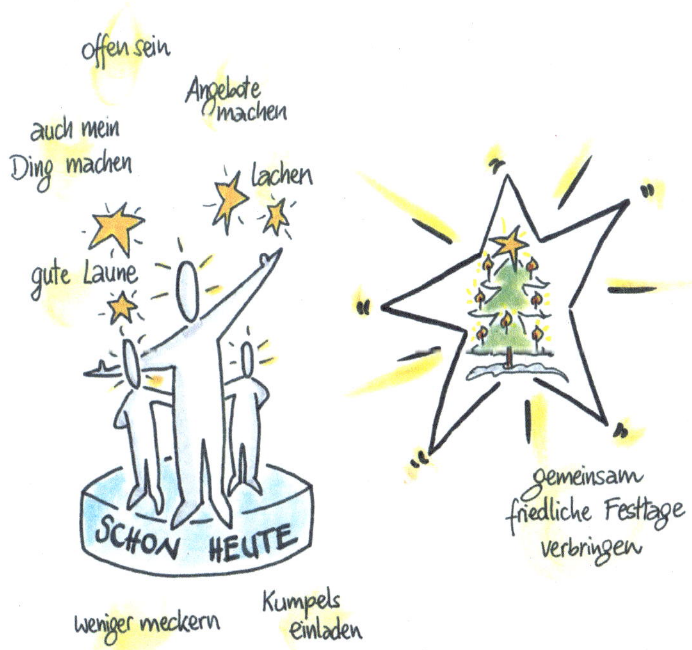

Auf die Frage, wie zuversichtlich sie jetzt ist, dass sie die Festtage mit ihren Kindern gut verbringen kann, äußert sie, dass sie jetzt sieht, dass sie die ganze Zeit schon auf dem richtigen Weg ist, der aber nun noch mal strahlender vor ihr liegt. Und das Bild des Zauberstabs nähme sie mit für die Momente, in denen es sich mal nicht so gut anfühlen würde.

Weiterführende Ideen und Variationen

- Kaufen Sie schwarze Bleistifte oder welche mit Glitzeroptik, die Sie mit einer kleinen Papiermanschette bekleben, fertig sind die kleinen Zauberstäbe, auf dass die Magie der Zukunft im Jetzt stattfinde.
- Diese Übung ist auch in Trauergruppen oder in Selbsthilfegruppen aller Art gut einzusetzen, um Gruppenmitgliedern wieder Zuversicht zu geben, dass ihr Prozess vorangeht. Wenn sich die Gruppe bereits eine Zeitlang kennt, können die Ressourcen, die das Gewünschte schon im Jetzt zeigen, auch aus der Gruppe genannt werden.

Hinweise

Testen Sie diese Übung für sich erst einmal im Selbstcoaching mit einem Wunsch oder Thema, mit dem Sie sich selbst schwertun. Der Sternchenfilter oder Sternchenblick muss ein wenig „poliert“ oder „vorgeglüht“ werden.

Quellen, Literatur

- Meier, D.: Die erwünschte Zukunft ist jetzt. In: Training aktuell 11/2015, S. 42–45; www.solutionsurfers.com.

Näher zum Ziel reisen

Input: Skalenarbeit

Beschreibung und Hintergrund

Die Skalenarbeit nach Virginia Satir wird hier mit der Metapher einer Zielscheibe verbunden. Diese visualisiert, dass man sich dem Ziel auch schrittweise annähern darf und es einige Anläufe braucht, um tatsächlich auch ins Schwarze zu treffen.

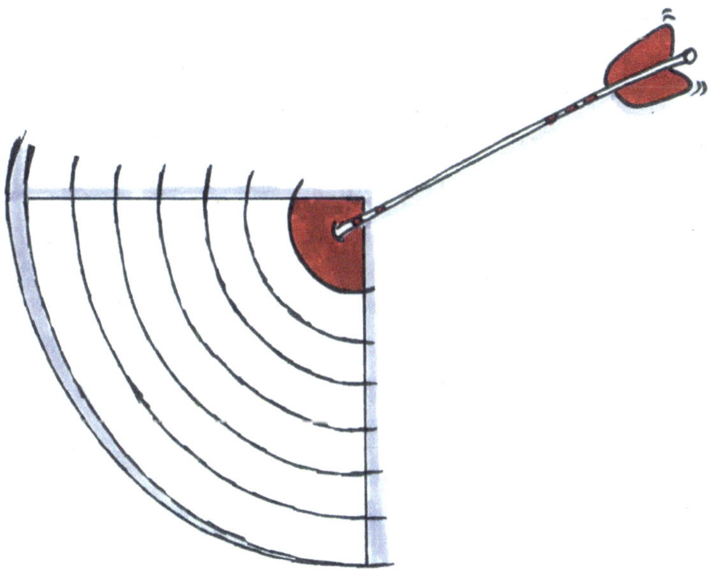

Wenn Sie sich mit Klienten dem Ende eines Coaching- und Veränderungsprozesses nähern, geht es meist um die konkreten nächsten Schritte, die Ihr Klient gehen kann und will. Auch wenn diese konkreten Aktionspläne im Coaching oft etwas mühsam zu erstellen sind, da hier kleinschrittig und sehr praxisbezogen gearbeitet werden muss, darf diese Prozessphase bei vielen Klienten nicht vernachlässigt werden, damit die Ergebnisse des Coachings tatsächlich in der Realität verwirklicht werden, denn genau dafür arbeiten wir ja. Bei handlungsstarken Klienten, beispielsweise Führungskräften oder Selbstständigen, kann diese Phase verkürzt oder in die Eigenarbeit verlegt werden.

Vorgehensweise

Formulieren Sie mit Ihrem Klienten noch einmal sorgfältig, was das konkrete Handlungsziel oder der nächste größere Entwicklungsschritt wäre, damit der Veränderungsprozess deutlich weitergehen oder seinen Abschluss finden kann.

Fragen Sie, auf welcher Skala zwischen 1 und 10 sich Ihr Klient bezüglich der Verwirklichung seines Ziels aktuell befindet. Wenn die Zahl höher als 1 ist, fragen Sie nach, wie es ihm gelungen ist, bereits dahin zu kommen.

Bitten Sie ihn dann festzulegen, bis zu welchem Stand auf der Skala er in welchem Zeitraum kommen möchte. Hierüber wird deutlich, dass Ziele nicht immer zu 100 Prozent sofort erreicht werden müssen, sondern dass auch der Weg bereits immer Ziel ist.

Dann bitten Sie ihn, den aktuellen Stand im Raum zu definieren, indem Sie ihm eine Moderationskarte mit der Skalenzahl geben. Fordern Sie ihn auf, sich dort gedanklich hineinzustellen und die aktuellen Körperempfindungen, Gedanken und Gefühle in diesem Zustand zu beschreiben.

Ermutigen Sie anschließend Ihren Klienten, sich einen Platz für den gewünschten (Teil-)Zielzustand im Raum zu suchen. Malen Sie Ihrem Klienten kraftvoll und lebendig aus, dass er diesen Zustand nun bereits erreicht hätte und erfragen Sie wiederum, was sich im Bezug auf die Körperempfindungen, die Körperhaltung, die Atmung, Gedanken und Gefühle gegenüber dem vorigen Zustand verändert.

Zeichnen Sie dann die Zielscheibe an das Flipchart, malen Sie die Ringe zwischen den beiden Skalenangaben dazu und erfragen Sie dann, welche Schritte zwischen dem Start und dem Zielzustand liegen. Wenn diese in die für den Klienten richtige Reihenfolge gebracht sind, schreiben Sie die gleichen Zahlen auf Moderationskarten und lassen Sie sie von Ihrem Klienten auf einer Achse zum Ziel im Raum positionieren. Haken Sie bei der Skalierung der Schritte nach, wenn die Sprünge zu groß sind. Damit achten Sie darauf, dass die Schritte gangbar bleiben.

Bitten Sie Ihren Klienten nun, langsam vom Ausgangszustand in den nächsten Schritt zu gehen. Fragen Sie, was er noch bräuchte, um diesen Schritt gut gehen zu können. Notieren Sie die genannten Aspekte jeweils am Flipchart. Nach dem langsamen Durchlaufen aller Einzelschritte bitten Sie Ihren Klienten dann, noch einmal kraftvoll und in seinem Tempo direkt auf das (Zwischen-)Ziel zu laufen und die Empfindungen dabei zu beschreiben.

Wenn Sie die Übung vertiefen möchten, können Sie natürlich auch noch den Rest bis zum vollständigen Erreichen des Ziels auf diese Weise planen. Manchmal fordern das Klienten auch direkt ein, weil sie sich durch die Sicherheit der Übung die größeren Schritte zutrauen.

Anwendungsbereiche

- Für die Transferarbeit in den Alltag
- Bei Klienten, die vor der Umsetzung zurückscheuen und immer wieder Gründe finden, wieso sie noch nicht loslegen können: durch die Übung kommen Sie verdeckten Hinderungsgründen auf die Spur

Anwendungsbeispiel

Emilia C. (44) möchte mit Menschen arbeiten, die von ihrem Unternehmen im Ausland eingesetzt werden. Sie ist aktuell Kommunikationstrainerin, hat einen spanischen Background und möchte Expats und deren Angehörige von Deutschland aus mit einem Coaching- und Trainingsprogramm vorbereiten und begleiten.

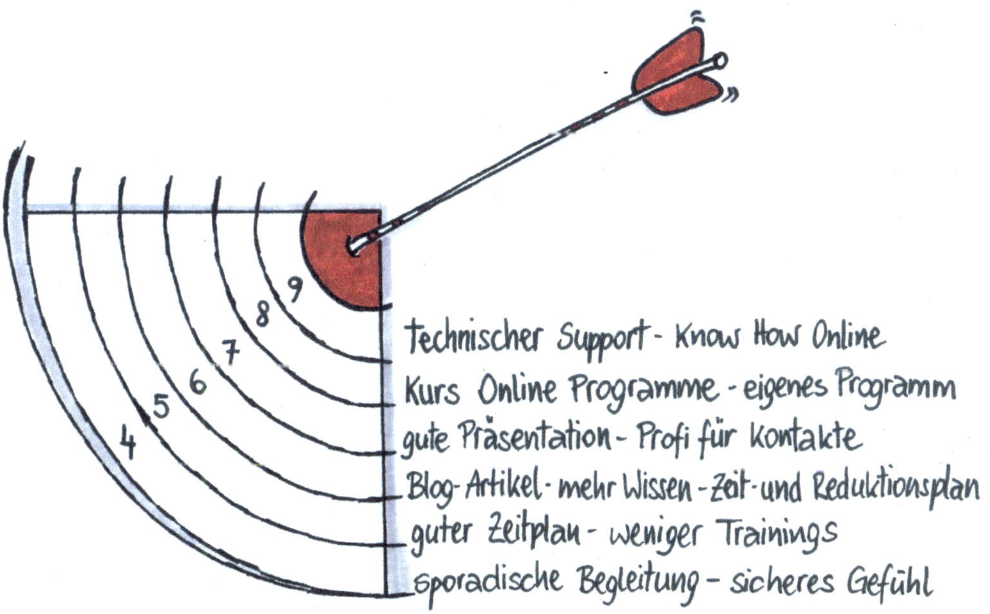

Zahl und Schritt auf der Zielscheibenskala	Rückmeldung des Körpers/ Empfindungen	Das brauche ich für den nächsten Schritt
Emilia beginnt bei 4. Sie hat bereits mit Kolleginnen gesprochen, die mit Expats arbeiten. Sie hat Interviews mit Expats in Lateinamerika geführt, um zu sehen, wo deren größte Schwierigkeiten liegen und fühlt sich inhaltlich bereits gut aufgestellt.	„Ich bin ganz aufgeregt, aber auch ein bisschen stolz, weil es ein langer Weg war, bis ich hierhin gekommen bin. Meine Beine sind zappelig, ich will eigentlich sofort losrennen."	„Ich brauche weiterhin sporadische Begleitung im Coaching, falls ich stecken bleibe oder mich verzettele. Es gibt ein sicheres Gefühl zu wissen, dass da zur Not jemand da ist, mit dem ich wieder auf den geraderen Weg zurückfinde."
Innerhalb eines Jahres möchte sie bei 9 sein. Das heißt, dass sie ihr Online-Programm mindestens einmal im Monat verkauft und dafür ein Training pro Monat weniger geben muss. Darüber hinaus will sie als Expertin im Netz sichtbar werden.	„Es fühle sich gut an. Ich habe ja auch lange an dem Geschäftsmodell gearbeitet ... Durch meinen Blog, meine Sichtbarkeit im Netz und die Akquise bei den Unternehmen dürften sich erste Klienten bei mir einstellen. Vielleicht könnte ich auch noch einen Live-Vorbereitungstag in den Unternehmen anbieten, auf dem ich das Online-Programm näher vorstelle. Ich habe ein gutes Gefühl und merke, wie die Ideen für die Kunden immer mehr sprudeln."	„Ich brauche einen wirklich guten Zeitplan und muss definitiv meine Trainings zurückschrauben. Also, ab heute (!) keine zusätzlichen mehr annehmen. Auf alle Fälle brauche ich einen Tag pro Woche für den Aufbau meines neuen Standbeins."
Sie schreitet die Skala ab und definiert die nächsten großen Schritte: 5 – Sie startet einen Blog für Expats und verschenkt online ein Erste-Hilfe-Paket, das wie eine Arbeitsprobe einen Vorgeschmack auf ihr Online-Programm gibt.	„Ja, da habe ich Lust darauf. Endlich gibt es einen Anlass, das viele Material, das ich die letzten Monate gesammelt habe, auch schön aufzubereiten. Vielleicht entsteht ja sogar ein Buch daraus?"	„Ich brauche mehr Wissen darüber, wie ich gute Blogartikel schreibe, einen Zeit- und Redaktionsplan. Auch über die Erstellung eines Erste-Hilfe-Pakets für meine Klienten muss ich noch genauer nachdenken."
6 – Sie nimmt Kontakt mit Unternehmen auf und stellt ihr Programm vor. Erst einmal bei Kunden, die sie bereits über ihre Kommunikationstrainings kennen.	„Da wird mir mulmig im Bauch, wenn ich an Kaltakquise bei unbekannten Personalern denke. Meine Schultern versteifen sich. Das ist definitiv der unangenehme Teil für mich."	„Ich brauche auf alle Fälle eine gute Präsentation, vielleicht engagiere ich auch einen Profi, der die Kontakte für mich herstellt. Dafür bin ich bereit, Geld in die Hand zu nehmen, das gönne ich mir."
7 – Sie erstellt das Online-Programm in seiner Testversion.	„Ich merke, wie ich unruhig werde, da ist noch zu viel Unbekanntes, was ich lernen muss und nicht richtig abschätzen kann. Das will ich mir leichter machen, damit ich da nicht auf die Nase falle."	„Ich will einen Kurs über Online-Programm-Erstellung selbst belegen und parallel dazu mein Programm erstellen."
8 – Sie testet mit drei Kunden (die sie aus ihrem Bekanntenkreis und über ihre Kontakte gewinnt) und überarbeitet das Programm.	„Das fühlt sich wieder leichter an. Endlich kann es richtig losgehen und hier passiert jetzt die eigentliche Arbeit, auf die ich mich freue. Es wird hell im Kopf und ich freue mich zu sehen, dass mein Programm für die Menschen, die ich begleite, hilfreich ist."	„Vermutlich brauche ich auch noch technischen Support für das ‚Feintuning' und die professionelle Umsetzung des Online-Coachings. Ansonsten brauche ich nette Kunden, die mir gute Rückmeldung geben!"

Emilia C. benennt als Fazit, dass es vermutlich zu ehrgeizig ist, die 9 in einem Jahr zu erreichen. Sie wird ihre Kosten noch mal genauer kalkulieren und vorübergehend Downshifting betreiben, um zeitliche und finanzielle Ressourcen für ihr neues Geschäftsfeld bereitzustellen.

Weiterführende Ideen und Variationen

In der Teamsupervision können Sie entweder in einer Gruppe von maximal sechs Personen, ansonsten in zwei Teilgruppen den kompletten Zielscheibenprozess gemeinsam durchplanen lassen. Legen Sie hier die Zielscheibe in einem größeren Raum mit farbigen Seilen und beschriften Sie die Stufen mit Moderationskarten. Einzelne Personen können immer wieder in die Ringe eintreten und von dort Rückmeldung geben, wie sich der Prozess aus dieser Perspektive bzw. auf dem Stand der Dinge anfühlt.

Hinweise

Das parallele Arbeiten an Flipchart und im Raum ist etwas gewöhnungsbedürftig. Das Abbild der Zielscheibe kann Ihr Klient dann aber mitnehmen und dort können die Ergebnisse direkt festgehalten werden. Auf die Arbeit im Raum sollte auch nicht verzichtet werden, da hier ein konkretes Probehandeln stattfindet. Über die Beteiligung des Körpers, der ja später wesentlich für das Handeln benötigt wird, kommen wichtige Hinweise zur Umsetzung oder zu Hindernissen zutage, die bei der rein kognitiven Zielarbeit sonst im Verborgenen bleiben.

Quellen, Literatur

- Drath, K.: Coachingtechniken. Freiburg: Haufe Verlag 2014.

VII

Kraftvoll und mutig reisen

Kraftvoll und mutig reisen

Das Kapitel spannt den Rahmen für den Abschluss eines Veränderungscoaching-Prozesses auf. Hier wird vieles noch einmal gesichert und Fehlendes erneut aktiviert. Sie als Coach arbeiten stark kompetenzentwickelnd, in dem Sinne, dass Sie Klienten Strategien und Selbstcoaching-Tools beibringen, damit diese im weiteren Veränderungsgeschehen alleine zurechtkommen und kommende Veränderungsprozesse proaktiv und selbstbewusst angehen können. Tja, damit machen Sie sich selbst überflüssig, aber auch das gehört ja zu einem guten Coachingprozess dazu.

Aufräumen im Veränderungshaus – S. 264

Das Kapitel startet mit einer imaginativen Übung der persönlichen Veränderung in Form eines Hauses. Darüber kommen wichtige Anforderungen, die Ihren Klienten abschließend noch deutlich werden sollten, zutage, die möglicherweise bis jetzt noch keine Berücksichtigung gefunden haben. Ihr Klient identifiziert sich zunehmend mit seiner Veränderung, was ja Bestandteil des Integrationsprozesses ist, der immer am Ende einer gelungenen Veränderung steht.

Hindernislauf üben – S. 270

Ganz pragmatisch gesehen, wird es im weiteren Verlauf des Prozesses auch nach dem Coaching immer wieder Hindernisse und Hürden geben. Diese können Sie gemeinsam mit Ihren Klienten antizipieren, um die Handlungssicherheit zu erhöhen.

Die Rastplätze festlegen – S. 275

Größere Veränderungsprozesse benötigen einen langen Atem. Wie im Projektmanagement generell, werden auch hier Meilensteine benötigt, bei denen Ergebnisse gesichert, aber auch Kräfte für die Weiterreise gesammelt werden. Weiterhin ist es für Ihre Klienten wichtig, dass Erfolgserlebnisse auf diesem Weg sichtbar und wertgeschätzt werden.

Die Vorräte im Blick behalten – S. 280

In Anbindung an die Ressourcenarbeit in Kapitel 2 stellen Sie in dieser Intervention mit Ihren Klienten noch einmal sicher, dass diese nicht als Kurzzeitsprinter, sondern als Langstreckenläufer an den Start gehen, deren Energiehaushalt so angelegt ist, dass sie auch Durststrecken auf dem Weg gut durchstehen können.

Kreativ mit Gefahren umgehen – S. 285

Diese für das Veränderungscoaching abgewandelte Kreativitätstechnik gibt Ihren Klienten ein Werkzeug an die Hand, mit dem sie unvorhersehbare Gefahren und Hindernisse auf metaphorischer Ebene so für sich bearbeiten können, dass sie jederzeit aus einem großen Vorrat an Lösungsideen schöpfen können.

Den Pokal heimbringen – S. 290

In dieser Visualisierung erfolgt noch einmal der Rückgriff auf die Heldenreise. Sie können mit Klienten damit einerseits den Abschluss eines längeren Coachingprozesses gestalten, andererseits Transfersicherung betreiben.

Improvisieren, aber richtig – S. 294

Möglicherweise stehen Ihre Klienten nach dem Coaching Veränderungen im Allgemeinen etwas positiver gegenüber. So finden Sie zum Abschluss hier einige Regeln und Grundhaltungen aus dem Improvisationstheater, mit denen Ihre Klienten bestens gewappnet sind, sich auch weiterhin gut durch ihr Leben zu improvisieren. Diese wurden ja bereits im Laufe des Veränderungscoachings immer wieder erprobt und eingeübt. Nun dienen sie in der Zusammenfassung als Starter-Kit in ein veränderungsfreundliches Leben.

Aufräumen im Veränderungshaus

Inputs: Fantasiereise, Haus-Metapher

Beschreibung und Hintergrund

Größere Veränderungen beinhalten immer noch weite Strecken Neuland, auch wenn Klienten sich bereits einige Zeit damit auseinandergesetzt haben. Im Coaching kann man nicht alle Aspekte eines komplexen Veränderungsprozesses vorwegnehmen. Aber Sie können Ihren Klienten dabei unterstützen, sich über einen verstärkten Zugang zur Intuition einige weitere Aspekte oder konkrete Veränderungshilfen zu erschließen.

Dazu leiten Sie Ihren Klienten an, virtuell durch sein Haus der Veränderung zu reisen. Die Hausmetapher dient dazu, einen vertrauten Bereich auf die große unbekannte Veränderung zu übertragen und dadurch Komplexität zu reduzieren und das Gefühl von Gangbarkeit und Machbarkeit (s. die drei Faktoren der Salutogenese, Seite 100) zu verstärken. Darüber hinaus kann das Haus personifiziert werden, auch im Sinne eines höheren Selbst, um potenziell wichtige Hinweise zu geben, hilfreiche Ratschläge zu erteilen oder gar Geschenke zu verteilen, die bei der Veränderungsbewältigung weiterhelfen. Durch dieses Vorgehen erscheint der nächste Schritt auf dem Weg weniger bedrohlich und die Umsetzung auch schwieriger Entscheidungen wird wahrscheinlicher.

Vorgehensweise

Zeichnen Sie ein einfaches Hausmodell (nur die Außenbegrenzung im Querschnitt) an, auf das ein Weg zuläuft. Würdigen Sie den bisher zurückgelegten Weg und beschreiben Sie die Situation so, dass es jetzt an der Zeit ist, der Veränderung Auge in Auge gegenüberzutreten. Schlagen Sie Ihrem Klienten vor, mit Ihnen einmal die Veränderung so anzuschauen, als wäre sie ein Haus, in dem er sich auf Entdeckungsreise begeben kann. Hier könnte er zusätzliche Informationen erhalten, die für den weiteren Weg wichtig wären. Weisen Sie ihn darauf hin, dass Sie selbst keine Ahnung haben, wie das Haus Ihres Klienten aussehen wird. Vereinbaren Sie vorsichtshalber ein Zeichen (geeignet ist das Heben der

Hand), wenn die Fantasiereise für Ihren Klienten unangenehm wird und er sie abbrechen möchte.

Dann leiten Sie die Fantasiereise wie folgt an. Bitten Sie Ihren Klienten, seine Augen zu schließen und führen Sie ihn in einigen Sätzen in die Entspannung (siehe Ruf aus der Zukunft, Seite 218 ff.). Sprechen Sie dann mit Pausen (...):

Fantasiereise

„Stellen Sie sich vor, Sie sind im Urlaub. Sie wandern gemütlich über eine Wiese und halten nach einem Platz für einen Mittagsschlaf Ausschau. Dort finden Sie ein Fleckchen, das Ihnen zusagt, Sie breiten Ihre Decke aus und legen sich hin. ... Während Sie noch den Wolken zuschauen, sinken Sie tiefer auf Ihrer Decke ein und fallen in einen leichten Schlaf.

Im Schlaf erscheint vor Ihnen eine andere Landschaft. Sie schauen sich neugierig um. Wo sind Sie? ... In dieser Landschaft sehen Sie ein Gebäude, das für Ihre Veränderung steht. Wie ist es beschaffen? Wie viel Stockwerke hat es? Können Sie einen bestimmten Baustil erkennen? Wie ist die Fassade gestaltet? ... Sie gehen langsam darauf zu und betrachten die nähere Umgebung des Hauses. Wie ist es in seine Umgebung eingebunden, gibt es einen Hof, einen Garten? Hat es Fenster und Türen? Wie wirkt es auf Sie? ... Sie treten noch näher. Können Sie sehen, was auf dem Schild neben der Klingel steht? ... Die Tür geht auf, Sie treten langsam ein und schauen sich im Eingangsbereich um. Wie ist dieser Bereich eingerichtet? Wie heißt Ihr Veränderungshaus Sie willkommen? ... Schlendern Sie langsam durch die Räume. Wie sind sie möbliert? Wie ist der Lichteinfall? Gibt es Haustiere oder andere Bewohner? Begrüßen Sie sie. ... Und dann schauen Sie, wo Sie sich am wohlsten fühlen. Dort bleiben Sie eine Weile stehen und nehmen Verbindung mit Ihrem Veränderungshaus auf. Was fühlen Sie? Was hören Sie? Was sehen Sie? ...

Fragen Sie dann Ihr Haus, was es braucht, damit es für Sie gemütlich und bewohnbar bleibt oder wird. ... Gehen Sie dann weiter über eine oder mehrere Treppen nach oben. Dort finden Sie einen Dachboden. Neugierig schauen Sie sich um. Sie wissen, dass dort ein Geschenk auf Sie wartet. Was ist es? Wie sieht es aus? ...

Bedanken Sie sich.

Dann wissen Sie, dass Sie noch in den Keller steigen möchten. Suchen Sie den Zugang zum Keller und steigen Sie hinunter. Unten finden Sie einen Gefahrenhinweis. Was will Ihnen Ihr Haus mit auf den Weg geben? Was sollten Sie unbedingt beachten, damit die Veränderung gelingen kann? ... Bedanken Sie sich auch hier für diesen Hinweis und stellen Sie sich noch einmal in den Eingangsbereich. Spüren Sie, wie Ihr Haus dazu da ist, Sie zu beschützen, es ist ein sinnvoller Teil Ihres Lebens. Sie und das Haus stehen in enger Verbindung ...

Dann verabschieden Sie sich, schließen Sie die Eingangstür und gehen Sie wieder zurück durch die Landschaft, bis Sie bei Ihrer Decke ankommen. Werden Sie langsam wach, reiben Sie sich gerne die Augen, strecken Sie sich, gähnen Sie einmal kräftig. Und kommen Sie wieder in das Hier und Jetzt in diesem Raum zurück."

Es ist immer wieder faszinierend zu sehen, welche wertvollen Informationen und Impulse die Hausmetapher auslöst. Sie trägt wesentlich zur Motivation, aber auch zur Beseitigung letzter mentaler Hindernisse bei, damit der Veränderungsweg auch wirklich beschritten wird. Die Lösungen aus dem Unbewussten sind Geschenke, die Sie im Coaching natürlich immer nur vorbereiten und niemals erzwingen können.

Werten Sie gemeinsam die Reise zum und im Veränderungshaus aus.

- „Was waren für Sie wichtige Punkte auf dem Weg durch Ihr Veränderungshaus?
- Was hat Sie überrascht, was hätten Sie so nicht erwartet?
- Wie geht es Ihnen damit, Ihr Haus so bildlich erlebt zu haben?
- Gab es ein Geschenk? Gab es eine Botschaft im Keller? Was halten Sie davon?
- Gibt es noch etwas, das Sie an Ihrem Haus gerne verändern möchten?
- Wie gehen Sie jetzt die weiteren Schritte in Ihrem Veränderungsprozess, wenn Sie Ihre Veränderung bereits aus dieser anderen Perspektive kennengelernt haben? Was ist anders als vorher?"

Ermutigen Sie Ihren Klienten, einige Erkenntnisse an das Haus am Flipchart einzuzeichnen, vielleicht auch mit Sprechblasen. Wenn das gar nicht geht, fragen Sie, ob Sie diesen Part übernehmen sollen und gestalten Sie das Veränderungshaus ein wenig nach den Schilderungen des Klienten aus. Weisen Sie darauf hin, dass diese Einträge nur Erinnerungshilfen sind und natürlich nicht an die inneren Bilder, die während der Fantasiereise entstanden sind, herankommen.

Anwendungsbereiche

- Für Klienten, die voraussichtlich das letzte Mal ins Coaching kommen, um sie mit einer letzten Stärkung ihren Weg gehen zu lassen
- Bei Coachees, bei denen die nächsten Schritte klar herausgearbeitet wurden, die sich aber irgendwie nicht in Bewegung setzen möchten
- Für Klienten, bei denen Sie bereits im Verlauf des Coachingprozesses gemerkt haben, dass sie wertvolle Impulse von ihrer Intuition erhalten; gerade wenn sie sonst eher „verkopft" kommunizieren

Anwendungsbeispiel

Florian M. (35), Betriebswirt, hat für sich entschieden, dass er auf seine „alten Tage" noch einmal Journalistik in Vollzeit studieren möchte. Dazu wird er sein Leben konsequent auf den Kopf stellen, in ein WG-Zimmer einziehen und seinen Lebensstandard herunterschrauben. In seinem sozialen Umfeld wird diese Entscheidung mit sehr gemischten Reaktionen aufgenommen. Seine Partnerin hat sich in dem Zuge von ihm getrennt. Er hat sehr proaktiv alle anstehenden Schritte für sich geklärt, sitzt aber gerade doch mit gemischten Gefühlen in der letzten Coachingsitzung.

Nach der Reise zu seinem Veränderungshaus berichtet er:

„Ich habe ein altes, solides Steinhaus in einem kleinen Bergdorf für mich gesehen. Ich mochte das Haus von Anfang an. Es wirkt schlicht, so wie meine nächsten Jahre, aber es hat alles, was ein Haus eben braucht. Ich brauche diesen ganzen anderen Schnickschnack nicht, das hat es sehr gut ausgedrückt. Es war auch nur ganz sparsam möbliert, aber irgendwie doch gemütlich.

Was ich so nicht erwartet hatte, war, dass es bewohnt war – ja, von einer sympathischen Frau. Hoffentlich ist da auch noch Platz für mich? Eigentlich dachte ich, es ist mein Haus. Aber vielleicht ist es ja auch unser Haus? Sie passte jedenfalls gut da rein und war mir gegenüber auch ganz offen. Einen Dachboden und einen Keller gab es nicht. Ich habe aber dennoch ein Geschenk bekommen: Das war eine kleine Katze. Vielleicht steht sie für meine neue Unabhängigkeit und meinen Sturkopf, dass das jetzt noch mal sein muss, diese Veränderung. Und sie schnurrt so schön. Das heißt für mich, es muss nicht immer nur stressig sein. Sicher wird das Studentenleben auch gemütliche Momente mit sich bringen, darauf freue ich mich. Und es gab auch einen Brief mit einem Hinweis, darauf stand: ‚Such Dir einen Zusatzjob, der Dir Spaß macht.' Ich könnte wieder kellnern. Das habe ich schon mal vor langer Zeit gemacht. – Ich glaube, ich muss mir wirklich einen netten Job suchen und weder parallel versuchen, was im Bereich BWL zu finden, noch den Anspruch haben, gleich Geld mit meinen Artikeln zu verdienen. Das nimmt mir jetzt doch ein ganzes Stück Stress.

An dem Haus will ich nichts weiter verändern. Das ist schon alles recht so. Das mit der Frau beschäftigt mich jetzt … Und es war noch mal gut zu sehen, dass es sich richtig anfühlt, einfach solide und auf mich zugeschnitten."

Weiterführende Ideen und Variationen

- Wenn hier noch größere offene Aspekte auftauchen, dann wissen Sie, dass das Coaching vermutlich noch nicht beendet ist. Insofern können Sie diese Fantasiereise auch als ein letztes Diagnose-Tool einsetzen.
- Alternativ und deutlich niederschwelliger können Sie auch ein Fotoset mit Häusern und Gebäuden auslegen. Frei im Coaching zu verwendende Bilder finden Sie beispielsweise unter www.pixabay.com, geben Sie hier das Stichwort „Haus“ ein. Dann bitten Sie Ihren Klienten, sich zu der Frage „Wenn Ihre Veränderung ein Haus wäre, welches Haus wäre sie?“ eine Karte zu wählen. Kommen Sie darüber ins Gespräch, wie das Haus beschaffen ist, wie es auf den Klienten wirkt, ob es noch eine Botschaft an den Klienten loswerden möchte. Oder fragen Sie, ob es noch geheime Räume gibt, die Ihr Klient entdecken möchte oder ob er noch einen Anbau oder Umbau braucht, bevor die Veränderung ihm gefällt und er sie „kauft“. Ihrer Fantasie sind da keine Grenzen gesetzt.

Hinweise

Es muss bereits eine solide Vertrauensbasis zwischen Ihnen und Ihren Coachees geben. Und Sie sollten Erfahrung in der Anwendung von geführten Fantasiereisen haben. Es gibt Kliententypen, die sich nicht auf derart „esoterische“ Dinge einlassen möchten. Dann können Sie die Variation mit der Bildkarte anbieten.

Quellen, Literatur

- Janisch, K.: Hausgemachte Krise: Krisenarbeit mit der „Haus“-Metapher. In: Schmidt, G. (et al.): Gut beraten in der Krise. Bonn: managerSeminare 3. Aufl. 2014.

Hindernislauf üben

Input: Gedankliche Vorwegnahme von Problemen

Beschreibung und Hintergrund

Hindernisse bei der Umsetzung von konkreten Vorhaben und Zielen vorwegzunehmen ist hilfreich, damit Ihre Klienten sich auch bei auftretenden Schwierigkeiten und vermeintlich Unvorhersehbarem gewappnet fühlen. Ressourcen, die in diesen Situationen unterstützen können, sind – wenn es eng wird – nur verfügbar, wenn sie auch kognitiv zur Verfügung stehen.

So kann diese Übung als Aufbau eines unterstützenden Backends verstanden werden, auf das hoffentlich nicht zurückgegriffen werden muss. Klienten fühlen sich aus dieser Sicherheit heraus besser imstande, in die Wachstumszone einzutreten und erforderliche Wagnisse einzugehen. Die Visualisierung ersetzt hier die eher trockenen Wenn-dann-Pläne.

Vorgehensweise

Zeichnen Sie den Parcours als Grundvisualisierung an das Flipchart. Nun kann Ihr Klient die größten Hindernisse auf rechteckige Moderationskarten schreiben oder sie Ihnen nennen, damit Sie sie auf die Hürden schreiben. Bringen Sie sie in der Reihenfolge des vermuteten Auftretens von unten nach oben am Flipchart an. Finden Sie nun gemeinsam mit Ihrem Klienten Stichworte zu Ressourcen oder Lösungsideen und schreiben Sie diese auf runde Moderationskarten (Ballons), kleben Sie sie zu den Hürden dazu und machen Sie daraus mit wenigen Strichen einen Ballon. Sie können das Bild der Hürden auch nutzen, um zu überlegen, ob die Hürde unbedingt genommen werden muss, oder ob es noch einen dritten Weg (außer dem Weg zurück) gibt, der um die Hürde herum führt.

Anwendungsbereiche

Wenn Sie den Eindruck haben, dass sich Ihr Klient noch nicht ausreichend sicher fühlt, verleiht die Planung von Eventualitäten Handlungssicherheit. Weisen Sie allerdings auch darauf hin, dass das Leben eins der unsichersten ist, eine Planung deswegen immer nur einen Teil der entstehenden Wirklichkeit erfassen kann.

Anwendungsbeispiel

Helge W. (32) ist Sozialpädagoge und bewirbt sich derzeit auf Stellen in der Flüchtlingsarbeit. Er hat keine Zweifel, hier sehr bald etwas zu finden, Sorgen macht ihm die konkrete Arbeitssituation. Er spielt zwar schon lange mit dem Gedanken, in diesem Bereich zu arbeiten, hatte aber immer wieder Bedenken, dass er sich zu stark vereinnahmen lässt. Diese Sorgen hat er immer noch, auch wenn er für sich gefunden hat, dass er es trotzdem versuchen will. Coach und Klient arbeiten daran, jeweils eine Position oder Haltung für die einzelnen „Hürden" zu finden.

Er nennt folgende Hürden, die hier schon in eine Reihenfolge gebracht wurden: Was trifft ihn voraussichtlich zuerst, was dann etc.:

Hürden	Ballons
Ich muss jede Menge Überstunden machen und werde nicht gefragt, ob ich das will.	Ich sage klar Nein und schütze mich (ich bin in einer guten Verhandlungsposition, es gibt gerade zu wenige von uns Sozialpädagogen).
Ich merke, das ich das viele Leid nicht ertragen kann.	Ich lasse das an mich ran, was geht, ansonsten versuche ich, in eine professionelle Distanz zu gehen (wir finden dazu das mentale Bild eines Flughafenrollbands, mit dem er sich innerlich zurückzieht – falls notwendig).
Und ich habe nicht genug Zeit für die Menschen.	Ich nehme mir immer wieder gezielt einige Minuten für einen menschlichen Kontakt und arbeite in meinem Tempo, wie es mir und den Betroffenen bekommt.
Ich bin mit der vorgeschriebenen Umgangsweise oder mit Arbeitsprozessen nicht einverstanden.	Das kommt drauf an. Ich versuche, mit meinen Vorgesetzten zu sprechen (sie sind im Stress). Wenn dann nichts passiert, handle ich auf meine Art. Wenn es richtig Ärger gibt, dann packe ich meine Sachen.
Ich werde vermutlich nicht ewig bleiben in dieser Arbeit.	Ich achte auf mich und merke, wann die Zeit reif ist, wieder weiterzugehen. Vielleicht ergeben sich aber durch die neue Tätigkeit ganz andere Chancen?

Durch die Hürdenarbeit merkt Herr W., dass er eigentlich eine große innere Freiheit hat. Er möchte sich im Feld der Flüchtlingshilfe ausprobieren und würde es später bereuen, es nicht versucht zu haben. Aber die Arbeitsmarktsituation ist so, dass er auch schnell wieder einen anderen Job findet. Noch ist er nicht familiär gebunden, also ist er auch in Bezug auf einen eventuell erforderlichen Umzug ganz entspannt.

Weiterführende Ideen und Variationen

- Das ein oder andere Szenario, vor dem Ihr Klient besonders zurückschreckt, kann weiterführend im Rollenspiel aufgegriffen werden und so kleinschrittig vorbereitet werden. Wenn Klienten im Spiel nichts einfällt, können Sie auch einmal die Rollen tauschen und Sie spielen Klient (das ist aber nur die letzte Option).
- Das Bild der Ballons kann als Anker aufgegriffen werden, Klienten stecken sich in schwierigen Situationen einen Luftballon in die Tasche oder schreiben ihre Ressourcen oder Unterstützungsideen auf Luftballons, die sie zu Hause oder im Büro platzieren.

- Eine besonders schwierige Hürde kann mit einem zwischen zwei Stühlen gespannten Seil oder Klebeband dargestellt werden. Sie wird dann aktiv „überstiegen". Dabei werden die somatischen Marker der Klienten erfragt: „Was benötigen Sie noch, um diesen Schritt mutig/erfolgreich/kraftvoll gehen zu können?" Das Probehandeln im geschützten Raum des Coachings ermöglicht die körperliche Verankerung von Handlungsalternativen bei schwierigen Schritten.
- Wenn Sie gemeinsam keine für den Klienten vollauf befriedigende Lösung finden, dann können Sie die Lösungsideen auch mit einer Zahl zwischen eins und zehn skalieren lassen. Vielleicht sind sie noch nicht optimal, vielleicht bringen sie aber dennoch erste Abhilfe. Wenn alle Lösungsideen für offensichtlich handhabbare Probleme vom Klienten verworfen werden, liegt das Problem vermutlich an anderer Stelle. Dann ist es ratsam, noch mal auf mentale Hindernisse oder Glaubenssätze zu schauen, die die Lösungsakzeptanz verhindern (siehe S. 111 ff.).

Die Rastplätze festlegen

Input: Milestones

Beschreibung und Hintergrund

Inzwischen sind Ihre Klienten im Veränderungsprozess schon ganz schön vorangekommen. Sichern Sie ihre Ergebnisse im Rückblick und erweitern Sie gemeinsam die geplante Wegstrecke um erreichbare Meilensteine, die gleichzeitig als Rastplätze oder Momente der Besinnung dienen, um zu schauen, ob der eingeschlagene Weg noch stimmt.

Erst erscheint es ein wenig sonderbar, die erreichten Meilensteine in die Motivationstäler zu zeichnen. Sie können das so erklären, dass der Meilenstein ja über den Gipfel gebracht wurde und dann ganz von allein hinuntergerollt ist. Das Tal gewährleistet, dass er nicht mehr zurückrollen kann. So können Ihre Klienten also nicht mehr hinter das Erreichte zurückfallen. Wenn die Kurve immer nur bergauf ginge, wäre das Erreichte sehr labil oder es würde extrem viel Kraft kosten, den größer werdenden Veränderungsball immer weiter hinaufzuschieben.

Deswegen sind die Motivationstäler gleichzeitig Rastplätze, um Kraft zu tanken, damit es wieder weitergehen kann.

Vorgehensweise

Bitten Sie Ihren Klienten, eine Kurve im Koordinatenkreuz Zeit – Motivation zu zeichnen. Welche Meilensteine bilden die Gipfel der Hügel? Schreiben Sie diese in die runden Steine des nächsten Tals.

Überlegen Sie dann gemeinsam, was die Motivation jeweils nach Tiefpunkten wieder nach oben gebracht hat. Oder in welcher Form Ihr Klient im Tal Kraft getankt hat, um motiviert weiterzumachen im Veränderungsprozess. Stellen Sie noch mal klar heraus, dass die Täler dafür sorgen, dass diese Veränderungsschritte nicht mehr „zurückrollen" können. Darüber wird deutlich, dass Veränderung nur in kleinen Schritten „zu packen" ist. Gleichzeitig erhalten die Motivationstiefs eine neue Bedeutung und das rhythmische Veränderungsgeschehen wird verständlicher. Es ist normal, dass es gerade bei der Umsetzung geplanter Veränderungen nicht immer nur bergauf geht.

Schauen Sie dann noch auf die nächsten Meilensteine in der Zukunft. Schreiben Sie auch diese in die Täler und überlegen Sie, was in den Tälern danach wieder Kraft geben könnte. Dahinter steckt auch die Idee der „Quick Wins". Das heißt, dass Veränderungen dann deutlich erfolgreicher verlaufen, wenn die Menschen im Change schnelle, kurzfristige Erfolge sehen. Damit Ihre Klienten diese nicht verpassen, ist es sinnvoll, gemeinsam zu überlegen, woran sie die konkret erkennen würden.

Würdigen Sie die vielen bereits erreichten Meilensteine. Besprechen Sie mit Ihrem Klienten, wie er sie feiern möchte oder was er sich nach dem nächsten größeren Meilenstein auch einmal Gutes tun könnte. Viel zu schnell hecheln wir auf dem Veränderungsweg an dem vorbei, was wir bereits erreicht haben, ohne die Schönheit der Wegetappen zu genießen.

Anwendungsbereiche

- Für Klienten, die noch die Vorstellung haben, dass ihr Veränderungsweg reibungslos immer nach oben führen wird
- Bei Klienten, die gerade in einem Tal feststecken und neue Motivation brauchen, damit sie weitergehen können
- Wenn Coachees sich gerne verausgaben, um zu verdeutlichen, dass auch sie immer wieder Rastplätze benötigen, um gesund durch den Prozess zu kommen

Anwendungsbeispiel

Amelie F. (36) hat bereits einen längeren Veränderungsweg hinter sich. Sie hat ihren für sie in mehrfacher Hinsicht unbefriedigenden Job als Ärztin in einem Krankenhaus gekündigt, ohne eine neue Stelle und Perspektive zu haben, weil ihr Leidensdruck so hoch war.

Nach einer mehrmonatigen depressiven Phase ist sie nun auf dem Weg der beruflichen Veränderung so weit vorangekommen, dass sie eine Stelle im wissenschaftlichen Lektorat sucht und plant, ihre Erfahrungen als Medizinerin im Gesundheitssystem als Buch (im Genre „Enthüllungsliteratur") zu veröffentlichen.

Rückblick	**Meilensteine**	**Motivatoren**
Februar vergangenes Jahr	Mutige Kündigung	▶ Verzweiflung ▶ Selbstschutz ▶ „Weil ich es mir wert bin"
März bis Juni vergangenes Jahr	Hypnotherapie (Depression, Burnout)	▶ Raus aus meinem Loch ▶ Grundlage für ein neues Leben ist Aufräumen
Juli vergangenes Jahr	Wanderung über die Alpen	▶ Ich wollte mir beweisen, dass ich noch was kann ▶ Den Kopf frei bekommen ▶ Abschied von der „Rückzugs-krankheit"
August bis Oktober vergangenes Jahr	Praktikum im Verlag	▶ Mir neue Felder erschließen ▶ Erste Berufserfahrung
Ab Oktober vergangenes Jahr	Kurs „Sachbuch schreiben". Außerdem: erste Unterkapitel schreiben	▶ Verarbeitung meiner Geschichte ▶ Auf Missstände im Gesundheitssystem aufmerksam machen ▶ Einblick in das Leiden der Patienten und Ärzte
Ausblick	**Geplante Meilensteine**	**Vermutete Motivatoren**
Januar dieses Jahr	Bewerbungen schreiben	▶ Ich bin wieder dabei ▶ Ich will mich zeigen
Ab Februar dieses Jahr	Artikel in medizinischen Fachzeitschriften platzieren	▶ Vorübung fürs Buch, Thema antesten ▶ Sichtbarkeit schaffen
Ab Februar dieses Jahr	Erfahrungen im freien Lektorat mit Selfpublishing-Autoren im Sachbuchbereich sammeln, evtl. auch Lektorat für Masterarbeiten und Dissertationen anbieten	▶ Weitere Berufserfahrungen ▶ Geld verdienen
April dieses Jahr	Exposé schreiben und an Verlage schicken	▶ Die Zeit ist reif und ich bin so weit

Es entsteht ein Bild des zurückgelegten Wegs:

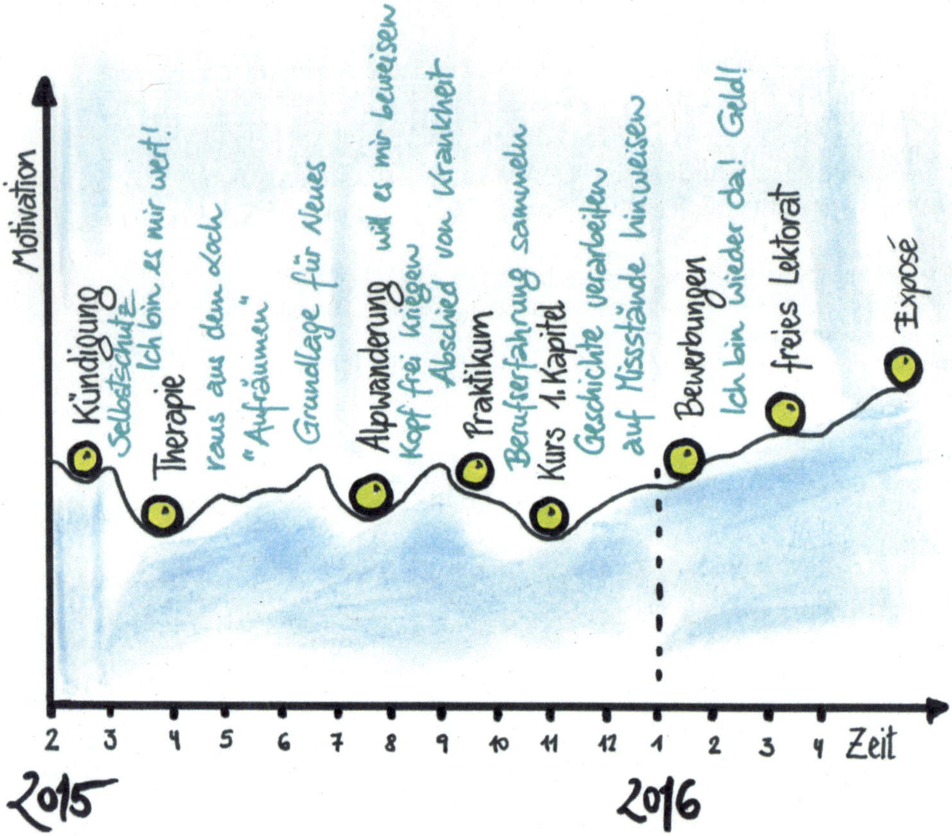

Amelie F. kann viel mit dem Bild der Meilensteine anfangen, die sie immer wieder über den nächsten Hügel rollt. Sie sieht selbst, dass sie weit gekommen ist im zurückliegenden Jahr. Allerdings droht als Damoklesschwert das Ende des Arbeitslosengeldes II. Bis dahin möchte sie so weit sein, dass sie zumindest einige freiberufliche Lektoratsaufträge annehmen kann. Die Stellen im wissenschaftlichen Lektorat sind eher spärlich gesät, sodass sie sich auf eine Überbrückungszeit einstellt, in der sie eventuell einen anderen Job dazunehmen muss. Nach dem Sammeln der zukünftigen Meilensteine sieht sie, dass sie fast 1,5 Jahre im „Selbstauftrag" gearbeitet hat und zwar erfolgreich. Sie könnte sich demnach auch vorstellen, eventuell als freiberufliche Lektorin weiterzuarbeiten, wenn sie keine Stelle im gewünschten Bereich findet. Allerdings möchte sie gar nicht so weit im Voraus planen. Sie habe letztes Jahr erlebt, dass sich die Dinge zu schnell ändern.

Zur Würdigung ihres zurückgelegten Veränderungswegs wird sie sich über Weihnachten eine Woche Skiurlaub gönnen, kraftvoll die Pisten runtersausen und ihre wiedergewonnene Lebensfreude genießen. Wenn sie das Exposé abgeschickt hat, wird sie ihren 37. Geburtstag mit einer großen Party auch als neuen Lebensabschnitt feiern.

Weiterführende Ideen und Variationen

- In der Teamsupervision können Sie die individuellen Veränderungskurven der Teilnehmenden im Vergleich erläutern lassen. Durch die große Motivationssammlung entsteht eine positive Dynamik im Team, mit der sich dann die nächsten schwierigeren Meilensteine konstruktiv planen lassen. Darüber hinaus wird deutlich, wie unterschiedlich die Sichtweise auf den Prozess sein kann. Was dem einen Auftrieb gegeben hat, hat den anderen vielleicht geärgert und ausgebremst. Dadurch, dass die Veränderung multiperspektivischer wahrgenommen wird, steigt die Toleranz gegenüber Veränderungsprozessen, die für den Einzelnen nicht immer hundertprozentig passen oder gewinnbringend erscheinen.
- Sollte die Veränderungskurve geradezu lehrbuchmäßig verlaufen und ihr Klient jetzt im welligen Aufwärts-Lernbereich angekommen sein, können Sie das Originalmodell (Seite 33) auch zum Vergleich neben die Veränderungskurve Ihres Klienten legen. Daran wird erneut deutlich, dass Veränderungen nach bestimmten Gesetzmäßigkeiten verlaufen und niemand auf dem kurzen Weg hindurchkommt. Klienten nehmen dieses Prozessdenken mit in ihre zukünftigen Veränderungsprozesse und machen sich weniger Sorgen, weil sie wissen, dass bestimmte Gefühle, Gedanken und Ängste in Veränderungen eben ganz normal sind.

Quellen, Literatur

- Wiesenbauer, L.: Wir schaffen das! Veränderungen erfolgreich in Gang setzen. Weinheim und Basel: Beltz 2009.

Die Vorräte im Blick behalten

Inputs: Der Energiekuchen, Ressourcenarbeit

Beschreibung und Hintergrund

Der allseits bekannte Energiekuchen wird von den Kollegen Wolfgang Ehinger und Claudius Henning im supervisorischen Kontext aufgegriffen, um eine Energiebilanz zu ziehen. Ich verwende ihn hier, um die Ressourcen auf dem Veränderungsweg im Blick zu behalten. Veränderungsprozesse sind oft auf Monate, gar Jahre angelegt und da sind Langstreckenläufer gefragt, die mit ihrer Energie haushalten können. Sehen Sie selbst, wie es um den Energiehaushalt Ihres Klienten bestellt ist.

Vorgehensweise

Bitten Sie Klienten, zwei Kreise an das Flipchart zu zeichnen. Rechts einen Kreis für die Energie, die aktuell verbraucht wird. Links einen Kreis für die gefühlte Menge an Energie, die ihnen zufließt. Der Gesamtkuchen steht immer für 100 Prozent.

Lassen Sie Ihren Klienten dann rechts einzeichnen, wie groß das Segment („Kuchenstück") ist, das für den jeweiligen Bereich verbraucht wird. Das können äußere Aktivitäten, Anforderungen oder anstrengende Personen sein. Das können aber auch eigene innere Stressoren oder Ängste sein, die Energie abziehen. Fragen Sie: „Was zehrt?", „Wofür wird Ihre Energie aktuell eingesetzt?"

Daraufhin sollte Ihr Klient die gleiche Einschätzung im linken Kreis einzeichnen. Fragen Sie: „Was nährt Sie?", „Womit können Sie auftanken?"

Kommen Sie dann ins Gespräch, indem Sie die beiden Kreise gegenüberstellen. Mögliche Fragen sind:

- „Was fällt Ihnen auf, wenn Sie die beiden Kreise anschauen?"
- Wenn der rechte Kreis größer ist, können Sie nachfragen: „Was schätzen Sie, wie lange Sie noch mehr Energie verbrauchen werden, als Sie ‚einnehmen' können? Haben Sie eine Idee, was Sie wann daran ändern können?"
- „Wie lange werden Sie diesen Zustand noch aushalten (wollen)?"
- „Welche Energiequellen könnten Sie für sich noch stärker einsetzen oder erschließen? Woran würden Sie erkennen, dass Sie mehr Energie hätten?"
- „Welche Energiesauger könnten Sie dezimieren? Wie genau würden Sie das anstellen?"

Vertiefung: „Was müssten Sie anders denken, fühlen, sagen und tun, um Ihre Energiebilanz zu verbessern?"

Denken	
Fühlen	
Sagen	
Tun	

Kennzeichnen Sie die Tortenstücke farbig, bei denen sich noch etwas machen lässt und formulieren Sie drei konkrete Ziele bis zum nächsten Coachingtermin. Schreiben Sie diese jeweils stichwortartig unter die Torten.

Anwendungsbereiche

- Für Coachees, die noch einen langen Weg vor sich haben
- Für Kurzstreckenläufer, denen vielleicht nach einem Veränderungssprint die Puste ausgeht
- Für Klienten, die sich bereits auf dem bisherigen Veränderungsweg sehr verausgabt haben und die möglichst noch besser auf ihren Energiehaushalt achten sollten

Anwendungsbeispiel

Claudia B. (56) ist Assistentin der Geschäftsführung in einem größeren Familienbetrieb im Holzfachhandel. Ihr Mann hat ihr das Coaching geschenkt, weil es so nicht mehr weitergehen könne. In der ersten Sitzung klärt sie, dass sie es auch möchte.

Das zehrt (Torte doppelt so groß wie andere)	Das nährt
Chef ist so oft schlecht gelaunt, weil es nicht gut aussieht mit der Firmenbilanz, sie ist der Puffer zwischen ihm und den Mitarbeitern	Walken mit Freundin
Sie nimmt oft noch Arbeit mit nach Hause, weil sie in der Arbeitszeit nicht fertig wird, will aber nicht, dass das jemand merkt	Tanzcafé sonntags mit ihrem Mann
Sorgen, dass sie bei Insolvenz keinen anderen Job mehr finden würde	Stricken und Nähen
Angst um den Sohn (25), der möglicherweise in einer kriminellen Szene unterwegs ist	Gelegentliche Saunabesuche

Ideen zur Dezimierung der Energiefresser:

- Nicht mehr alles auf die eigenen Schultern nehmen. Die Realität in der Firma nicht mehr länger „vertuschen".
- Keine Arbeit mehr übers Wochenende mitnehmen. Über Arbeitsbelastung mit Chef reden (in einem guten Moment).
- Internetrecherche nach Arbeitschancen für 50+ durchführen, um da eine erste Einschätzung vom Markt zu bekommen.
- Evtl. Beratungsstelle aufsuchen, wie sie mit ihrem Sohn sprechen könnte.

Sie fasst zusammen, dass es hier tatsächlich mehr Möglichkeiten als gedacht gibt. Sie will eigentlich nicht den rechten Kreis aufblasen, sie möchte lieber den linken Kreis schrumpfen, dann würde die Balance auch stimmen. Schließlich müsse sie keine Energie wie eine Zwanzigjährige mehr haben ...

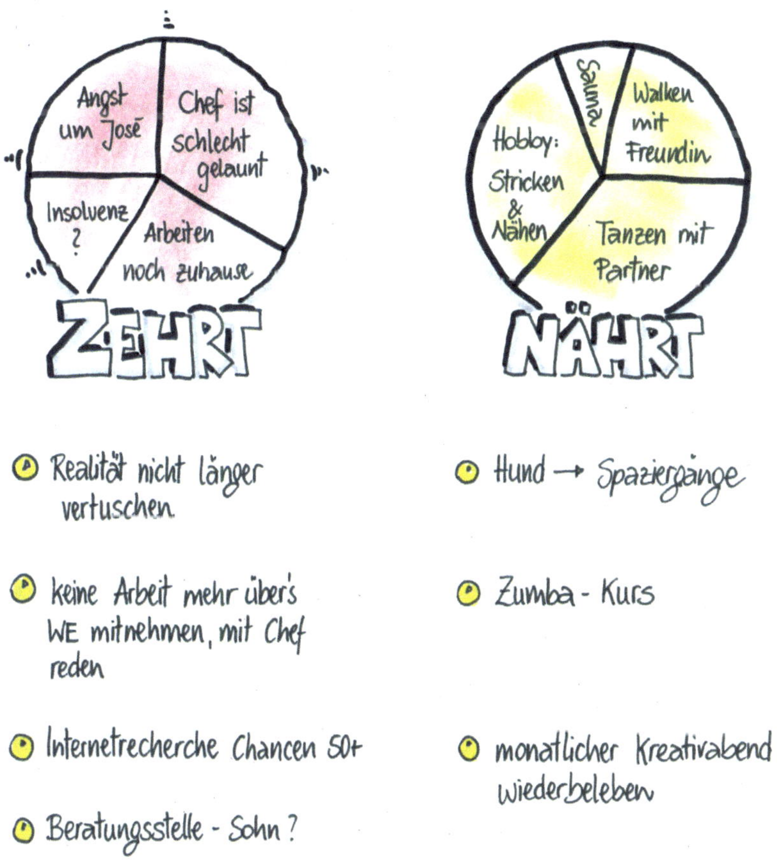

Dennoch suchen Klientin und Coach noch nach Ideen für weitere Energiespender in ihrer Biografie und in ihrem Umfeld:

- Sie hat sich schon immer einen Hund gewünscht, will ihn aber nicht so lange alleine zu Hause lassen. Vielleicht könnte sie ihn mit in die Firma nehmen. Vielleicht würde das der Stimmung dort insgesamt gut tun? Tägliche Spaziergänge wären dann zumindest garantiert.
- Bewegung hilft ihr beim Stressabbau. Sie wird sich trauen, einmal im Zumba-Kurs vorbeizuschauen, ob das möglicherweise noch etwas für sie ist.
- Und sie wird den monatlichen Kreativabend mit Freundinnen wiederbeleben, der seit zwei Jahren eingeschlafen ist. Der war immer sehr lustig.

Denken	Ich kann's nicht alleine „halten". Es kommt, wie es kommt.
Fühlen	Erleichterung, wieder mehr Lebensfreude.
Sagen	Lieber Chef, es ist genug. Ich tue, was ich kann, mehr geht nicht.
Tun	Das tun, was mich stärkt. Weniger von dem tun, was mich runterzieht.

Voller Ideen geht sie aus dem Coaching und meint, der veränderte Fokus, weg von der Übermacht der Arbeit in den letzten Monaten, habe ihr sehr gut getan.

Weiterführende Ideen und Variationen

Auch im Change-Seminar kann diese Übung eingesetzt werden. Die Teilnehmenden können alternativ eine freie Zeichenübung durchführen: Auf der linken Seite des Blattes werden „Energiefresser" gemalt, auf der rechten Seite „Energiespender". Stellen Sie in der Anleitung heraus, dass das Personen, aber auch Gedanken, Gefühle und konkretes Verhalten sein können, das zehrend oder nährend wirkt.

Hinweise

Coaching- und Seminarveteranen sollten Sie diese Übung nicht anbieten, da sie sie möglicherweise zu oft in anderen Kontexten durchgeführt haben. Ich habe sie hier dennoch aufgenommen, da ich sie in dieser Variante für sehr ergiebig halte.

Quellen, Literatur

▶ Ehinger, W.; Henning, C.: Methodenkoffer für Supervision und Coaching. Tübingen: CreaSys 2009.

Kreativ mit Gefahren umgehen

Input: Bisoziative Problemlösungstechnik

Beschreibung und Hintergrund

Im Verlauf der Umsetzung der Veränderung wird es immer wieder zu neuen unvorhergesehenen Problemen kommen. Geben Sie Ihren Klienten diese Kreativitätstechnik mit auf den Weg. Sie ist erst einmal nicht ganz einfach zu verstehen, liefert dann aber sehr zügig sehr gute Ergebnisse in der Metaphorik Ihres Klienten.

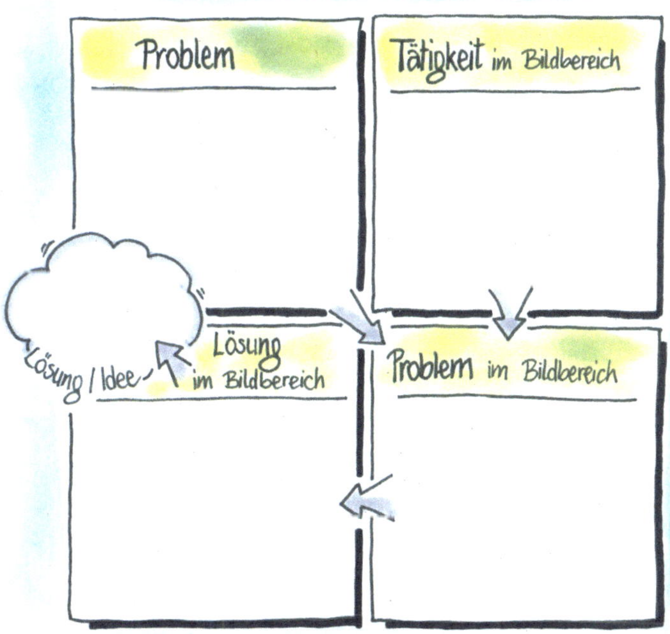

Die Kreativitätstechnik ist eine Variation der bisoziativen Techniken, bei denen zwei völlig unterschiedliche Begriffswelten und Bildbereiche zusammengebracht werden, um zu neuen Lösungsideen zu kommen.

Tatsächlich entstehen dadurch nicht nur Aha-Effekte im Lösungsbereich, sondern oft entwickelt sich ein vertieftes Verständnis der Problematik. Und es entstehen wie bei jeder Kreativitätstechnik natürlich auch absurde Übertragungen aus dem Bildbereich, über die viel gelacht werden kann, was dem Problem seine Schwere nimmt.

Vorgehensweise

Bitten Sie Ihren Klienten, seine Problemstellung möglichst genau zu beschreiben.

Fragen Sie ihn dann nach einer schönen Tätigkeit, nach irgendetwas, das er gerne in seiner Freizeit tut (das ist dann Ihr Bildbereich).

Nun übertragen Sie das Problem gemeinsam auf die Tätigkeit, also in den Bildbereich: „Das wäre im Bildbereich wie ..., es würde sich anfühlen wie ...“ Dies ist der schwierigste Schritt. Stellen Sie sich einfach vor, es gäbe eine Störung bei der Tätigkeit im Bildbereich.

Überlegen Sie dann zusammen, was Ihr Klient im Bildbereich tun könnte, damit es ihm besser geht bzw. das Problem oder die Störung im Bildbereich gelöst würde?

Übertragen Sie diese Ideen nun zurück auf das reale Problem. Die Lösung ist manchmal so offensichtlich, dass man diesen Schritt gar nicht mehr explizit durchführen muss.

Wenn es mit dem ersten Bildbereich nicht funktioniert oder die Ergebnisse noch nicht befriedigend sind, erfragen Sie eine andere Tätigkeit.

Ich stelle Ihnen hier zusätzlich zur Fallvignette ein Anwendungsbeispiel vor, damit das Vorgehen klarer wird (Folgeseite).

Problembeschreibung	Klaus P. (31) sitzt im Workshop für Studienabbrecher und hat größte Angst, mit seinem bisherigen Lebenslauf in ein anstehendes Vorstellungsgespräch zu gehen.
Tätigkeit im Bildbereich	Er tanzt gerne, Standard und Tango.
Problem im Bildbereich wäre, wie wenn ...	Das Vorstellungsgespräch wäre wie eine Tanzprüfung. Seine Bedenken sind, dass er vielleicht zu wenig vorbereitet wäre oder hier für eine Liga geprüft würde, in der er seiner Ansicht nach noch gar nicht spielt.
Lösungsmöglichkeit im Bildbereich	▶ Er geht erst gar nicht zur Prüfung und bereitet sich besser vor, um dann anzutreten, wenn er dazu bereit ist. ▶ Er tanzt, so gut er kann. Er weiß, dass er grundsätzlich tanzen kann. Wenn das, wie er tanzt, noch nicht genügt, dann ist er tatsächlich noch nicht richtig in dieser Liga. ▶ Oder wenn es nicht klappt, probiert er den nächsten Tanzpartner bzw.Tanzpartnerin. Man muss eine Weile suchen, bis es passt.
Transfer auf das Problem	
Der Transfer liegt auf der Hand. Das Bild des Tanzens hilft ihm, aufrecht in das Vorstellungsgespräch zu gehen. Er tanzt wirklich gerne und wird sein Bestes geben, gut im Gespräch zu „tanzen“. Seine „Tanzpartner“ sind die Gesprächspartner im Vorstellungsgespräch, das macht sie gleich viel sympathischer. Er weiß, dass er auch führen kann, er wird sich aber auch immer wieder führen lassen, um für sich zu überprüfen, ob es für ihn passt.	

Hier die grafische Umsetzung:

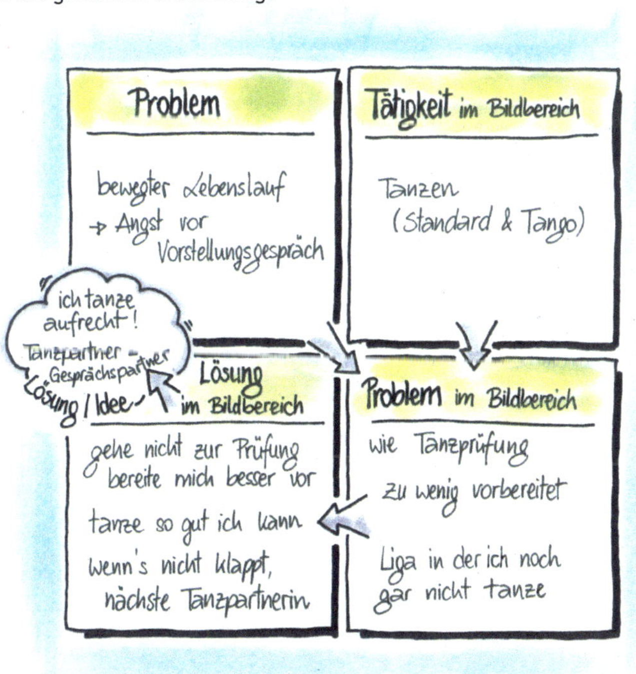

Was man sich im realen Leben oft nicht eingestehen will, tritt im Bildbereich schnell und klar zutage. Ermutigen Sie Ihre Klienten, auf ihre inneren Stimmen zu hören und danach zu handeln.

Anwendungsbereiche

- In der vorletzten Sitzung als „Universaltaschenmesser" für den weiteren Weg. Vielleicht auch inszeniert als eine Art Abschiedsgeschenk
- Immer dann als Rückmeldung von der Intuition, wenn der Kopf noch letzte Zweifel anmeldet, obwohl eigentlich schon alles klar auf dem Tisch liegt

---

Anwendungsbeispiel

Birgit H. (34) möchte gerne eine zweite Ausbildung als Logopädin anfangen. Diese ergibt für sie aber nur Sinn in Vollzeit, da sie sonst zu lange dauern würde. Gleichzeitig möchte sie jedoch auch nicht ihre Töchter zu lange fremdbetreut wissen. In den vergangenen Coachingsitzungen wurde deutlich, dass sich Frau H. schon längst für die Ausbildung entschieden hat. Sie kann es sich allerdings selbst noch nicht zu- oder eingestehen.

Problembeschreibung	Frau H. ist hin- und hergerissen zwischen Ausbildung und Betreuung ihrer Töchter.
Tätigkeit im Bildbereich	Frau H. arbeitet gerne im Garten, das ist ihr Ausgleich (Bildbereich = Gartenarbeit).
Problem im Bildbereich wäre, wie wenn ...	Übertragen in den Garten fällt ihr das Bild ein, wie sie einen Baum pflanzt, ihn wenige Tage später wieder ausgräbt, ihn wieder einpflanzt usw., weil sie sich einfach nicht entscheiden kann.
Lösungsmöglichkeit im Bildbereich	▶ Was könnte sie tun, damit Ruhe in den Garten kommt: den Baum einpflanzen, gießen, beim Anwachsen zuschauen. ▶ Sich freuen, dass er endlich eingepflanzt ist und darauf vertrauen, dass er groß und stark werden wird.
Transfer auf das Problem	
Auf die Frage, was denn der Baum in der Realität verkörpert, antwortet sie spontan: „Meine Ausbildung." Damit hat sich die Frage geklärt. Sie muss sich im realen Leben auch dafür einsetzen, die Ausbildung anzufangen, den Baum für die Zukunft zu pflanzen und die Betreuung ihrer Töchter bestmöglich zu organisieren.	

Weiterführende Ideen und Variationen

- Testen Sie diese Intervention zuerst für einige eigene Problemstellungen im Selbstcoaching, damit Sie ein Gefühl für ihre Anwendung bekommen. Lassen Sie sich dabei von Ihrer Intuition beschenken und versuchen Sie auch einmal, mit mehreren Bildbereichen parallel zu arbeiten, dann wird die Palette der Lösungsideen noch größer.
- Sie können alternativ zur Frage nach der „schönen Tätigkeit" auch drei Bildkarten wählen lassen, die Ihren Klienten ansprechen, und mit diesen Bildbereichen weiterarbeiten. Von Vorteil ist, dass hier ein Bildbereich immer greift. Nachteilig ist, dass im Bildbereich nicht automatisch eine Tätigkeit oder Handlung abgebildet ist und die Aktivität im Bildbereich in der Problemlösung erst noch konstruiert werden muss.

Hinweise

Üben Sie diese Kreativitätstechnik tatsächlich an ein oder zwei Problemen so gründlich ein, dass Ihre Klienten sie als Technik für zukünftige Problemstellungen im Selbstcoaching eigenständig anwenden können. Hier sind Sie also gleichzeitig in Ihrer Rolle als Trainer und Coach gefragt.

Quellen, Literatur

- Koestler, A.: Der göttliche Funke. Der schöpferische Akt in Kunst und Wissenschaft. Bern/München/Wien: Scherz 1966.
- Nohl, M.: Berufliche Übergänge gut bewältigen und kompetent gestalten. Norderstedt: BoD 2011.

Den Pokal heimbringen

Input: Transferritual

Beschreibung und Hintergrund

In jeder Heldenreise findet der Held einen Schatz, den heiligen Gral, ein Elixier oder mindestens eine Vision, den oder die er mit in das Alltagsleben in seine Gemeinschaft zurückbringt. Zur Sicherung der Ergebnisse eines längeren Veränderungscoachings und als Transferritual fassen Sie in dieser Intervention den Schatz, das Gelernte bzw. die persönlichen Errungenschaften des Veränderungsprozesses in der Pokalmetapher zusammen. Was ist die Trophäe Ihres Klienten, die dieser im Veränderungsprozess für sich errungen hat?

Vorgehensweise

Wenn Sie im Prozess an dem Punkt angekommen sind, dass jetzt das Veränderungscoaching sein Ende gefunden hat, können Sie diese Übung als Abschluss wählen. Zeichnen Sie die Pokalvisualisierung auf das Flipchart.

Finden Sie gemeinsam mit dem Klienten ein Motto oder ein Leitmotiv, das ihn durch den Veränderungsprozess getragen hat und auch noch weitertragen wird. Was war seine zentrale Erkenntnis, die vielleicht sogar lebensverändernd war?

Möglicherweise möchte er auch noch weitere Schätze, die er auf dem Weg gesammelt hat, benennen. Diese können Sie zu den Diamanten dazuschreiben.

Machen Sie hier auch gerne Vorschläge, die ebenfalls ergänzt werden, wenn diese die Zustimmung Ihres Coachees erhalten.

Vertiefung: Wenn Sie mögen, können Sie gemeinsam nach Möglichkeiten suchen, wie das Gelernte und die Schätze im Alltag mit wichtigen Menschen im Umfeld des Klienten geteilt werden können. Denn der Held bringt diese Schätze nie zum Selbstzweck mit, sondern immer als Beitrag für die Gemeinschaft.

Anwendungsbereiche

Im Abschlusscoaching als indirekte Feedback-Übung. Sicher sind bei den Diamanten auch Nennungen dabei, die Sie sich als direktes Feedback zuschreiben können. Durch Ihre eigenen Vorschläge für weitere Diamanten geben Sie Wertschätzung und Feedback an Ihren Klienten zurück.

Anwendungsbeispiel

Herrmann C. (49) ist Personalentwickler in einem Energieversorgungsunternehmen. Er hat als Change-Agent einen längeren Integrationsprozess zweier Abteilungen begleitet und war zur Unterstützung selbst im Veränderungscoaching, da er sehr viel „Gegenwind" aus den Abteilungen bekam.

Sein Veränderungsmotto bzw. seine zentrale Erkenntnis heißt: Mit den Leuten reden und sie ernst nehmen. Da gab es einen richtigen Veränderungsschub, als er nicht mehr über die Köpfe der Mitarbeiter hinweg kommuniziert hat, sondern sich als Change-Agent auf Augenhöhe mit den Teams in den Abteilungen zusammengesetzt hatte. Das hört sich selbstverständlich an, war aber ein Haltungswechsel bei Herrn C., weg von einem „Change-Job" hin zu menschenwürdiger Prozessbegleitung.

Als weitere Diamanten auf dem Weg nennt er:

- „Zwei Kolleginnen, die immer ein offenes Ohr für meine Nöte hatten.
- Meine Frau, die mir in den letzten Monaten absolut den Rücken freigehalten hat.
- Mein Ziel: der Halbmarathon. Es war gut, noch ein Ziel außerhalb der Arbeit zu haben. Ich bin noch nie so viel gerannt in meinem Leben, aber das war nötig, um meine Spannungen abzubauen. Auch mein Durchhaltewille wurde hier gestärkt, den ich dann auf den Job übertragen konnte.

- Meine Weggefährtin im Coaching. Ich habe zu jeder Zeit das Gefühl gehabt, dass Sie den Prozess verstehen und mich mit den richtigen Veränderungsschritten parallel zu meinen Aufgaben unterstützt haben. Darüber hinaus habe ich jede Menge aus Ihrem für mich transparent gemachten Prozesswissen und Ihrer Prozessführung für meinen Job mitgenommen.
- Meine neue Verletzlichkeit. Dass ich nicht sofort auf alles Antworten weiß, sondern den Zugang zu meiner Intuition suche und auch mal nicht sofort handle, bevor ich weiß, ob die Entscheidung wirklich stimmig ist. Vielleicht ist diese Verletzlichkeit aber auch eine neue Stärke."

Weiterführende Ideen und Variationen

- Sie können die Übung auch in Form einer Aufstellung durchführen. Stellen Sie einen Vorrat an Symbolen bereit oder bieten Sie bei haptisch orientierten Lerntypen das Medium Knete an (Play-Doh-Kinderknete bietet sich hier durch ihre knallige Farbpalette und den günstigen Preis an). Legen Sie zusätzlich Moderationskarten für schriftliche Ergänzungen dazu.
- Bieten Sie an, zum Abschluss des Coachings einen kleinen gemeinsamen Rückblick auf das Erreichte durchzuführen. Lassen Sie dann eine größere Figur als Stellvertreter für Ihren Klienten auf ein Feld oder Systembrett stellen. Fragen Sie zuerst nach der zentralen Erkenntnis im Prozess: „Welche Einstellung oder Haltung wurde Ihnen besonders wichtig in den letzten Wochen/Monaten?" Schreiben Sie diese auf eine Moderationskarte und legen Sie sie zur Figur dazu.
- Regen Sie dann an, Symbole für Gelerntes, Personen, eigene Ressourcen oder Unterstützungsmaßnahmen auszuwählen oder diese zu kneten, die dazu beigetragen haben, dass Ihr Klient so weit im Prozess gekommen ist. Fragen Sie nach, was genau jeweils geholfen hat, wenn Ihr Coachee zum Beispiel eine Person nennt. Das Ergebnis ist eine große Fülle an Ressourcen, die hier sichtbar werden und Ihren Klienten auch weiterhin durch den Prozess und seine nächs-ten Veränderungen begleiten.

Hinweise

Diese Abschlussübung kann sehr emotional werden, auch für Sie selbst.

Improvisieren, aber richtig

Input: Improvisationsregeln

Beschreibung und Hintergrund

Vielleicht waren Sie schon einmal in einer Improtheater-Vorstellung? Im Improvisationstheater ist das Theaterstück noch nicht geschrieben. Es entsteht in Zusammenspiel zwischen den Schauspielerinnen und Schauspielern und Vorgaben aus dem Publikum. Das Improvisationstheater hält meines Erachtens eine schöne Metapher für das Leben in Veränderung bereit. Im Veränderungscoaching wurde vieles vorbereitet und geplant. Das Leben spielt aber oft etwas anderes.

Darauf kann man sich indirekt auch vorbereiten, indem man sich die Spielregeln des Improvisierens zu eigen macht. Meine Kollegin Natalie Schnack hat sie treffend zusammengefasst. Ich möchte sie Ihnen hier ans Herz legen, damit Sie sie wiederum Ihren Klienten mit auf den Weg geben können. Damit sind diese dann tatsächlich gut gerüstet für alle möglichen Eventualitäten. Der Umgang mit den kommenden Veränderungen wird definitiv leichter. Die Improvisationsregeln helfen dabei, eine generell veränderungsfreundliche Haltung einzunehmen. Und Leben besteht nun mal aus Veränderung.

Improvisieren heißt:

- Echt sein
- Stellung beziehen
- Zugänglich sein
- Sich aus der Deckung wagen

Beim Improvisieren geht es darum, Verantwortung für sich und das eigene Agieren zu übernehmen. Sie entscheiden selbst, wie Sie wahrgenommen werden wollen und haben bei jeder Begegnung selbst einen Anteil daran, wie sie verläuft.

Improvisieren ist dabei eine innere Einstellung zu sich selbst, zur Welt und zum Miteinander. Beim Improvisieren zählt,

- das zu akzeptieren, was da ist,
- die Lust am Scheitern zu lernen und zu genießen und
- die eigene Komfortzone kennenzulernen und auszuweiten.

Sieben Regeln des Improvisierens (Arbeitsblatt/Infokasten)

1. „Ja und ...“ Erkennen Sie Angebote und nehmen Sie sie an
Alles, was Menschen Ihnen gegenüber sagen oder tun, denen Sie im weiteren Verlauf Ihres Veränderungsprozesses begegnen, ist ein Angebot, um die Geschichte voranzubringen. Im „Prinzip Zustimmung“ begegnen Sie diesem Angebot – auch wenn Sie anderer Meinung sind – und spielen den Ball weiter. Diese Ja-Haltung lässt sich üben.

2. Lassen Sie sich ein
Angebote annehmen heißt auch, sich auf Neues einzulassen. Gerade wenn nicht klar ist, wie der Weg oder die Geschichte weitergehen wird. Sich trotz Angst Schritt für Schritt voranzuwagen, kann in einer neugieren „Okay, was jetzt?“-Haltung ausgedrückt werden.

3. Nehmen Sie sich und andere in den Fokus
Leben heißt, sich aktiv einzubringen, sich Raum zu nehmen und nicht immer in einer wie auch immer gearteten Deckung zu verharren. Beim Improvisieren sind Sie im Moment mit Ihrer ganzen Aufmerksamkeit präsent und nehmen darin wahr und werden wahrgenommen. So bekommen Sie bestmöglich Zugang zu dem, was der Moment erfordert.

4. Wechseln Sie die Perspektive
Beim Improvisieren lernen Sie, sich ganz auf die Perspektive des Menschen einzulassen, dessen Rolle Sie gerade spielen. Wir alle haben unsere eigene Wahrnehmung. Es ist sehr heilsam, sich so oft wie möglich mit allen Gefühlen in die Mokassins einer anderen Person zu stellen ... Als Vorbereitung dazu beobachten Sie möglichst genau und fragen Sie nach, wie sich etwas aus der Perspektive eines anderen wirklich anfühlt.

5. Haben Sie Mut zur Mittelmäßigkeit
Beim Improvisieren lernen Sie weiterhin, Impulse aufzunehmen, statt besonders originell sein zu wollen. Nur, wenn Sie hier Ihren eigenen Anspruch zurücknehmen, sind Sie ganz im Hier und Jetzt und dann zu einer echten Interaktion fähig. Geben Sie sich die innere Erlaubnis, ein ganz normaler Mensch sein zu dürfen, der sich ausprobiert und entwickelt. Üben Sie dieses Spontan-unperfekt-Sein, indem Sie Antworten geben, wo Sie möglicherweise ansonsten den Mund halten. Freuen Sie sich darauf, einmal wieder Anfänger zu sein.

6. Entdecken Sie Ihre Lust am Scheitern
Beim Improvisieren wagen Sie sich aus der Deckung und wissen gleichzeitig, dass die Dinge auch schieflaufen können. Scheitern wird von vornherein als Möglichkeit einkalkuliert, um zu lernen, damit entspannt umzugehen. Beobachten Sie sich bei Ihrer alltäglichen Fehlerfreundlichkeit, begrüßen Sie Fehler wie einen Freund. Sie können sich auch auf Ihren Lernerfolg und die Schadensbegrenzung fokussieren und das Scheitern einfach abhaken.

7. Sorgen Sie für sich und haben Sie Spaß
Immer, wenn wir in unserem Element sind, dann fließt es besser. Leichtigkeit und Freude befeuern die eigene Energie und strahlen auf andere aus. Das hat mit Hingabe an die Sache, an den Moment zu tun. Dieser Hingabe an Ihr Leben können Sie sich nähern: Werfen Sie beispielsweise mit der Regel „eins raus – eins rein" jede Woche etwas aus Ihrem Leben, das Ihnen nicht gut tut und nehmen Sie etwas dazu, das Ihre Bedürfnisse erfüllt und Ihnen Freude bereitet.

Vorgehensweise

Zeichnen Sie das Männchen mit den sieben Bällen an das Flipchart. Erklären Sie kurz, was Improvisationstheater ist und warum Sie Ihrem Klienten die sieben Regeln des Improvisationstheaters auf seinen Veränderungsweg mitgeben möchten.

Fragen Sie dann, welche Bälle Ihr Klient bereits ausprobiert hat, wo er sich vielleicht schon sicher fühlt.

Suchen Sie dann zwei weitere Bälle aus, die das nächste Übungsfeld auf dem Weg darstellen könnten.

Finden Sie konkrete Situationen im Privatleben oder im beruflichen Leben, in denen diese Regeln direkt ausprobiert werden können.

Anwendungsbereiche

- Als Abschlussgeschenk für den weiteren Weg
- Gegen Ende des Veränderungscoachings, wenn Sie das Gefühl haben, Ihr Klient klammert sich stark an Ihre Vorgaben oder nimmt Impulse aus dem Coaching als starre Handlungsanweisungen
- Als Ermutigung für Menschen, die einen größeren Schritt ins Unbekannte wagen
- Für die wenigen Klienten, die schon mal prophylaktisch ins Veränderungscoaching gekommen sind, deren eigentliche Veränderung aber noch in weiter Ferne steht; die Improtheaterregeln können sie auf dem Weg bis zur Veränderung begleiten

Weiterführende Ideen und Variationen

Sie können als nette Geste am Ende des Coachingprozesses drei Jonglierbälle überreichen, die gut an die sieben Regeln des Improvisationstheaters erinnern.

Hinweise

Es ist hilfreich, wenn Sie selbst schon einmal bei einer Improtheateraufführung dabei waren. Oder probieren Sie doch einmal selbst zu spielen aus. In vielen Städten gibt es Improvisationstheater-Workshops. Gerade wir Coachs sind darauf angewiesen, die richtigen Impulse zur richtigen Zeit zu finden und zu geben. Diese Fähigkeit wird im Improvisationstheater auf spielerische Weise trainiert.

Quellen, Literatur

- Schnack, N.: Leise überzeugen. Mehr Präsenz für Introvertierte. Der Ratgeber für Alltag und Beruf. Hannover: Humboldt 2014.

Anhang

Stichwortverzeichnis

6-Phasen-Modell der Veränderung ... 33

A
Abschied nehmen ... 59
Abschlussgeschenk ... 297
Abschlussübung ... 293
Affektbilanz ... 238
Akronym CHANGE ... 31
Aktionspläne ... 255
Aktives Anpassen ... 205
Anpassungskompetenz ... 200
Anspruchsgruppen ... 203
Aufstellungsarbeit ... 83, 293
Auftragsklärung ... 178
Ausprobieren ... 38

B
Ballons ... 272
Bastelwürfel ... 28
Bauchhirn ... 238
Beharrlichkeit ... 87
Belastungspentagramm ... 196
Berg-Wege-Modell ... 210
Bewältigungsmuster ... 75
Bildbereiche ... 285
Bildkarte ... 246, 269
Biografiedarstellung ... 71
Bisoziative Problemlösungstechnik ... 285

C
Change-Rad ... 22
Change-Würfel ... 28
Commitment ... 54
Coping-Strategien ... 73

D
Den Pokal heimbringen ... 290
Der bekannte Weg ... 191
Der kühnste Weg ... 191
Der lockende Weg ... 191
Der unbekannte Weg ... 192
Der vernünftige Weg ... 191
Der Weg zurück ... 192

E
Eigenverantwortung ... 229
Emigrant ... 49
Emotionale Akzeptanz ... 37
Emotionales Erfahrungsgedächtnis ... 238
Emotionen im Prozess ... 42
Energiebilanz ... 280
Energiefresser ... 284
Energiehaushalt ... 280
Energiekuchen ... 280
Energiespender ... 284
Entscheidungsdilemmata lösen ... 234
Entscheidungskräfte ... 238
Erkenntnis/Integration ... 38
Erwartungskarussell ... 200
Experimentieren ... 14

F
Fachliche Ressourcen ... 78
Fallvignetten ... 17
Fantasiereise ... 60, 265
Feedback-Übung ... 291
Flexibilität ... 87
Flussufer ... 218
Focusing ... 243

Früheinsteiger ... 47
Frühe Mehrheit ... 47

G
Gedankliche Vorwegnahme ... 270
Glaubenssätze ... 234
Gruppenritual ... 62
Gummiband-Modell ... 234
Gute Geister ... 82

H
Haltungsziele ... 245
Handlungsziele ... 245
Hardiness ... 53
Hardiness-Dreieck ... 54
Haus-Metapher ... 264
Heldenreise ... 189
Hindernislauf ... 270
Horror-Ich ... 210
Hürden ... 272
Hüter der Gerechtigkeit ... 82

I
Identitätsziele ... 245
Impact-Intervention ... 61
Improvisationsregeln ... 294
Inneres Niemandsland ... 68
Inneres Veränderungsteam ... 91
Innovator ... 47
Inseln ... 66
Intuition ... 13

K
Kompetenzen ... 197
Kontaktweg ... 179
Kontaktzyklus ... 176
Kontrolle ... 54
Körperliche Ressourcen ... 77
Kreativitätstechnik ... 285
Kurzzeitcoaching ... 250

L
Leitmotiv ... 291
Leuchttürme ... 66

M
Materielle Ressourcen ... 77
Merkleistung ... 13
Metaphernraum ... 218
Metaphorische Arbeit ... 218
Milestones ... 275
Mit Gefahren umgehen ... 285
Modell des Wandels ... 33
Möglichkeitshorizont ... 220
Momente der Besinnung ... 275
Motivationstäler ... 275
Motivatoren ... 277
Mottoziele ... 245

N
Nachzügler ... 47
Narren ... 82
Neugier ... 87

O
Opfer-Stress ... 56
Opportunist ... 49
Optimismus ... 87

P
Perspektivenmodell ... 85
Perspektivwechsel ... 200
Planned Happenstance ... 87
Pokalmetapher ... 290
Psychische Ressourcen ... 78

Q
Quick Wins ... 276

R
Rastplätze festlegen ... 275
Rationale Einsicht ... 36
Reiseproviant packen ... 71
Resilienz ... 205
Resourcing ... 77
Ressourcen ... 197

Ressourcenarbeit ... 280
Risikobereitschaft ... 47, 87
Rituale ... 59
Rubikon-Modell ... 244
Ruf aus der Zukunft ... 218

S

Schätze aus der Vergangenheit ... 77
Schock ... 35
Sehnsuchtsziel ... 210
Selbstfürsorge ... 56
Selbstmanagmentkompetenzen ... 229
Selbstverpflichtung ... 54
Selbstwirksamkeit ... 211
Sichere Lebensbereiche ... 66
Skalenarbeit ... 255
Skeptiker ... 48
Somatische Marker ... 43, 218, 238
So-tun-als-ob-Spiel ... 217
Soziale Ressourcen ... 77
Späte Mehrheit ... 47
Stattys ... 206
Storytelling ... 189
Stressbarometer ... 52
Stressoren ... 53
Stressreaktionen ... 53
Stressreaktionsmuster ... 57
Stress-Resistenz ... 53
Stressverstärker ... 53
Systembrett ... 94
Systemische Familientherapie ... 91

T

Tabus ... 13
Transferarbeit ... 257
Transferritual ... 290
Trittsteine ... 220, 228

U

Untergrundkämpfer ... 49
Unterstützungssystem ... 86

V

Veränderung diagnostizieren ... 22
Veränderungsbegleiter ... 81
Veränderungsdimensionen ... 47
Veränderungsenergie ... 176
Veränderungsfaktoren ... 70
Veränderungshaus ... 264
Veränderungskurve ... 33
Veränderungslandschaft erkunden ... 20
Veränderungsmatrix ... 42
Veränderungsprozesse ... 33
Veränderungsstress minimieren ... 52
Veränderungstypen ... 47
Veränderungswordle ... 42
Verdrängung ... 35
Vision ... 290
Visualisierung im Coaching ... 12
Visualisierungstipps ... 14
Vitruvianischer Mensch ... 23
Vorweggenommener Rückblick ... 41

W

Wahrnehmungsdiskrepanzen ... 57
Wegweiser ... 189
Wendepunkte ... 72
Widerstandskämpfer ... 49
Win-win-Lösungen ... 205
Wollen ... 197
Wunderfrage ... 251
Wunsch-Ich ... 210
Würfelsymbolik ... 29

Z

Zielzustand ... 256
Zürcher Ressourcen Modell ... 240, 244
Zwischenschritte planen ... 228

Micro-Inputs

Affektbilanz	238
Arbeit mit Werten	170
Arbeit mit Widerständen	118
Belastungspentagramm	196
Berg-Wege-Modell	210
Biografiedarstellung	71
Bisoziative Problemlösungstechnik	285
Change-Rad	22
Change-Würfel	28
Competing Commitments	124
Coping-Strategie	71
Energiekuchen	280
Erwartungskarussell	200
Fantasiereise	264
Gedankliche Vorwegnahme von Problemen	270
Glaubenssätze	105
Gummiband-Modell	234
Handlungshorizont-Tabelle	184
Hardiness-Dreieck	52
Haus-Metapher	264
Heldenreise	189
Ich-Zustände	111
Improvisationsregeln	294
Inneres Veränderungsteam	91

Johari-Fenster	130
Komfortzonenmodell mit Leibwächtern	136
Kontaktzyklus nach Perls	176
Kurzzeitcoaching	250
Logische Ebenen	158
Metaphernarbeit – Zwischenschritte planen	228
Metaphorische Arbeit - das Flussufer	218
Milestones	275
Resourcing	77
Rituale	59
Rubikon-Modell	244
Säulen der Identität	152
Salutogenese-Dreieck	100
Sichere Lebensbereiche identifizieren	66
Skalenarbeit	255
Somatische Marker	238
Storytelling	189
Stressbarometer	52
Timeline	164
Transferritual	290
Übergangsmodell nach Bridges	146
Unterstützungssystem	86
Veränderungsbegleiter	81
Veränderungskurve	33
Veränderungsmatrix	42
Veränderungstypen	47
Veränderungswordle	42
Win-win-Lösungen	205